Thomas Hochrein

Terahertz-Spektroskopie

Thomas Hochrein

Terahertz-Spektroskopie

Systementwicklung und Einsatz in der Polymeranalytik

Würzburg University Press

Dissertation, Julius-Maximilians-Universität Würzburg
Fakultät für Chemie und Pharmazie, 2018
Gutachter: Prof. Dr. Martin Bastian, Prof. Dr. Jürgen Groll

Impressum

Julius-Maximilians-Universität Würzburg
Würzburg University Press
Universitätsbibliothek Würzburg
Am Hubland
D-97074 Würzburg
www.wup.uni-wuerzburg.de

Print on Demand

Coverdesign: Julia Bauer

ISBN 978-3-95826-090-0 (print)
ISBN 978-3-95826-091-7 (online)
URN urn:nbn:de:bvb:20-opus-163473

Vorwort

In den letzten 20 Jahren konnte die zeitaufgelöste Terahertz-Spektroskopie erhebliche Entwicklungsfortschritte vorweisen. Dennoch sind im Bereich dieser vergleichsweise jungen Technologie noch viele Anwendungsfelder der Terahertz-Zeitbereichsspektroskopie unzureichend erforscht. Die Arbeit von Herrn Dr. Hochrein hat sich zum Ziel gesetzt, die Systemtechnik der Terahertz-Zeitbereichsspektroskopie weiter zu verbessern und mögliche Einsatzbereiche in der Polymeranalytik, insbesondere an Polyamiden, näher zu untersuchen.

Einführend gibt Herr Dr. Hochrein einen Überblick über die Entwicklung der Terahertz-Technologie. Dabei liegt ein Fokus auf der Betrachtung der anwendungsorientierten Umsetzung. Außerdem geht er anschaulich und fundiert auf die wichtigsten Grundlagen der Terahertz-Spektroskopie, optischer Eigenschaften von Festkörpern sowie von Polyamiden ein, die ein Schwerpunkt seiner Arbeit sind. Hier zeigen sich die gute Vernetzung und das breite Hintergrundwissen, das sich Herr Dr. Hochrein während seiner Tätigkeit als Forschungsgruppenleiter angeeignet hat.

Herr Dr. Hochrein entwickelte im Rahmen seiner Arbeit das neue sogenannte Verfahren „Optical Sampling by Laser Cavity Tuning“ (OSCAT). Damit können Pulsfolgen auf sehr geschickte Weise einstellbar zeitverzögert werden. Das ist eine wesentliche Kernfunktionalität, die Terahertz-Zeitbereichsspektrometer oder Pump-Probe-Experimente benötigen. Dazu nutzt er die Möglichkeiten heutiger Ultrakurzpulslaser, deren Repetitionsraten gezielt variiert werden können. Das entwickelte OSCAT-Verfahren weist gegenüber bisheriger Verzögerungsmethoden zahlreiche Vorteile auf, wie z. B. eine große Skalierbarkeit, Robustheit, hohe Messgeschwindigkeit sowie einen weiten Messbereich. Herr Dr. Hochrein stellt das OSCAT-Funktionsprinzip und die Umsetzbarkeit ausführlich und sehr gut verständlich vor. Den hohen Innovationsgrad und die Qualität seiner Arbeiten zum OSCAT-Verfahren bezeugen auch die getätigten Schutzrechtsanmeldungen, bereits erteilte Patente und auch die schon eingesetzte kommerzielle Nutzung. Außerdem haben sich aufgrund der Veröffentlichungen von Herrn Dr. Hochrein zahlreiche weitere Forschergruppen mit dem OSCAT-Verfahren befasst, es weiterentwickelt und auch bereits in andere Anwendungsfelder abseits der Terahertz-Zeitbereichsspektroskopie adaptiert, wozu er ebenfalls einen schönen Überblick bietet.

Er präsentiert auch die ersten Terahertz-Messungen, die an polymeren Schmelzen während des Prozessierens durchgeführt wurden. Dabei konnte er den Rezepturanteil und Zerstörungsgrad eingebrachter Additive sehr gut über deren Brechungsindex bestimmen. Dabei beobachtet er ein stark temperaturabhängiges Verhalten polarer und unpolarer Polymere. Neben der Auswirkung der temperaturinduzierten Dichteänderung auf den Brechungsindex konnte er insbesondere bei Polyamiden einen starken Anstieg der Absorption mit zunehmender Temperatur nachweisen.

Deshalb untersuchte Herr Dr. Hochrein die Absolutwerte des Brechungsindex und Absorptionskoeffizienten im niederfrequenten Terahertz-Spektralbereich näher. Er konnte zeigen, dass sich der Brechungsindex polarer Polymere aus einem polaren und unpolaren Anteil zusammensetzt. Der unpolare Anteil wird primär durch die Material- bzw. Amidgruppendichte der Polyamide bestimmt. Der polare Anteil wird durch das inter- und intramolekulare Schwingungsverhalten bzw. dessen resultierenden Absorptionsbanden beeinflusst.

Damit Herr Dr. Hochrein diesen polaren Einfluss spezifischer Schwingungsmoden näher beschreiben konnte, bediente er sich breitbandiger und teils temperaturabhängiger Spektroskopie in abgeschwächter Totalreflexion (ATR). Mittels Simulationsrechnungen mit Lorentz-Oszillatoren konnte er zeigen, wie bedeutsam eine kritische Diskussion absoluter Absorbanzwerte aus ATR-Messungen ist, da hier vielfältige Einflussfaktoren auf das Messergebnis wirken. Er konnte damit nachweisen, dass die ermittelte Absorbanz insbesondere auch vom Brechungsindex der Polymerprobe abhängt, der sich wiederum mit der Temperatur ändert oder durch die Dispersion der Schwingungsmoden – auch weit abseits ihres Bandenmaximums – beeinflusst wird.

Zur Aufklärung dieser einzelnen Schwingungsmoden setzte Herr Dr. Hochrein quantenmechanische ab-inito Berechnungen an Molekülketten und -clustern ein. Er kann damit verschiedene Schwingungen im Terahertz-Spektralbereich bei unterschiedlichen α- und γ-Polyamiden sehr exakt beschreiben. Sie erweisen sich als sehr komplex und erstrecken sich meist über die gesamte Molekülkette. Er stellt fest, dass Schwingungen einzelner Atome oder Gruppen meist mit umfangreichen Ausgleichsbewegungen des Molekülrückgrats gekoppelt sind. Insbesondere phononenartige Schwingungen konnte er hierbei im Gegensatz zu bisherigen Veröffentlichungen sehr detailliert beschreiben.

Mit seinen Ergebnissen liefert Herr Dr. Hochrein wesentliche Beiträge für die Fortentwicklung der Terahertz-Systemtechnik, möglicher Anwendungen sowie den niederfrequenten Schwingungszuständen von Polyamiden. Durch das Thema ist seine Arbeit durch eine starke Interdisziplinarität geprägt. Sie vereint mehrere natur- und ingenieurwissenschaftliche Disziplinen, wie die Chemie, Physik und Verfahrenstechnik. In allen Gebieten konnte er durch seine Arbeit seine exzellente Kompetenz in den relevanten Themengebieten nachweisen.

Die Untersuchungen führte Herr Dr. Hochrein während seiner Tätigkeit im Kunststoff-Zentrum SKZ in Würzburg durch. Mir als Institutsleiter des SKZ und damit als Vertreter der Zuse-Institute ist es wichtig, dass Forschung nicht ausschließlich um des reinen Forschungswillens betrieben wird. Wichtig ist „Forschung, die ankommt“. Dies hat Dr. Hochrein in idealer Weise als seine Motivation begriffen. Er konnte große Fortschritte für die Kunststoffindustrie erzielen. Dafür wurde er schon im Jahr 2009 mit dem Otto von Guericke-Preis der Arbeitsgemeinschaft industrieller Forschungsvereinigungen (AiF) ausgezeichnet und von dieser für den Deutschen Zukunftspreis 2016 nominiert.

Viele seiner Ideen, Erkenntnisse und zahlreichen Schutzrechtsanmeldungen lassen sich heute bereits in der industriellen Praxis wiederfinden. Schmökern Sie also nun in diesem Werk, aber vergessen Sie nicht, auch etwas abseits dieser Arbeit auf verbundene Themen zu achten. Denn ich bin mir absolut sicher: Die Terahertz-Technologie wird in den kommenden Jahren noch einige Überraschungen für uns bereithalten.

Bei dieser Gelegenheit möchte ich mich abschließend sehr herzlich bei meinen Kollegen bedanken, die mich bei der Promotion von Herrn Hochrein unterstützt haben. Dies gilt besonders für Prof. Dr. Maik Finze, Prof. Dr. Ulrike Holzgrabe, Prof. Robert Luxenhofer und Prof. Dr. Jürgen Groll. Mein besonderer Dank gilt Prof. Martin Koch von der Universität Marburg, der uns auf die großen Potenziale der Terahertz-Technologie hingewiesen hat und damit Kristallisationskeim war sowie nach wie vor geschätzter Kooperationspartner ist.

Prof. Dr. Martin Bastian
Würzburg, im Juli 2018

Kurzfassung

Die zeitaufgelöste Terahertz-Spektroskopie erzielte in den letzten 20 Jahren erhebliche Entwicklungsfortschritte. Aber auch davor haben bereits Untersuchungen der dielektrischen Eigenschaften in diesem Spektralbereich mit herkömmlichen Spektrometern unter anderen Termini stattgefunden. Viele Anwendungsfelder der Terahertz-Zeitbereichsspektroskopie sind noch unzureichend erforscht, weshalb in dieser Arbeit der Einsatz in der Polymeranalytik und primär an Polyamiden näher untersucht wird. Außerdem weist die Terahertz-Systemtechnik für kohärente Messungen noch erhebliche Verbesserungspotenziale auf.

Im Rahmen dieser Arbeit wurde daher das neue Verfahren *Optical Sampling by Laser Cavity Tuning* (OSCAT) entwickelt. Es ermöglicht auf elegante Weise eine variable Zeitverzögerung von Pulsfolgen, wie sie in Terahertz-Zeitbereichsspektrometern erforderlich ist. Dabei wird die Möglichkeit veränderbarer Repetitionsraten bei Ultrakurzpulslasern genutzt. Die Vorteile des OSCAT-Verfahrens, wie z. B. Skalierbarkeit, Robustheit, großer Messbereich und Messgeschwindigkeit, sowie die Funktion werden in dieser Arbeit sowohl theoretisch als auch experimentell vorgestellt und diskutiert.

Erste Terahertz-Messungen an polymeren Schmelzen demonstrieren potenzielle Anwendungsgebiete für Terahertz-Spektrometer. Der Rezepturanteil und Zerstörungsgrad eingebrachter Füllstoffe kann sehr gut über den Brechungsindex bestimmt werden. Die Ergebnisse zeigen außerdem ein stark temperaturabhängiges Verhalten polarer und unpolarer Polymere. Neben der Auswirkung der temperaturinduzierten Dichteänderung auf den Brechungsindex konnte insbesondere bei Polyamiden ein starker Anstieg der Absorption mit zunehmender Temperatur nachgewiesen werden.

Deshalb wurden die Absolutwerte des Brechungsindex und Absorptionskoeffizienten im niederfrequenten Terahertz-Spektralbereich tiefergehend untersucht. Es zeigte sich, dass der Brechungsindex polarer Polymere aus einem polaren und unpolaren Anteil besteht. Der unpolare Anteil wird primär durch die Material- bzw. Amidgruppendichte bestimmt. Der polare Anteil wird durch das inter- und intramolekulare Schwingungsverhalten bzw. dessen resultierenden Absorptionsbanden beeinflusst.

Diese Schwingungsmoden wurden daher mittels breitbandiger Spektroskopie in abgeschwächter Totalreflexion (ATR) an unterschiedlichen Polyamiden aufgenommen. Simulationsrechnungen mit Lorentz-Oszillatoren zeigen, wie bedeutsam eine kritische Diskussion absoluter Absorptionswerte aus solchen ATR-Messungen ist. Die ermittelten Ursachen sind Änderungen des Brechungsindex der Probe infolge von Temperaturänderung sowie Dispersion durch Schwingungsmoden – auch weit abseits des Bandenmaximums.

Die gemessenen Schwingungsmoden wurden anhand quantenmechanischer abinito Berechnungen der Molekülketten und -cluster analysiert und mit Literaturangaben abgeglichen. Verschiedene Schwingungen konnten hierbei im Terahertz-Spektralbereich bei unterschiedlichen α- und γ-Polyamiden ausgemacht werden. Sie erweisen sich als sehr komplex und erstrecken sich meist über die gesamte Molekülkette. Schwingungen einzelner Atome oder Gruppen sind meist mit umfangreichen Ausgleichsbewegungen des Molekülrückgrats gekoppelt. Insbesondere phononenartige Schwingungen konnten hierbei im Vergleich zu bisherigen Publikationen sehr präzise beschrieben werden.

Abstract

Terahertz spectroscopy has achieved considerable progress over the past 20 years, although prior investigations of the dielectric properties have already taken place with conventional spectrometers under other terms in this spectral regime. Many fields of application or terahertz time-domain spectroscopy are still insufficiently investigated. Therefore, here the use in polymer analysis and primarily on polyamides is examined in detail. In addition, terahertz system technology with coherent detection still has considerable potential for improvements.

Therefore, the new method *Optical Sampling by Laser Cavity Tuning* (OSCAT) was developed within this work. It allows a smart variable time delay of pulse sequences as required in terahertz time-domain spectroscopy. The possibility of tunable repetition rates in ultra-short pulsed lasers is used. The advantages of the OSCAT method, such as scalability, robustness, large measuring range and measuring speed as well as the function, are presented and discussed in this work both theoretically and experimentally.

First terahertz measurements on polymer melts demonstrate potential applications for terahertz spectrometers. The recipe content and degree of destruction of fillers can be determined very well by the refractive index. The results also show a strong temperature-dependent behavior of polar and nonpolar polymers. In addition to the effect of the temperature-induced density change on the refractive index, a strong increase in the absorption with increasing temperature could be detected, especially on polyamides.

Hence, the absolute values of refractive index and absorption coefficient in the low-frequency terahertz spectral range were investigated in more detail. It appears that the refractive index of polar polymers consists of a polar and non-polar part. The non-polar part is primarily determined by the material and amide group density, respectively. The polar part is influenced by inter- and intramolecular oscillations and its resulting absorption bands.

Broadband spectroscopy in attenuated total reflection arrangement (ATR) allowed the resolution of these oscillation modes on different polyamides. Simulation calculations with Lorentz oscillators show the importance of a critical discussion of absolute absorption values from such ATR measurements due to changes in refractive index of the sample as a result of temperature changes as well as dispersion by means of oscillation modes – even far away from the band maximum.

The measured vibrational modes were analyzed by quantum mechanical ab-initio calculations of molecular chains or clusters and compared with literature data. Various oscillations were identified in the terahertz spectral range for different α and γ polyamides. They are found to be very complex and extend over the entire molecular chain. Vibrations of individual atoms or groups are usually coupled with extensive compensatory motions of the molecule backbone. In particular, phonon-like vibrations could be described very precisely in comparison to previous publications.

Inhaltsverzeichnis

Vorwort i

Kurzfassung v

Abstract vii

1 Entwicklung und Einordnung der Terahertz-Technologie 1

1.1 Historie und Begriffsdefinitionen 1
1.2 Entwicklung der Terahertz-Technologie 2
1.2.1 Abgrenzung und Methodik 2
1.2.2 Entwicklung in der Vergangenheit 3
1.2.3 Prognose der zukünftigen Entwicklung 5
1.3 Fazit zur Terahertz-Technologie 7

2 Spektroskopie und optische Eigenschaften 9

2.1 Terahertz-Spektroskopie 9
2.1.1 Erzeugung und Detektion von Terahertz-Pulsen 9
2.1.2 Terahertz-Zeitbereichsspektrometer 11
2.1.3 Datenaufbereitung 13
2.2 Optische Eigenschaften von Festkörpern 15
2.3 Modell oszillierender Dipole 17
2.4 ATR-Spektroskopie 20

3 Polyamide 27

3.1 Einteilung von Polyamiden 27
3.2 Molekularer Aufbau 28
3.3 Bezeichnung 29
3.4 Kristallstrukturen und Wasserstoffbrückenbindung 29

4 OSCAT-Verfahren 33

4.1 Ausgangssituation 33
4.2 Theoretische Grundlagen 34
4.2.1 Statisches OSCAT-Modell 35
4.2.2 Dynamisches OSCAT-Modell 38
4.3 Experimenteller Nachweis des OSCAT-Verfahrens 44
4.4 Messgeschwindigkeit und Messbereich 47
4.5 OSCAT in der Terahertz-Spektroskopie 48
4.6 Weiterentwicklung und zusätzliche Einsatzgebiete 52
4.7 Resümee und Ausblick zum OSCAT-Verfahren 53

5 Charakterisierung von Polymerschmelzen mit Terahertz-Wellen 55
5.1 Systemtechnik für Schmelzemessungen . . . 55
5.1.1 Partiell fasergekoppeltes Terahertz-Spektrometer . . . 55
5.1.2 Messdüse und Sonden . . . 57
5.1.3 Verfahrenstechnik . . . 58
5.1.4 Systemeigenschaften . . . 59
5.2 Mess- und Auswerteverfahren . . . 61
5.2.1 Vollständige Pulsaufnahme . . . 61
5.2.2 Messung an zeitlich diskreter Position . . . 63
5.2.3 Volumetrischer Füllstoffgehalt . . . 63
5.3 Terahertz-Messungen an Polymerschmelzen . . . 64
5.3.1 Druck- und Temperaturkompensation . . . 64
5.3.2 Rezepturüberwachung . . . 68
5.3.3 Zerstörungsgrad von Hohlglaskugelcompounds . . . 72
5.4 Eignung der Terahertz-Messtechnik zur Prozessüberwachung . . . 74

6 Terahertz-Spektroskopie an Polyamiden 77
6.1 Überblick bisheriger Untersuchungen . . . 78
6.2 Niederfrequente dielektrische Eigenschaften . . . 79
6.2.1 Bestimmung der optischen Eigenschaften . . . 79
6.2.2 Abhängigkeiten des niederfrequenten Brechungsindex . . . 80
6.3 Aufnahme breitbandiger Terahertz-Spektren . . . 84
6.3.1 Vergleich von Transmissions- und ATR-Messungen . . . 85
6.3.2 Modellierung von ATR-Spektren . . . 85
6.3.3 Terahertz-Spektren von Polyamiden . . . 89
6.4 Temperaturabhängigkeit der Terahertz-Spektren . . . 95
6.4.1 Temperaturabhängige Terahertz-ATR-Spektroskopie . . . 95
6.4.2 Einfluss temperaturinduzierter Dichteschwankungen . . . 96
6.4.3 Polyamidspektren in Abhängigkeit der Temperatur . . . 98
6.5 Einfluss der Verstreckung von Polyamid . . . 103

7 Schwingungsanalyse an Polyamiden mit ab-initio Simulationen 107
7.1 Grundlagen der Computerchemie . . . 107
7.1.1 Ab-initio Methoden . . . 108
7.1.2 Dichtefunktionaltheorie . . . 109
7.1.3 Basissätze . . . 110
7.2 Übersicht bisheriger Arbeiten zu ab-initio Berechnungen . . . 111
7.3 Schwingungssimulation unterschiedlicher Polyamidstrukturen . . . 112
7.3.1 Simulationsmethodik . . . 112
7.3.2 Eingesetzte Berechnungsprogramme . . . 114
7.3.3 Simulationsparameter und Datenaufbereitung . . . 115
7.4 Simulationsergebnisse für Polyamide . . . 117
7.4.1 Berechnungsqualität . . . 117
7.4.2 Beschreibung der Schwingungsmoden . . . 118
7.5 Resümee der ab-initio Untersuchungen . . . 126

8 Zusammenfassung **129**

A Probenbeschreibung **133**
A.1 Proben der Schmelzemessungen aus Kapitel 5 133
A.2 Proben der Laboruntersuchungen aus Kapitel 6 133

B Eingabedatensätze für *Gaussian*-Berechnungen **135**
B.1 α-Polyamid 46 Einzelkette 135
B.2 γ-Polyamid 46 Einzelkette 137
B.3 α-Polyamid 46 Cluster 138
B.4 γ-Polyamid 66 Einzelkette 145
B.5 α-Polyamid 66 Einheitszelle 147
B.6 γ-Polyamid 66 Cluster 148
B.7 γ-Polyamid 66 Einheitszelle 156

C Ausgabewerte für *Gaussian*-Berechnungen **157**
C.1 α-Polyamid 46 Einzelkette 158
C.2 γ-Polyamid 46 Einzelkette 159
C.3 α-Polyamid 46 Cluster 160
C.4 γ-Polyamid 66 Einzelkette 164
C.5 α-Polyamid 66 Einheitszelle 165
C.6 γ-Polyamid 66 Cluster 166
C.7 γ-Polyamid 66 Einheitszelle 169

Literaturverzeichnis **171**

Danksagung **193**

Kapitel 1

Entwicklung und Einordnung der Terahertz-Technologie

Die Terahertz-Spektroskopie ist zentrales Thema dieser Arbeit. Wie später noch gezeigt wird, ist der Terminus „Terahertz“ nicht gleichbedeutend mit einer grundsätzlich neuen Technologie. Allerdings kennzeichnet dieser Begriff entscheidende Entwicklungsschritte. Nachfolgend wird kurz auf den historischen Hintergrund sowie die bisherige und zukünftige Entwicklung der Terahertz-Technologie eingegangen. Hauptbestandteile dieses Kapitels entstammen einer Publikation des Verfassers und können dort im Detail nachgelesen werden [1].

1.1 Historie und Begriffsdefinitionen

Robinson, *Mitsuishi* und *Grischkowsky* et al. bieten sehr schöne Abrisse über die wissenschaftlichen Anfänge der Terahertz-Technologie [2–4]. Mittlerweile kommen industrielle Anwendungen, die eher von kommerziell orientierten Unternehmen vorangetrieben werden, zunehmend in den Fokus [5–15]. In den letzten zwei Jahrzehnten kann außerdem im wissenschaftlichen Bereich eine rasante Weiterentwicklung wahrgenommen werden [5–7, 16–20].

Es existieren verschiedenste Definitionen für den Terahertz-Spektralbereich [3, 7, 17,19,21]. Er wird häufig als das Frequenzfenster zwischen Mikrowellen und infrarotem Licht beschrieben (vgl. Abbildung 1.1). In den Anfängen wurde dieser Spektralbereich aufgrund fehlender Terahertz-Quellen und -Detektoren auch als Terahertz-Lücke bezeichnet, was mittlerweile aber nicht mehr gerechtfertigt ist. Früher wurden auch die Synonyme „Ferninfrarot"(FIR) oder „Submillimeter Wellen“ (sub-mm) anstelle des relativ neuen Begriffs „Terahertz“ verwendet [2–4, 17–19, 22]. Heute steht er auch für den aktuellen Stand der Technik mit kohärenten Detektionsmöglichkeiten, wie z. B. mit vollelektronischen oder optischen Terahertz-Systemen auf Basis fotoleitender Antennen oder elektro-optischer Detektion [3–5, 8, 9, 23]. In dieser Arbeit wird der Begriff „Terahertz“ synonym für den Spektralbereich zwischen 0,1 und 15 THz verwendet. Ein neuer Richtlinienentwurf des VDI[1] definiert den Terahertz-Spektralbereich zwischen 0,1 und 10 THz [24]. Die Vakuumwellenlänge liegt dementsprechend zwischen etwa 30 μm bis 3 mm. Die Energie der Terahertz-

[1] Verein Deutscher Ingenieure

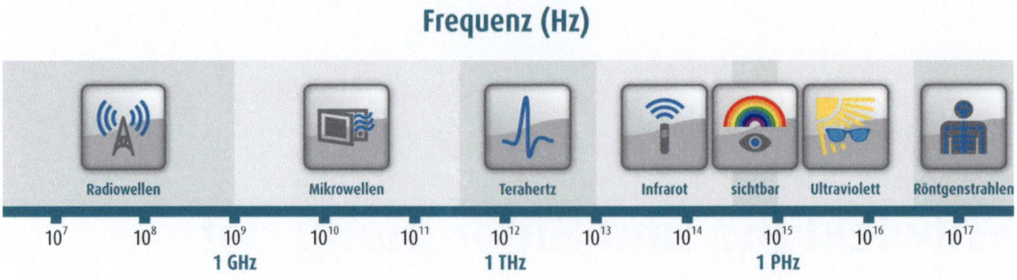

Abbildung 1.1: Elektromagnetisches Spektrum: Der Terahertz-Frequenzbereich ist zwischen den Mikrowellen und dem infraroten Licht angesiedelt und stellt damit die Grenze zwischen klassischer Optik und Elektronik dar.

Wellen ist im Vergleich zu z. B. Röntgenstrahlen zu gering, um ionisierend zu wirken. Daher wirken Terahertz-Wellen bei Intensitäten, wie sie bei messtechnischen Anwendungen vorkommen, nicht gesundheitsschädigend und sind ohne besondere Sicherheitsvorkehrungen einsetzbar.

Die Terahertz-Strahlung eignet sich insbesondere zur Charakterisierung von Polymeren, Halbleitern, Gläsern und Keramiken, da viele dieser Werkstoffe in diesem Frequenzfenster nahezu transparent sind. Technische Anwendungsszenarien sind bereits ausführlich in der wissenschaftlichen Literatur zusammengefasst und diskutiert, wie z. B. in der chemischen, pharmazeutischen, Lebensmittel- und Kunststoffindustrie sowie Biologie [6, 8–11, 17]. Nachfolgend sollen der momentane Stand sowie die Marktentwicklung analysiert werden. Der Schwerpunkt liegt hierbei auf dem Anwendungssegment der Analytik, Prüfung und Messtechnik.

1.2 Entwicklung der Terahertz-Technologie

Verschiedene Studien haben bereits versucht, zukünftige Marktentwicklungen und Anwendungspotenziale auszuloten [25–28]. Häufig werden hier Analogiebetrachtungen zur Entwicklung anderer – früher ebenfalls neuer – Technologien eingesetzt, wie z. B. die Röntgen- oder Ultraschalltechnik. Dabei werden meist andere technologische Entwicklungen ausgeklammert, die allerdings im Wettbewerb zur Terahertz-Technologie stehen könnten [14, 29–32]. Alleinstellungsmerkmale sind jedoch häufig entscheidend für die Durchsetzungsfähigkeit [28]. Nachfolgend wird daher vorwiegend auf eine real zu beobachtende Entwicklung und nicht auf theoretische Szenarien eingegangen.

1.2.1 Abgrenzung und Methodik

Die genaue Methodik der nachfolgenden Analysen ist der Originalveröffentlichung zu entnehmen [1]. Es werden Terahertz-Systeme berücksichtigt, die im Frequenzfenster von 0,05 bis 35 THz arbeiten und eine Verknüpfung mit dem Kernbereich zwischen 0,1 und 4 THz aufweisen – oder als „Terahertz“ angeboten werden und eine kohärente Detektion ermöglichen. Passive Terahertz-Systeme sind daher nicht enthalten. Durch die derzeit noch geringe Praxisrelevanz sind Systeme auf Basis von Gas- oder Quantenkaskadenlasern sowie Synchrotron-Strahlung ausgenommen. Damit stehen nachfolgend die aktiven vollelektronischen als auch optisch gepulsten Zeitbereichs- und Dauerstrich-(CW[2])-Systeme mit fotoleitenden Antennen oder elektro-optischer Detektion im Mittelpunkt.

Sofern nicht anders erwähnt, wurden die Daten durch Interviews oder schriftliche Anfragen erhoben. Diese Informationen ergänzen öffentliche Quellen, wie z. B. Internetseiten, Datenblätter, Publikationen oder Schutzrechtsregister. Einige Erkenntnisse liegen auch durch die Erfahrung des Verfassers und seiner jahrelangen Arbeit in diesem Fachgebiet und Mitwirkung in mehreren Terahertz-Fachausschüssen vor. Die Unternehmensdaten wurden im dritten Quartal 2013, die Schutzrechts- und Veröffentlichungsdaten im April 2014 und Internetstatistiken im August 2014 erhoben.

1.2.2 Entwicklung in der Vergangenheit

Das Anfrageaufkommen im Internet kann heutzutage als Indikator für das Interesse an einem bestimmten Thema genutzt werden. Der Begriff „Terahertz“ ist kaum mit anderen Themengebieten belegt und international in der gleichen Schreibweise präsent, was für eine solche Analyse von Vorteil ist. Die Internetsuchmaschine *Google* bietet mit seinem Analysedienst *Google Trends* chronologische Daten zur Suchanfragehäufigkeit [33].

Abbildung 1.2 a) zeigt den relativen Suchindex für den Begriff „Terahertz“ in Abhängigkeit der Zeit. Dazu ist der steigende Gesamtnutzungsgrad der Suchmaschine ergänzt worden. Obgleich die relativen Suchanfragen über die Jahre leicht sinken, zeigt sich beim absoluten Verlauf, der mit dem gesamten Anfrageaufkommen korrigiert wurde, dass das Anfrageniveau sich seit 2006 auf relativ konstantem Niveau befindet. Als regionale Schwerpunkte können vor allem Südkorea, China, Indien, Deutschland und die USA ausgemacht werden (vgl. Abbildung 1.2 b).

Ein eher wissenschaftlich orientierter Indikator für das Interesse an einem Themengebiet ist die Zahl wissenschaftlicher Veröffentlichungen. *Koch* und *Redo-Sanchez* et al. nutzten bereits dieses Werkzeug [34,35]. Eine ähnliche Analyse wurde mit der Literaturdatenbank *Scopus* durchgeführt, eine der größten Abstrakt- und Zitatdatenbanken für begutachtete Literatur [36]. Da in diesem Bereich nahezu nur noch in englischer Sprache publiziert wird, wurden nur diese Begriffe einbezogen.

Abbildung 1.3 a) zeigt die Zahl der Veröffentlichungen mit dem Begriff „Terahertz“ und den früheren Synonymen „far infrared“ und „sub millimeter“ inklusive ihrer Abkürzungen im zeitlichen Verlauf. Es ist eindeutig zu erkennen, dass die Anzahl der Publikationen mit dem Begriff „Terahertz“ ab etwa 1990 stark ansteigt. Die Anzahl der Veröffentlichungen mit den früheren Synonymen beginnt seitdem zu stagnieren. Dies bedeutet, dass anscheinend ein Wandel in der Terminologie stattgefunden hat. In Summe ist weiterhin eine zunehmende Veröffentlichungstä-

[2] engl. von continuous wave

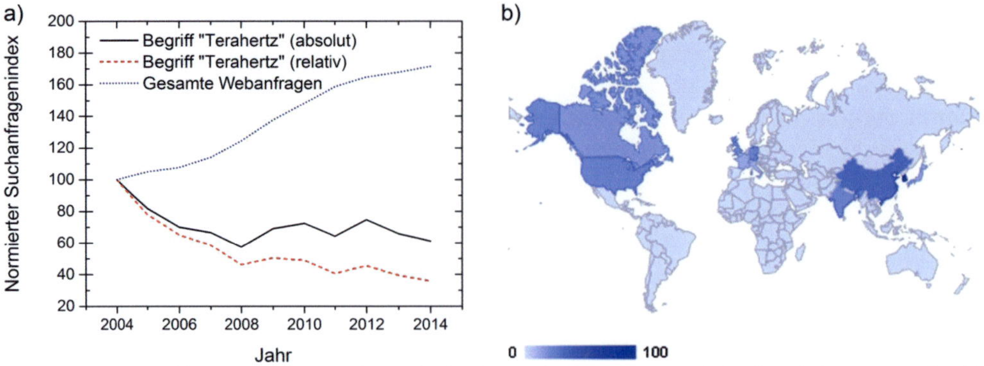

Abbildung 1.2: a) Chronologischer normierter Suchanfrageindex für relative und absolute Anfragen zum Begriff „Terahertz“ mit b) seiner geographischen Verteilung. Datenquelle: *Google Trends* [33].

tigkeit wahrzunehmen. Dies scheint plausibel, da um das Jahr 1990 die ersten Veröffentlichungen zu fotoleitenden Dipolantennen (vgl. Abschnitt 2.1.1) erschienen sind [37, 38], welche wegweisend für eine intensive Weiterentwicklung und Nutzung von Terahertz-Zeitbereichsspektrometern waren [3, 5, 8, 9, 11, 17, 39, 40].

Ein exponentieller Fit zwischen 1960 und 2012 weist eine jährliche Steigerungsrate für Publikationen mit dem Begriff „Terahertz“ bzw. insgesamt mit seinen Synonymen von 15,8 bzw. 9,2 % mit einem Bestimmtheitsmaß von $R^2 = 0,98$ bzw. $0,99$ auf. Die Aufteilung zwischen wissenschaftlichen und ingenieur-technischen Zeitschriften in Abbildung 1.3 b) zeigt, dass sich im Laufe der Zeit die Gewichtung von der Grundlagenorientierung eher in die Richtung der Anwendung verschoben hat.

Die industrielle Nutzung einer Technologie äußert sich eher in Schutzrechtsanmeldungen. Ein beträchtlicher Anteil an technologischem Wissen ist ausschließlich in der Patentliteratur publiziert [41]. Daher dient in Technologietrendanalysen der zeitliche Verlauf an Schutzrechtsanmeldungen als Indikator für die industrielle und kommerzielle Nutzung einer Technologie [42, 43]. Dies unterscheidet die Methode von Analysen wissenschaftlicher Publikationen, die primär das rein akademische Interesse widerspiegeln.

Die Erhebung erfolgte mit der Datenbank *Depatis* der Deutschen Patent- und Markenamts, eine der weltweit größten öffentlich zugänglichen Datenbanken für Patentliteratur. Auch hier wurde nach dem Begriff „Terahertz“ und seinen früheren Synonymen inklusive der verschiedenen Schreibweisen und Abkürzungen recherchiert.

Abbildung 1.4 zeigt das Rechercheergebnis ab dem Jahr 1990. Davor waren insgesamt nur rund ein Dutzend Veröffentlichungen aufzufinden. Hier zeigt sich ein signifikanter Anstieg im Vergleich zu den wissenschaftlichen Publikationen rund 10 Jahre später. Diese Verzögerung zwischen akademischer und kommerzieller Nutzung ist plausibel. Die Anzahl der Schutzrechtsveröffentlichungen mit den früheren Synonymen ist auf nahezu konstant niedrigem Niveau. Dies weist auf das kommerzielle Potenzial der um das Jahr 1990 erzielten Entdeckungen [37, 38] und den damit neu belegten Begriff der Terahertz-Technologie hin. Die Erhebung erfolgte nur bis 2011,

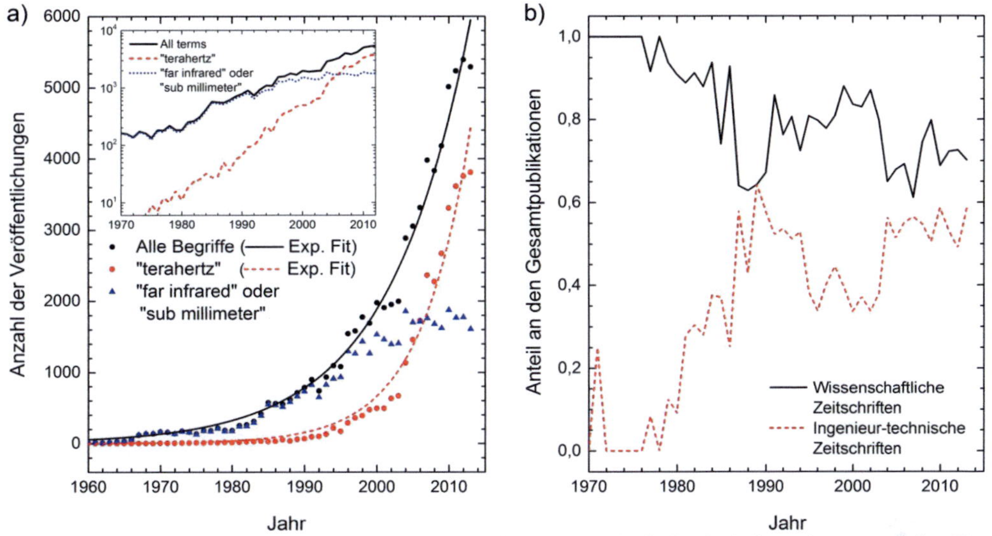

Abbildung 1.3: a) Chronologische Entwicklung der Veröffentlichungen in Fachzeitschriften mit exponentiellen Fits (1960 bis 2012) für die Anzahl an Publikationen, die den Begriff „Terahertz“ bzw. die traditionellen Bezeichnungen beinhalten. Die Box zeigt zudem eine logarithmische Auftragung zwischen den Jahren 1970 und 2012. b) Chronologische Entwicklung des Anteils wissenschaftlicher und ingenieur-technischer Zeitschriften bezogen auf die Gesamtzahl. Die Gesamtzahl kann den Wert 1 übersteigen, da einige Zeitschriften mehreren Kategorien zugeordnet sind. Datenquelle: *Scopus* [36].

da danach aufgrund der langen Veröffentlichungsfristen kaum zuverlässige Angaben zu erwarten sind. Die jährliche Steigerungsrate liegt hier mit 20,6 % ($R^2 = 0,98$) signifikant höher als bei den wissenschaftlichen Veröffentlichungen.

Die ersten kommerziellen Terahertz-Systeme waren in den frühen 2000er Jahren verfügbar [3]. Heute existieren weltweit weit über 20 originäre Terahertz-Systemhersteller zuzüglich ihrer Distributoren. Abbildung 1.5 zeigt die Entwicklung dieser Zahlen vom Jahr 2003 bis 2014. Im Schnitt kommen jedes Jahr zwei neue Unternehmen hinzu. In der DACH[3]-Region sind heute rund 30 Unternehmen als Ansprechpartner für Terahertz-Systeme verfügbar, was eine beträchtliche Zahl für eine vergleichsweise junge Technologie ist. Auf die technische Performanz heute angebotener Systeme wird ausführlich in der Originalveröffentlichung eingegangen [1].

1.2.3 Prognose der zukünftigen Entwicklung

In technischer Hinsicht zeichnet sich aufgrund der aktuellen Entwicklungen ab, dass Terahertz-Systeme zukünftig weiter an Reifegrad gewinnen. Sie werden noch kleiner und robuster. Komplett fasergekoppelte Systeme werden schrittweise Freistrahlaufbauten verdrängen [44–47]. Anwendungen in der Sicherheitstechnik wurden in den letzten Jahren öffentlich sehr stark gefördert. Der erzielte Fortschritt zu preiswerten Komponenten und Serienproduktionsverfahren (z. B. für Körperscanner) könnte

[3] Region bestehend aus Deutschland (D), Österreich (A) und Schweiz (CH)

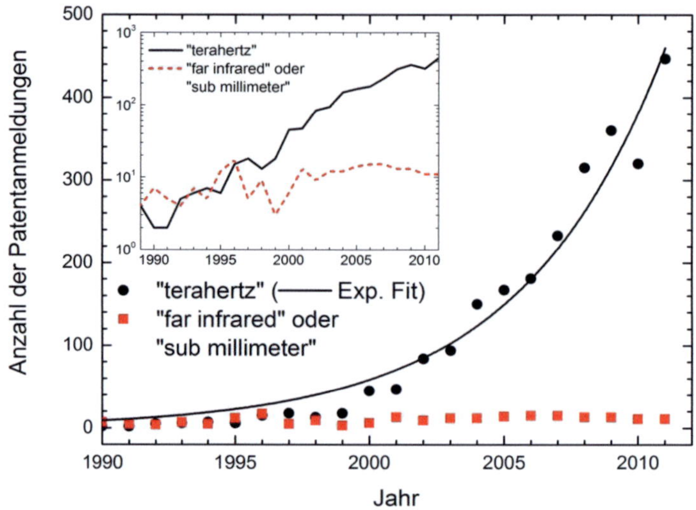

Abbildung 1.4: Chronologische Entwicklung der Patentanmeldungen und exponentieller Fit für die weltweiten Anmeldezahlen, die das Schlüsselwort „Terahertz" bzw. die traditionellen Synonyme enthalten: Die Box zeigt die logarithmische Auftragung. Datenquelle: *Depatis.*

auch Anwendungen im Prüfbereich zugute kommen [48, 49]. Zudem ist zu beobachten, dass vermehrt sehr spezifisch angepasste Terahertz-Systeme für konkrete Anwendungsszenarien auf den Markt kommen. Auch die merklich zunehmende Entwicklung von Antennenarrays wird insbesondere die bildgebenden Verfahren positiv hinsichtlich erzielbarer Bildraten beeinflussen [48–51].

Die vermehrten Publikationen (vgl. Abschnitt 1.2.2) werden immer mehr potenzielle Anwender auf die Terahertz-Technologie aufmerksam machen und konkrete Anwendungen in den Fokus rücken. In den letzten fünf Jahren war keine wahrnehmbare Konsolidierung bei den Terahertz-Systemanbietern bemerkbar (vgl. Abbildung 1.5). Die derzeit etablierten Systemlieferanten hatten im Jahr 2013 je rund 50 Messsysteme im Markt und verkaufen etwa 5 bis 10 Systeme pro Jahr. Das jährliche Wachstum liegt zwischen 5 und 20 %. Das ist in guter Übereinstimmung mit bereits prognostizierten und publizierten Raten von 7 bis 10 % bis zum Jahr 2013 bzw. von 7 bis 37 % für den Folgezeitraum [27, 28]. Allerdings dürfte die reale mittlere Wachstumsrate geringer als diese Prognose sein, die bislang nur auf die gut etablierten Hersteller und nicht dem gesamten Markt zutrifft.

Erfolge werden sich primär dort einstellen, wo die Terahertz-Technologie bereits etablierte Techniken nicht „nur" substituieren kann, sondern einen echten Mehrwert bietet. Dies ist schön am Beispiel der Rohrwanddickenmessung in der Kunststoffrohrextrusion erkennbar, wo echte Vorteile gegenüber der bisherigen Prozessmessmethoden wie Ultraschall, Röntgen oder Radiometrie existieren [15, 52]. So können hier z. B. geschäumte, dickwandige oder Großrohre mit Luftkammern berührungslos und ohne ionisierende Strahlung vermessen werden, was in dieser Kombination mit etablierten Techniken bis dato nicht möglich war und einen großen Mehrwert für die

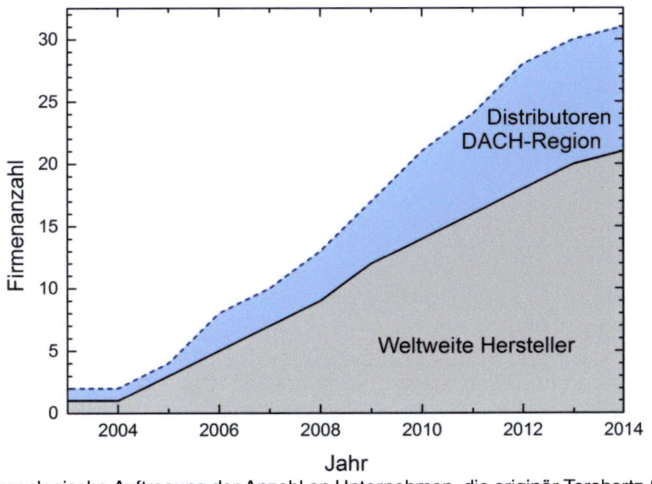

Abbildung 1.5: Chronologische Auftragung der Anzahl an Unternehmen, die originär Terahertz-Systeme herstellen sowie ergänzend die Zahl der zusätzlichen Distributoren in der DACH-Region: Als Zeitpunkt wurde der Markteintritt des ersten Terahertz-Systems und nicht das Firmengründungsdatum verwendet.

Industrie bedeutet. Außerdem liegen die Terahertz-Systemkosten hier im Bereich der alternativen Messsysteme.

Einen wesentlichen Einfluss auf den Verbreitungsgrad hat auch der Preis von Terahertz-Systemen. Dieser liegt für das günstigste System mittlerweile bei unter 15.000 Euro [1]. Abbildung 1.6 zeigt die Preisentwicklung am Beispiel eines optisch gepulsten Terahertz-Zeitbereichsspektrometers ab dem Jahr 2002. Im Schnitt kann derzeit von einer jährlichen Kostenreduktion in der Größenordnung von 10 % ausgegangen werden. Dies ist vor allem auf Kostensenkungspotenziale bei den Komponenten durch den Einsatz preiswerter Materialien z. B. für optische Bauteile [53,54], standardisierter Elemente aus der Telekommunikationstechnik [47] oder den bereits erwähnten weiterentwickelten Serienfertigungsverfahren [51] zurückzuführen. Auch neue Anregungsmethoden für fotoleitende Dipolantennen mit preiswerten Multimode-Laserdioden in Quasi-Zeitbereichsspektrometern [55–57] oder die Adaption von Technologien aus dem Sicherheitsbereich werden diese Entwicklung weiter begünstigen [48,49,51].

1.3 Fazit zur Terahertz-Technologie

Die Terahertz-Spektroskopie ist nicht ganz neu. Allerdings hat die frühe Submillimeter- bzw. Ferninfrarot-Spektroskopie durch die Entwicklungen in den frühen 1990er Jahren einen neuen Auftrieb erfahren. Dies ist auch auf die kohärenten Detektionsmöglichkeiten zurückzuführen, die eng mit dem Begriff „Terahertz“ verbunden sind.

Die Erwartungen an die Terahertz-Technologie sind teils recht hoch gesteckt. Teilweise werden sie in einzelnen Segmenten auch erfüllt. Dennoch sollte bei aller Eu-

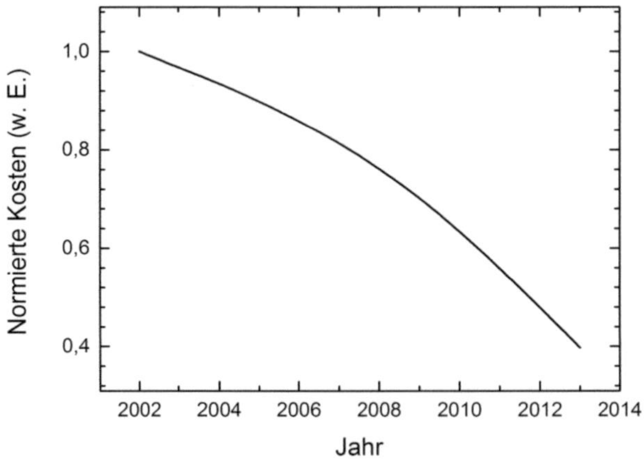

Abbildung 1.6: Normierte Preisentwicklung in Abhängigkeit der Zeit für ein exemplarisches optisch gepulstes Terahertz-Zeitbereichsspektrometer.

phorie immer auf die Alleinstellungsmerkmale und Wettbewerbsfähigkeit im Markt geachtet werden. Die reine wissenschaftliche Machbarkeit ist nicht ausreichend. Die bisherigen Entwicklungen deuten allerdings auf ein stetiges Wachstum und Interesse auch hinsichtlich industrieller Anwendungen hin. Beide – Industrie und Forschung – werden zukünftig vom reicher werdenden Erfahrungsschatz, einer besseren Verfügbarkeit von Terahertz-Systemen sowie günstigeren Anschaffungskosten profitieren.

Die nachfolgenden Untersuchungen zeigen weitere Potenziale zur Verbesserung von Terahertz-Systemen auf, wie z. B. durch neue Methoden zur Zeitauflösung in Kapitel 4, oder weitere Anwendungsszenarien in der Polymeranalytik ab Kapitel 5.

Kapitel 2

Spektroskopie und optische Eigenschaften

Die Terahertz-Spektroskopie ist per se keine völlig neue Technologie, wie bereits im Kapitel 1 einführend geschildert wurde. Unter dem Synonym Ferninfrarot-Spektroskopie wurden bereits in frühen Jahren Untersuchungen mit FTIR[4]-Spektrometern durchgeführt. Diese Messmethode ist bereits seit über 50 Jahren bekannt und sehr erfolgreich im Einsatz. Daher wird in diesem Zusammenhang auf die Standardliteratur verwiesen [58–61]. Experimentelle Besonderheiten werden in den jeweiligen Abschnitten behandelt. Auf die ATR-Methode wird noch in Abschnitt 2.4 detaillierter eingegangen.

Nachfolgend soll die Gelegenheit genutzt werden, das Systemkonzept der neu aufgekommenen Terahertz-Zeitbereichsspektrometer zu erläutern. Sie unterscheiden sich durch die Möglichkeit einer kohärenten Detektion, womit neben der Absorption auch der Brechungsindex und damit die komplexe Permittivität direkt zugänglich sind. Eine Gegenüberstellung von FTIR- und Terahertz-Zeitbereichsspektrometern bieten *Han* et al. [62].

2.1 Terahertz-Spektroskopie

Die Terahertz-Spektroskopie erweitert das Repertoire der Messtechnik um ein interessantes Feld, das in den kommenden Jahren noch einige neue Anwendungsbereiche erschließen wird. Der kommerzielle Einsatz der Terahertz-Technologie bereitete in der Vergangenheit noch große Probleme, da die kohärente Erzeugung und Detektion der Terahertz-Wellen technisch sehr aufwändig ist. Wie in der Einleitung in Kapitel 1 bereits erläutert wurde, konnten seit den 1990er Jahren große technologische Fortschritte erzielt werden, sodass sich in der Polymerphysik und -chemie einige interessante Einsatzgebiete ergeben könnten [6, 44, 63, 64]. Die vorliegende Arbeit soll ebenfalls ihren Teil dazu beitragen.

2.1.1 Erzeugung und Detektion von Terahertz-Pulsen

Zur Erzeugung von Terahertz-Pulsen für messtechnische Anwendungen haben sich fotoleitende Dipolantennen durchgesetzt [37, 38]. Das Funktionsschema ist in Ab-

[4] Fourier-Transform-Infrarot

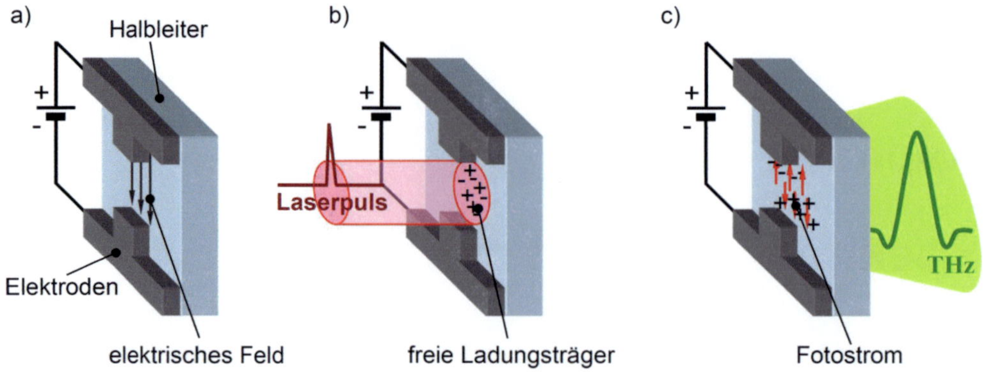

Abbildung 2.1: Schematische Darstellung der Terahertz-Pulserzeugung durch eine fotoleitende Dipolantenne: a) Durch eine Dipolantennenstruktur wird ein elektrisches Feld generiert. b) Ein ultrakurzer Laserpuls erzeugt im Halbleiter freie Ladungsträger und c) werden diese durch das elektrische Feld beschleunigt und relaxieren anschließend wieder. Infolge der Ladungsträgerbewegung kommt es zur Abstrahlung eines Terahertz-Pulses.

bildung 2.1 dargestellt. Auf ein Halbleitersubstrat ist eine elektrisch leitfähige Antennenstruktur aufgebracht. Der Abstand beider Elektroden liegt typischerweise im Bereich einiger Mikrometer. Durch das Anlegen einer elektrischen Spannung bildet sich in der Elektrodenlücke ein elektrisches Feld aus (vgl. Abbildung 2.1 a). Ein Femtosekunden-Laserpuls wird in die Lücke zwischen den beiden Elektroden auf das Halbleitermaterial fokussiert und erzeugt dort freie Elektronen-Loch-Paare (vgl. Abbildung 2.1 b). Das elektrische Feld des Elektrodenpaars beschleunigt diese Ladungsträger (vgl. Abbildung 2.1 c) und gemäß den Maxwell'schen Gleichungen kommt es zur Abstrahlung einer elektromagnetischen Welle. Bei der Verwendung eines geeigneten Halbleitermaterials (z. B. GaAs[5]) und eines ausreichend kurzen Femtosekunden-Laserpulses (< 500 fs) mit einer für das Halbleitermaterial geeigneten Anregungswellenlänge (z. B. 780 nm) wird ein Terahertz-Puls mit einer Breite von unter einer bis zu wenigen Pikosekunden emittiert.

Zur Detektion kann eine elektro-optische Aufnahme [23, 65] eingesetzt werden, die aber zunehmend durch die verbesserten Eigenschaften von Empfänger-Dipolantennen verdrängt wird. Diese sind ähnlich wie die Sendeantennen aufgebaut, jedoch wird meist ein Halbleitermaterial mit einer kürzeren Relaxationszeit verwendet. Ein elektrisches Potenzial wird ebenfalls nicht angelegt, sondern an den Elektroden der induzierte Strom abgegriffen. Da die Oszillationsfrequenz eines Terahertz-Pulses zu hoch für eine rein elektronische Erfassung ist, kommt ein optisches Abtastverfahren zum Einsatz.

Der Femtosekunden-Laserpuls erzeugt dazu in der Antennenlücke wieder freie Ladungsträger. Beim gleichzeitigen Auftreffen einer Terahertz-Welle werden die Ladungsträger in dem elektrischen Feld der Terahertz-Welle beschleunigt. Über ein Strommessgerät kann diese Ladungsträgerbewegung als Stromfluss gemessen werden. Dieser ist proportional zur eingestrahlten Terahertz-Leistung. Der generierte Fotostrom liegt typischerweise in der Größenordnung einiger Nanoampere. Da der

[5] Galliumarsenid

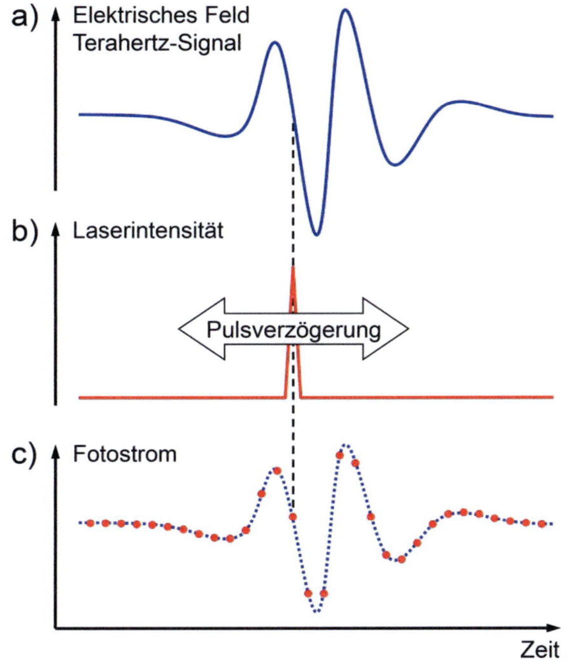

Abbildung 2.2: Der Terahertz-Puls a) wird durch den vergleichsweise kurzen Laserpuls b) schrittweise abgetastet, sodass der Terahertz-Puls durch den dort ermittelten Fotostrom c) der Diplomantenne punktweise rekonstruiert werden kann.

Laserpuls und die Relaxationszeit der freien Ladungsträger sehr kurz sind, folgen diese nur einem kleinen Zeitabschnitt des Terahertz-Pulses. Durch eine zeitliche Verschiebung (Verzögerung) des Laserpulses kann dessen Auftreffzeitpunkt auf der Antenne und damit auch relativ zum Terahertz-Puls variiert werden. Dieser kann somit schrittweise abgetastet und rekonstruiert werden (vgl. Abbildung 2.2). Das gleiche Prinzip kann auch bei kontinuierlicher Terahertz-Strahlung mit Dauerstrich-Lasern eingesetzt werden.

2.1.2 Terahertz-Zeitbereichsspektrometer

Terahertz-Systeme können mit gepulster oder kontinuierlicher (CW[6]) Strahlung arbeiten [66, 67]. CW-Terahertz-Systeme nutzen zwei Laser unterschiedlicher Wellenlänge. Bei entsprechend geeigneter Auswahl der beiden Wellenlängen führt eine Überlagerung beider Laserstrahlen zur Schwebung der Laserintensität mit einer Periodenlänge im Terahertz-Spektralbereich. Eine Terahertz-Antenne wie in Abschnitt 2.1.1 setzt diese Schwebung in Terahertz-Strahlung um. Derartige Systeme können im Vergleich zu gepulsten Terahertz-Geräten sehr kostengünstig gefertigt werden, bieten eine limitierte Bandbreite bei zugleich sehr hoher spektraler Auflösung. Für umfassende Untersuchungen sind gepulste Terahertz-Zeitbereichsspektrometer ge-

[6] engl. continuous wave

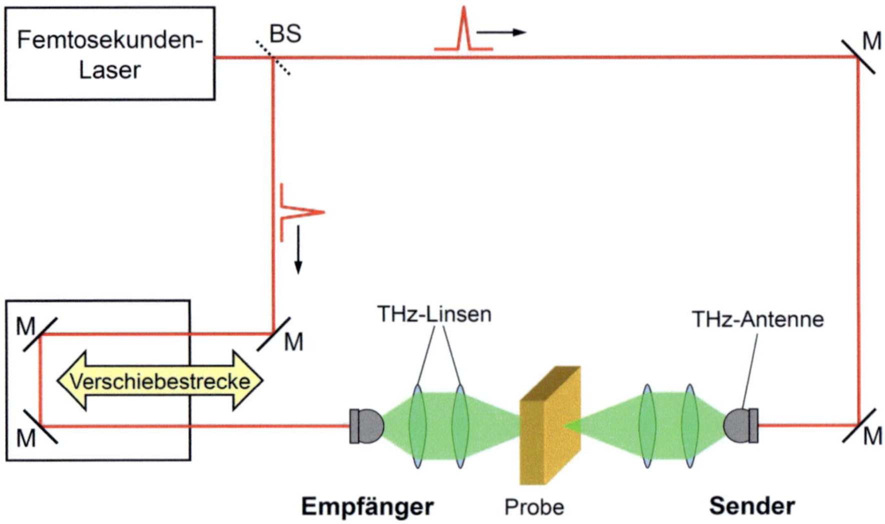

Abbildung 2.3: Prinzipaufbau eines gepulsten Terahertz-Zeitbereichsspektrometers mit Spiegeln (M) und Strahlteilern (BS).

eigneter. Die spektrale Auflösung ist meist geringer als bei CW-Systemen, allerdings wird in den nachfolgenden Kapiteln noch gezeigt, dass die Absorptionsbanden bei Polymeren eher breit sind. Terahertz-Zeitbereichsspektrometer besitzen mittlerweile eine hohe Bandbreite und ermöglichen eine direkte Bestimmung des Brechungsindex, weshalb auf diesen Systemtyp näher eingegangen wird.

Ein Terahertz-Puls besteht aus einem breiten Frequenzspektrum (vgl. Abbildung 2.4) und eine kohärente Detektion ist leicht möglich. Messungen mit gepulsten Terahertz-Spektrometern liefern daher einen höheren Informationsgehalt. Sie bestehen aus einem Femtosekundenlaser, der auf eine Terahertz-Sendeantenne fokussiert ist (vgl. Abbildung 2.3). Diese ist gemäß Abschnitt 2.1.1 aufgebaut und emittiert Terahertz-Pulse, die über optische Elemente wie Spiegel und Linsen geführt und fokussiert werden können. Als Linsenwerkstoff werden meist Reinstsilizium oder für Terahertz-Strahlung transparente Polymere (z. B. Polytetrafluorethylen, Polyolefine) eingesetzt.

Die durch die Probe propagierte Terahertz-Strahlung wird auf eine Empfängerantenne fokussiert. Ein Teil der Laserleistung wird durch einen Strahlteiler vom Hauptstrahl ausgekoppelt und auf die Empfängerantenne fokussiert. In einem der beiden Laserstrahlengänge ist eine bewegliche Verzögerungsstrecke eingebaut. Diese verändert die optische Weglänge in einem der beiden Äste und damit den Auftreffzeitpunkt zwischen Terahertz- und Laserpuls auf dem Empfänger. Auf diese Verzögerungsmethoden und eine neue Alternative wird in Kapitel 4 noch näher eingegangen. Ein Messgerät registriert den resultierenden Fotostrom der Empfängerantenne, sodass sich der Empfangspuls gemäß Abbildung 2.2 rekonstruieren lässt. Die Anordnung von Sender und Empfänger kann auch in Reflexions- oder Streuanordnung erfolgen, sodass prinzipiell auch ein einseitiger Probenzugang ausreichend ist.

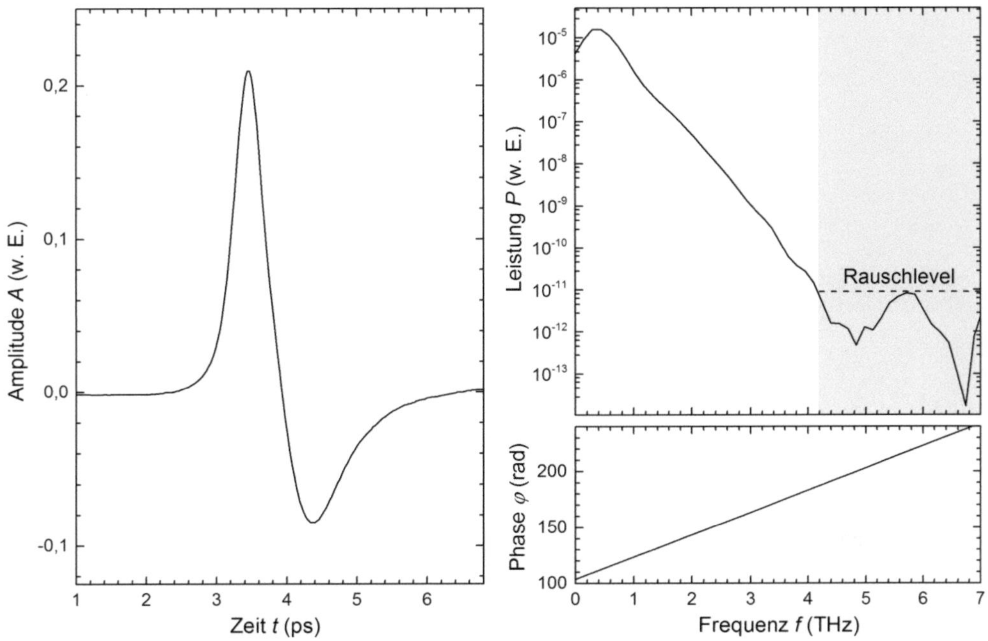

Abbildung 2.4: Durch die Fourier-Transformation eines Terahertz-Pulses (links) kann das Leistungs- und Phasenspektrum (rechts) abgeleitet werden. In diesem Beispiel beginnt ab einer Frequenz von etwa 4 THz der Rauschlevel und damit der nicht mehr sinnvoll auswertbare Spektralbereich.

2.1.3 Datenaufbereitung

Die primären Ausgabewerte in der Terahertz-Messtechnik sind der Brechungsindex und Absorptionskoeffizient bzw. die resultierende komplexe Permittivität (vgl. Abschnitt 2.2). Beim Durchlaufen eines Terahertz-Pulses durch die Probe kommt es zu einer Verzögerung, da die Ausbreitungsgeschwindigkeit darin geringer als in Vakuum oder Luft ist (vgl. Abbildung 2.5). Die Ausbreitungsgeschwindigkeit c ist über den Brechungsindex n und die Vakuumlichtgeschwindigkeit c_0 definiert als:

$$c = \frac{c_0}{n}\,. \tag{2.1}$$

In der Terahertz-Technologie hat sich weitgehend die Angabe der Frequenz f mit der Einheit THz durchgesetzt. Teils sind auch Angaben in Anlehnung an die klassische optische Spektroskopie in der Frequenz als Wellenzahlen ν mit der Einheit cm^{-1} oder der Wellenlänge λ mit der Einheit µm zu finden, die sich jedoch für Vakuum durch folgende Gleichung ineinander überführen lassen:

$$f = \frac{c_0}{\lambda} = \nu \cdot c_0\,. \tag{2.2}$$

Die Fourier-Transformation eines Terahertz-Pulses liefert das Amplituden- und Phasenspektrum (vgl. Abbildung 2.4). Aus diesen Informationen des durch die Probe propagierten Pulses und des Ausgangspulses lassen sich die optischen Eigenschaften

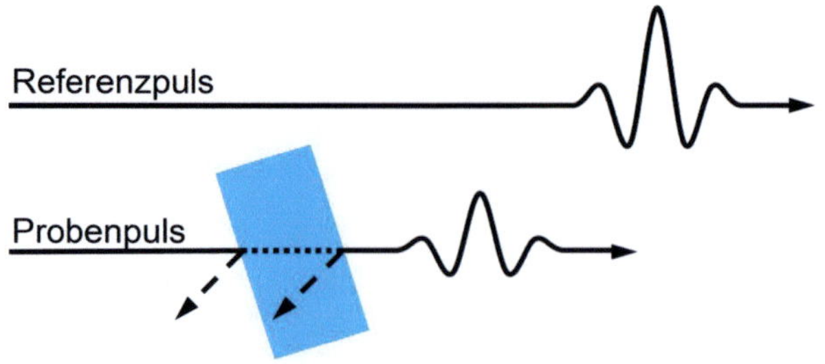

Abbildung 2.5: Terahertz-Referenzpuls, der durch Luft oder Vakuum läuft, und ein Probenpuls, der durch die Probe zeitlich verzögert und durch z. B. Streu-, Absorptions- und Reflexionseffekte gedämpft ist.

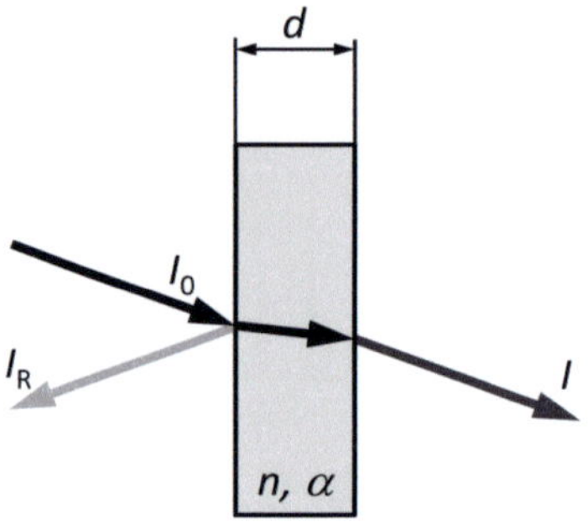

Abbildung 2.6: Schematische Darstellung der Wechselwirkung elektromagnetischer Strahlung beim Auftreffen auf ein Objekt: Die eingestrahlte Intensität I_0 trifft auf ein Objekt und wird an dessen Oberfläche mit der Intensität I_R reflektiert. Der verbleibende Anteil propagiert durch das Medium, bis es wieder aus dem Objekt mit der transmittierten Intensität I austritt. Sekundärreflexionen an der zweiten Grenzfläche sind in dieser Darstellung vernachlässigt worden.

berechnen. Der Brechungsindex n kann mit der Frequenz f, der Probendicke d sowie der Phasenverschiebung $\Delta\varphi$ zwischen dem Referenz- und Probenpuls bei ideal senkrechtem Einfall wie folgt berechnet werden:

$$n(f) = 1 + \frac{c_0}{2\pi \cdot f \cdot d} \Delta\varphi \,. \tag{2.3}$$

Die Phasenverschiebung ist umso höher, je verzögerter der Probenpuls zum Ausgangspuls ist. Der Brechungsindex von Luft ist mit $n \approx 1$ ähnlich dem von Vakuum.

An den Grenzflächen zweier Stoffe mit unterschiedlichem Brechungsindex kommt es zu Reflexionen, sodass bei einer Transmissionsanordnung zusätzliche Verluste in der Empfangsleistung zu verzeichnen sind. Durch Absorption oder Streuung kann es in der Probe zu einer weiteren Abnahme der Pulsamplitude kommen.

Mit einigen Vereinfachungen kann der Absorptionskoeffizient α einer Probe – unter Berücksichtigung von Reflexionen an den beiden Grenzflächen (vgl. Abbildung 2.6) – für senkrechtem Einfall wie folgt berechnet werden:

$$\alpha(f) = -\frac{2}{d} \ln \left[\frac{(n+1)^2}{4n} \left| \frac{E_P(f)}{E_R(f)} \right| \right] \,. \tag{2.4}$$

Dabei entsprechen E_P und E_R den elektrischen Feldstärken des Proben- bzw. Referenzsignals, die proportional zum gemessenen Fotostrom sind. Bei dieser Näherung können die Ergebnisse für den Absorptionskoeffizienten etwas zu hoch ausfallen, da eine Amplitudenabnahme aufgrund von Streuverlusten in der Probe nicht von einer wirklichen Absorption zu unterscheiden ist. Eine allgemeine Form für den Absorptionskoeffizienten wird ohne Verluste durch Oberflächenreflexion noch in Gleichung 2.6 beschrieben.

2.2 Optische Eigenschaften von Festkörpern

Die wesentlichen Grundlagen und Herleitungen optischer Eigenschaften in Festkörpern sind der einschlägigen Lehrliteratur zu entnehmen [68–70]. Hier soll nur auf die wichtigsten Zusammenhänge eingegangen werden, die für die nachfolgenden Kapitel wichtig sind.

Elektromagnetische Strahlung kann auf unterschiedliche Weise mit Materie in Wechselwirkung treten. Die vielfältigen optischen Eigenschaften lassen sich in Gruppen allgemeiner Phänomene unterteilen [70]. Eine der Gruppen besteht aus den Phänomenen Reflexion, Propagation und Transmission. Diese sind in Abbildung 2.6 schematisch dargestellt. Die Strahlung trifft mit der Intensität I_0 auf ein Objekt. An dessen Oberfläche wird ein Teil der Strahlung I_r reflektiert. Der Anteil reflektierter bzw. transmittierter Intensität wird mit dem Reflexions- R bzw. Transmissionskoeffizienten T beschrieben. Für diese gilt die Bedingung

$$1 = R + T\,. \tag{2.5}$$

Nach der ersten Grenzfläche propagiert die verbleibende Strahlung durch das Medium mit einem Absorptionskoeffizienten α und Brechungsindex n mit der Geschwindigkeit gemäß Gleichung 2.1. Ist die Ausbreitungsgeschwindigkeit abhängig von der Wellenlänge der Strahlung, so spricht man von Dispersion. Steigt der Brechungsindex mit zunehmender Frequenz an, so bezeichnet man dies als normale, im umgekehrten Fall als anormale Dispersion.

Zudem kann die Strahlung mit dem Medium wechselwirken und kann absorbiert und/oder gestreut werden. Vernachlässigt man Oberflächenreflexionen, was bei stark absorbierenden Polymeren meist zulässig ist, kann die transmittierte Intensität I nach Durchlaufen einen absorbierenden Mediums über die Strecke d mit

$$I = I_0 \cdot \mathrm{e}^{-\alpha d} \tag{2.6}$$

beschrieben werden. Nach der Propagation durch das Objekt kann ein Teil der Strahlung an der Grenzfläche wieder reflektiert werden, bis die transmittierte Strahlung mit der Intensität I hinter dem Objekt wieder austritt.

Allgemein kann damit der Transmissionskoeffizient eines Objekts mit zwei Grenzflächen gemäß Gleichung 2.5 und 2.6 als

$$T = (1 - R)^2 \cdot \mathrm{e}^{-\alpha d} \tag{2.7}$$

formuliert werden. Als Kennwert für die Intensitätsabschwächung wird häufig auch die Extinktion oder Absorbanz verwendet. Dies erfolgt vorwiegend, wenn neben Absorption auch Streuung und Reflexion in einem Medium stattfinden und eine Referenzintensität mit I_0 einer Probenmessung der Intensität I verglichen wird. Die dekadische Absorbanz A ist wie folgt definiert:

$$A = -\log_{10} \frac{I}{I_0} \,. \tag{2.8}$$

Absorption und Brechung können mittels einer einzigen Größe, dem komplexen Brechungsindex $\widetilde{n}$ beschrieben werden [68–70]. Dieser setzt sich aus dem bekannten Realteil n und einem Imaginärteil κ zusammen:

$$\widetilde{n} = n + \mathrm{i}\kappa \,. \tag{2.9}$$

Der Extinktionskoeffizient κ ist direkt proportional mit dem Absorptionskoeffizienten α gemäß

$$\alpha = \frac{2\kappa\omega}{c} = \frac{4\pi\kappa}{\lambda} \tag{2.10}$$

gekoppelt, wobei die Kreisfrequenz $\omega = 2\pi \cdot f$ bzw. die Wellenlänge $\lambda = c/f$ jeweils mit der Frequenz f zusammenhängen. Der Brechungsindex $\widetilde{n}$ eines Mediums kann zu seiner relativen Permittivität $\widetilde{\epsilon}_r$ mit

$$\widetilde{\epsilon}_r = \widetilde{\epsilon}/\epsilon_0 \tag{2.11}$$

und der elektrischen Feldkonstante ϵ_0 sowie der Permittivität des Mediums $\widetilde{\epsilon}$ gemäß den Maxwell-Gleichungen mit

$$\widetilde{n} = \widetilde{\epsilon}_r^{2} \tag{2.12}$$

in Beziehung gesetzt werden [68–70]. Daraus ergibt sich, dass auch die relative Permittivität mit $\widetilde{\epsilon}_r = \epsilon_1 + \mathrm{i}\epsilon_2$ ebenfalls wie der Brechungsindex komplex sein muss. Der Realteil ϵ_1 und Imaginärteil ϵ_2 der komplexen relativen Permittivität $\widetilde{\epsilon}_r$ ergeben sich mit Gleichung 2.9 zu

$$\epsilon_1 = n^2 - \kappa^2 \tag{2.13}$$

$$\epsilon_2 = 2n\kappa \tag{2.14}$$

bzw. der Brechungsindex n und der Extinktionskoeffizient κ zu

$$n = \sqrt{\frac{\epsilon_1 + \sqrt{\epsilon_1^2 + \epsilon_2^2}}{2}} \tag{2.15}$$

$$\kappa = \sqrt{\frac{-\epsilon_1 + \sqrt{\epsilon_1^2 + \epsilon_2^2}}{2}} \,. \tag{2.16}$$

Im Fall schwach absorbierender Medien, d. h. bei sehr kleinen Extinktionskoeffizienten κ, können die Gleichungen 2.13 und 2.14 zu $n = \sqrt{\epsilon_1}$ bzw. $\kappa = \epsilon_2/(2n)$ angenähert werden.

2.3 Modell oszillierender Dipole

Der vorausgegangene Abschnitt hat den Brechungsindex und den Absorptionskoeffizienten als wichtige optische Eigenschaften bei der Propagation einer elektromagnetischen Welle durch ein Medium identifiziert. Diese beiden Größen sind über die komplexe relative Permittivität miteinander verknüpft.

In diesem Abschnitt soll die frequenzabhängige Wechselwirkung der elektromagnetischen Welle mit dem Medium detaillierter betrachtet werden. Dazu werden die dort vorzufindenden Atome und Moleküle als klassische Dipoloszillatoren modelliert. Die grundlegende Beschreibung dieser Modelle ist in *Fox* oder einschlägigen Lehrbüchern zu finden [68–70]. Nachfolgend soll nur auf die notwendigen Aspekte für die Belange der nachfolgenden Untersuchungen eingegangen werden.

Die modellhafte Grundannahme geht davon aus, dass in einem Medium mehrere Oszillatoren mit charakteristischen Oszillationsfrequenzen (entsprechend ihrer Resonanzfrequenzen) existieren. Da im Verlauf der vorgestellten Arbeiten primär die Oszillationen von Molekülschwingungen von Interesse sind, wird auf eine Vorstellung des Oszillatormodells für gebundene Elektronen auf atomarer Ebene verzichtet. Atome, die in einem polaren Molekül gebunden sind, können um ihre Gleichgewichtslage schwingen und damit einen oszillierenden elektrischen Dipol induzieren. Aufgrund ihrer reduzierten Massen treten diese Schwingungen im Infrarot-Spektralbereich von etwa 10^{12} bis 10^{13} Hz auf, die durch dort angesiedelte Absorptionsbanden erkennbar sind [70].

Das elektrische Feld einer propagierenden Welle induziert auf einen Dipol eine auf ihn getriebene Oszillation. Die Oszillationsfrequenz entspricht der Anregungsfrequenz $\omega = 2\pi \cdot f$ des treibenden Feldes, wobei zwischen beiden Frequenzen eine Phasenverschiebung vorliegen kann. Die komplexe relative Permittivität $\widetilde{\epsilon}_r$ für einen oszillierenden Dipol beträgt

$$\widetilde{\epsilon}_r(\omega) = 1 + \chi + \frac{Nq^2}{\epsilon_0 m_0} \cdot \frac{1}{\omega_0^2 - \omega^2 - \mathrm{i}\gamma\omega}, \tag{2.17}$$

worin die elektrische Suszeptibilität χ, die Resonanzfrequenz des Dipols ω_0 und dessen Dämpfung γ enthalten sind. Die elektrische Suszeptibilität beinhaltet alle anderen Beiträge zur Polarisierbarkeit und wird daher auch als nichtresonante Polarisierung beschrieben [70]. Die reduzierte Masse m_0, Ladung q und Anzahl der Dipole pro Volumen N spezifizieren im Medium die Anhäufung der Dipole.

Dementsprechend kann die komplexe Permittivität auch in Real- und Imaginärteil aufgespalten werden:

$$\epsilon_1(\omega) = 1 + \chi + \frac{Nq^2}{\epsilon_0 m_0} \cdot \frac{\omega_0^2 - \omega^2}{(\omega_0^2 - \omega^2)^2 + (\gamma\omega)^2} \tag{2.18}$$

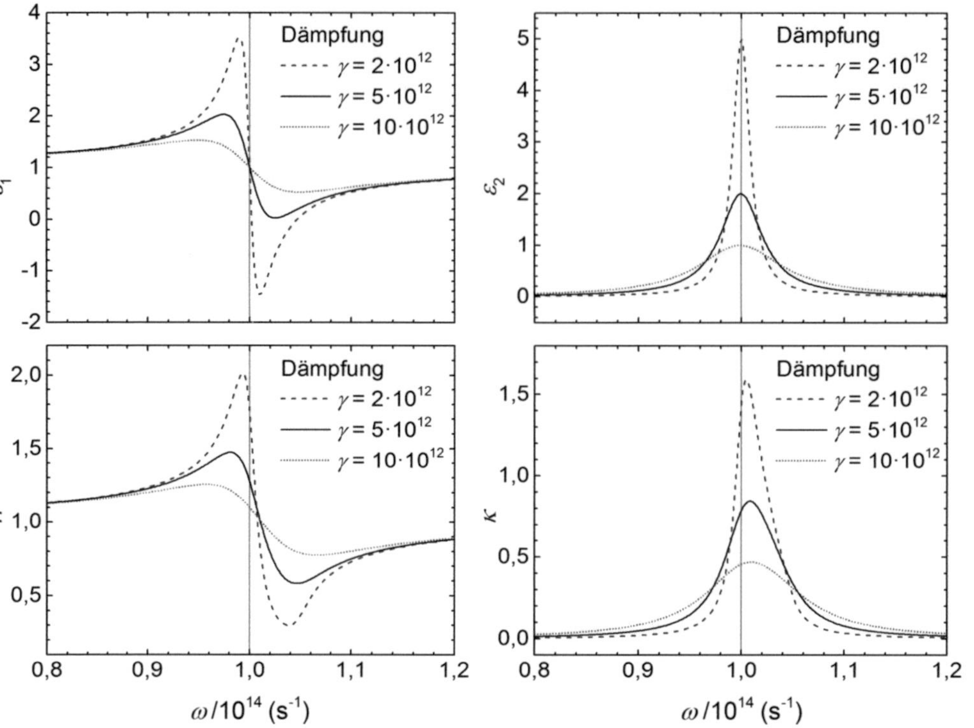

Abbildung 2.7: Real- und Imaginärteil ϵ_1 bzw. ϵ_2 der komplexen Permittivität eines Lorentz-Oszillators mit einer Resonanzkreisfrequenz von $\omega_0 = 10^{14}\,\mathrm{s}^{-1}$, einer elektrischen Suszeptibilität $\chi = 0$ und einer Amplitude von $Nq^2/(\epsilon_0 m_0) = 10^{27}\,\mathrm{s}^{-2}$ mit unterschiedlichen Dämpfungswerten γ. Außerdem sind die resultierenden Brechungsindizes n und Extinktionskoeffizienten κ aufgetragen.

$$\epsilon_2(\omega) = \frac{Nq^2}{\epsilon_0 m_0} \cdot \frac{\gamma\omega}{(\omega_0^2 - \omega^2)^2 + (\gamma\omega)^2} \,. \tag{2.19}$$

Real- und Imaginärteil der relativen Permittivität und der korrespondierende Brechungsindex und Extinktionskoeffizient eines beispielhaften oszillierenden Dipols mit unterschiedlichen Dämpfungswerten sind in Abbildung 2.7 aufgetragen. Es zeigt sich, dass die Dämpfung γ des Dipols die Höhe und Breite der Absorptionsbande beeinflusst. Im Bereich der Resonanzfrequenz ω_0 tritt starke Dispersion auf. Die Frequenz der maximalen Extinktion ist zu leicht höheren Frequenzen verschoben. Diese Verschiebung ist umso größer, je höher die Dämpfung ist.

Die Graphen visualisieren auch, dass der Einfluss eines Dipols beim Brechungsindex in einem weit größeren Frequenzfenster als bei der Absorption auftritt. Die Absorption reduziert sich um $1/\Delta\omega^2$, während sich der Brechungsindex für große Abstände $|\Delta\omega|$ von der Resonanzfrequenz nur um $1/|\Delta\omega|$ ändert. Dies ergibt sich aus der Näherung für den Brechungsindex bei geringer Absorption aus Abschnitt 2.2 und Gleichung 2.18. Dadurch können auch weit abseits von starken Absorptionsbanden noch Einflüsse auf den Brechungsindex erkennbar sein.

Mit abnehmender Frequenz vom Resonanzbereich steigt der Brechungsindex immer an. Dies führt gemeinsam mit dem soeben beschriebenen Phänomen auch zu einer Kumulierung von Dispersion mit zunehmend niedrigen Frequenzen. Wird demzufolge nur ein kleines Frequenzfenster mit seinen Oszillatoren betrachtet, so können sich die Beiträge davon außerhalb liegender Oszillationen im Brechungsindex durch die elektrische Suszeptibilität als Offset ausdrücken. Die Kurven der relativen Permittivität aus Abbildung 2.7 werden nach dem Urheber des Dipolmodells Lorentz-Kurven genannt, wobei im Kontext der Spektralanalyse damit häufig die Glockenkurve der Absorptionsbande gemeint ist.

In der Praxis werden in der Spektroskopie meist der Brechungsindex und die Absorption ermittelt. Aus den gezeigten Zusammenhängen lässt sich daraus dann die komplexe relative Permittivität in Abhängigkeit der Frequenz berechnen. Die Diskussion des Lorentz-Oszillator-Modells zeigt, dass Brechungsindex und Absorptionskoeffizient keine voneinander unabhängige Größen sind. Die Kramers-Kronig-Relationen stellen eine allgemeine Beziehung zwischen dem realen und imaginären Anteil des komplexen Brechungsindex in Gleichung 2.9 her [70–75]. Damit kann aus der frequenzabhängigen Absorption auf die Dispersion geschlossen werden.

Kommen in einem Medium mehrere oszillierende Dipole mit dem Index j vor, ergibt sich die komplexe relative Permittivität in analoger Weise zu Gleichung 2.17 mit

$$\tilde{\epsilon}_r(\omega) = 1 + \chi + \frac{1}{\epsilon_0} \sum_j \frac{N_j q_j^2}{m_j} \frac{1}{\omega_j^2 - \omega^2 - \mathrm{i}\gamma_j \omega} . \tag{2.20}$$

Die Dämpfung γ im Lorentz-Oszillatormodell bildet die real beobachtbare Linienverbreitung von Spektrallinien ab. In der Theorie und auch bei quantenchemischen Berechnungen (vgl. Kapitel 7) erhalten wir zunächst eine unendlich schmale (scharfe) Spektrallinie eines Schwingungszustands. Als Ursache für die reale Ausdehnung existieren bei Festkörpern und Flüssigkeiten verschiedene Ursachen. Schwingende Atome oder Gruppen führen dazu, dass sich diese ständig relativ zum bzw. vom Beobachter weg bewegen. Infolge des Dopplereffekts und den resultierenden Frequenzverschiebungen sowie durch die Überlagerung aller für den Beobachter sichtbaren Schwingungen führt dies zu einer gaußförmigen Verbreiterung der Spektrallinie. Da mit zunehmender Temperatur die Geschwindigkeitsverteilung der Moleküle breiter wird, vergrößert sich typischerweise damit auch die Linienbreite bzw. Dämpfung.

Ein weiteres Phänomen für die Linienverbreiterung ist die sogenannte Lebensdauerverbreiterung, die sich aus der Quantenmechanik ergibt. Diese besagt, dass die Energie eines Systems, dessen Wellenfunktion sich zeitlich ändert, nicht exakt angegeben werden kann. Das Resultat wird auch als natürliche Linienbreite bezeichnet und folgt einer Lorentz-Funktion.

In Summe resultiert die phänomenologische Linienbreite also aus einer Überlagerung mehrerer Effekte mit unterschiedlichen mathematischen Funktionen. Das sogenannte Voigt-Profil fasst diese unterschiedlichen Funktionen zusammen und bildet das reale Linienprofil ab. In der Praxis bildet allerdings eine Gauß- oder Lorentz-

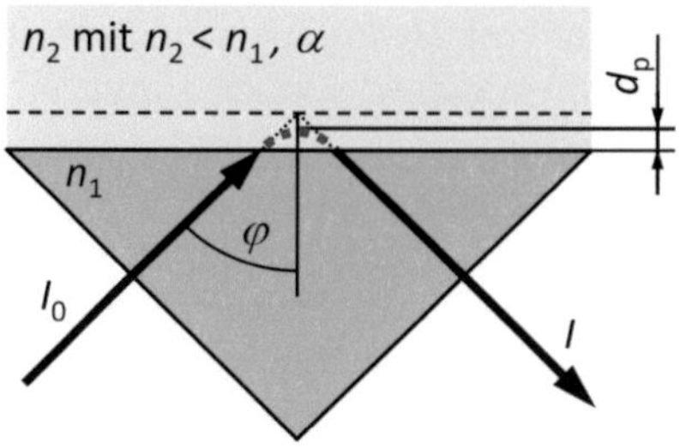

Abbildung 2.8: Prinzipdarstellung des Strahlenverlaufs in einem ATR-Kristall: Im Medium mit dem Brechungsindex n_1 ist mit der gestrichelten horizontalen Linie die scheinbare Reflexionsebene durch die Goos-Hänchen-Verschiebung markiert. Die Eindringtiefe d_p der evaneszenten Welle ist ebenfalls gekennzeichnet.

Funktion eine ausreichende Näherung. Weitere Details können der Standardliteratur entnommen werden [68, 76].

2.4 ATR-Spektroskopie

Neben der klassischen Transmissionsanordnung ist die ATR[7]-Spektroskopie weit verbreitet [77–79]. Sie eignet sich aufgrund ihrer geringen Eindringtiefe insbesondere für Oberflächenprüfungen. Sie bietet außerdem Vorteile durch eine einfache Probenpräparation und geringe erforderliche Probenmengen. Das Prinzip zeigt schematisch Abbildung 2.8.

Dabei wird die Strahlung in einen ATR-Kristall mit dem Brechungsindex n_1 eingekoppelt, an dessen Grenzfläche die Strahlung bei einem schrägen Winkel φ zur Grenzfläche vollständig reflektiert wird. Dies bedeutet einen Reflexionskoeffizienten $R = 1$. Unmittelbar an der Grenzfläche bildet sich eine stehende Welle aus. Diese sogenannte evaneszente Welle dringt in das Medium mit geringerem Brechungsindex n_2 ein. *Messica* bietet eine gute Einführung in die Ausbreitung von evaneszenten Wellen mit Anwendungsfokus in der Spektroskopie [80].

Im Vergleich zur Transmissionsanordnung, wo der Absorptionskoeffizient gemäß Gleichung 2.6 durch die konstante Probendicke und damit konstante optischen Pfadlänge leicht berechnet werden kann, ist bei der ATR-Methode die Eindringtiefe abhängig von der Wellenlänge λ bzw. ihrer Frequenz f. Die Eindringtiefe d_p kann mit $n_{21} = n_2/n_1$ wie folgt abgeschätzt werden:

$$d_p = \frac{\lambda}{2\pi n_1 \sqrt{\sin^2(\varphi) - n_{21}^2}}. \tag{2.21}$$

Diese Eindringtiefe ist als der Wert definiert, ab der die Amplitude des elektrischen Felds nur noch $1/e$-tel im Vergleich zur Ausgangsamplitude an der Grenzfläche beträgt. Die evaneszente Welle kann mit dem Medium hinter der Grenzfläche des ATR-Kristalls wechselwirken. Die Welle scheint an einer zweiten Ebene hinter der Grenzfläche reflektiert zu werden. Diesen Strahlenversatz bezeichnet man auch als Goos-

[7] abgeschwächte Totalreflexion, engl. attenuated total reflection

Hänchen-Verschiebung. Durch Absorption im optisch dünneren Medium schwächt sich daher die reflektierte Welle ab. Durch die geringe Eindringtiefe eignet sich die Methode vor allem auch für stark absorbierende Proben.

Da in erster Näherung die Eindringtiefe bei der ATR-Methode mit zunehmender Frequenz immer geringer wird, zeigen diese Spektren im Vergleich zu Transmissionsmessungen mit höherer Frequenz eine signifikant steigende Intensität und damit in Anlehnung an Gleichung 2.6 eine sinkende Absorption. Um ATR-Absorptionsspektren leichter mit Transmissionsspektren vergleichen zur können, wird in der Infrarot-Spektroskopie häufig eine sogenannte einfache ATR-Korrektur durchgeführt. Hierbei wird die dekadische Absorbanz A (vgl. Gleichung 2.8) mit der Frequenz f in Wellenzahlen gewichtet:

$$A_{ATR} = A \cdot \frac{f}{1000}\,. \tag{2.22}$$

Daneben existieren noch weitere, sogenannte erweiterte ATR-Korrekturen, die eine bessere Übereinstimmung zwischen den umgerechneten ATR-Spektren mit Ergebnissen aus Transmissionsmessungen liefern sollen. Bei diesen Korrekturverfahren gehen meist zusätzlich noch ein statischer Brechungsindex der Probe und des ATR-Kristalls, der Einfallswinkel sowie die Reflexionsanzahl zwischen ATR-Kristall und Probe ein. Wie sich bereits im Abschnitt 2.3 gezeigt hat, kann der Brechungsindex v. a. bei starken Absorptionsbanden nicht mehr als konstant angesehen werden. Es muss auch abseits der Absorptionsbanden mit einer starken Beeinträchtigung des Brechungsindex infolge einer Dipoloszillation gerechnet werden.

Außerdem muss für diese erweiterten ATR-Korrekturen, welche die verschiedenen Spektrometer-Hersteller meist in ihrer Auswertesoftware anbieten, die Bedingung für Totalreflexion erfüllt sein. Wie sich gleich noch zeigen wird, kann dies nicht immer vorausgesetzt werden, weshalb sich bei Anwendung dieser Verfahren irreführende Absorptionsverläufe einstellen können. Aus diesen Gründen wird auf keine dieser vertieften ATR-Korrekturverfahren, sondern auf die direkten Zusammenhänge zwischen Absorption, Brechungsindex, Reflexionseigenschaften und Eindringtiefen eingegangen. Für eine rein qualitative Darstellung von ATR-Spektren wird in dieser Arbeit auf die einfache ATR-Korrektur gemäß Gleichung 2.22 zurückgegriffen.

Es ist leicht zu erkennen, dass Gleichung 2.21 nur reelle Lösungen bringt, wenn die Bedingung $\sin\varphi \geq n_{21}$ erfüllt ist. Der kritische Grenzwinkel der Totalreflexion φ_c lässt sich daraus als

$$\varphi_c = \arcsin n_{21} \tag{2.23}$$

formulieren. Typische ATR-Kristalle bestehen aus Diamant mit einem Brechungsindex von $n_1 \approx 2{,}4$ und einem Einfallswinkel von $\varphi = 45°$. Daraus folgt, dass die Probe einen maximalen Brechungsindex von $n_2 = 1{,}7$ besitzen darf. Wie sich später noch zeigen wird (vgl. Kapitel 6), kann in den angestellten Untersuchungen diese Bedingung nicht immer erfüllt werden.

Gleichung 2.21 beschreibt einen in der Praxis häufig genutzten Zusammenhang, ist jedoch nur als Näherung für Proben mit geringer Absorption gültig. Dies steht dem Grundgedanken entgegen, dass die ATR-Methode vor allem für Untersuchungen an stark absorbierenden Proben interessant ist. *Ekgastit* ist in seiner Veröffentlichung der Frage nachgegangen, was in diesem Kontext noch als „schwache" Absorption angesehen werden kann [81]. In der Praxis ist die Näherungsbetrachtung dennoch ausreichend, da quantitative Absorptionsmessungen selten benötigt werden. Meist geht es in der Infrarot-Spektroskopie um die stoffliche Bestimmung, wo die Frequenz der Absorptionsbanden die größte Beachtung erhält. Die Intensität ist von nachrangigem Interesse, womit diese Näherungsbetrachtung hier adäquat ist.

Hansen sowie *Müller* et al. betrachteten das Reflexionsverhalten und die Eindringtiefe allgemeiner, d. h. auch Fälle, in denen die Bedingungen für die Totalreflexion und geringe Absorption nicht erfüllt sind [82, 83]. Dies gilt insbesondere auch dann noch, wenn infolge starker Absorption der Brechungsindex starken Veränderungen unterworfen ist (vgl. Abschnitt 2.3). Die Reflexionskoeffizienten $R_\perp$, $R_\|$ und R_{unpol} für senkrecht, parallel bzw. unpolarisierte Strahlung betragen demnach[8]:

$$R_\perp = \frac{\xi - \eta}{\xi + \eta} \tag{2.24}$$

$$R_\| = \frac{u - v}{u + v} \tag{2.25}$$

$$R_{unpol} = \frac{R_\perp + R_\|}{2}\,. \tag{2.26}$$

Dem liegen folgende Substitutionen mit $\theta = \cos\varphi$ und $\beta = sin^2\varphi - n_{21}^2$ zugrunde:

$$\xi = \theta^2 + \sqrt{\nu^2 + \mu^2} \tag{2.27}$$

$$\eta = \sqrt{2}\theta\sqrt{\sqrt{\nu^2 + \mu^2} - \nu}; \tag{2.28}$$

$$u = \theta^2\left[(\sin^2\varphi - \nu)^2 + \mu^2\right] + \sqrt{\nu^2 + \mu^2} \tag{2.29}$$

$$v = 2\theta\left[(n_{21}^2 - n_{21}^2\kappa^2)\sqrt{\frac{\sqrt{\mu^2 + \nu^2} - \nu}{2}} + \mu\sqrt{\frac{\sqrt{\mu^2 + \nu^2} + \nu}{2}}\right] \tag{2.30}$$

mit

$$\mu = 2 \cdot \kappa \cdot n_{21}^2 \tag{2.31}$$

$$\nu = \beta + n_{21}^2 \cdot \kappa^2\,. \tag{2.32}$$

8 In den Veröffentlichungen von *Müller* et al. und *Hosono* et al. sind teilweise Tippfehler in den Formeln enthalten [83, 84], die hier korrigiert wiedergegeben sind.

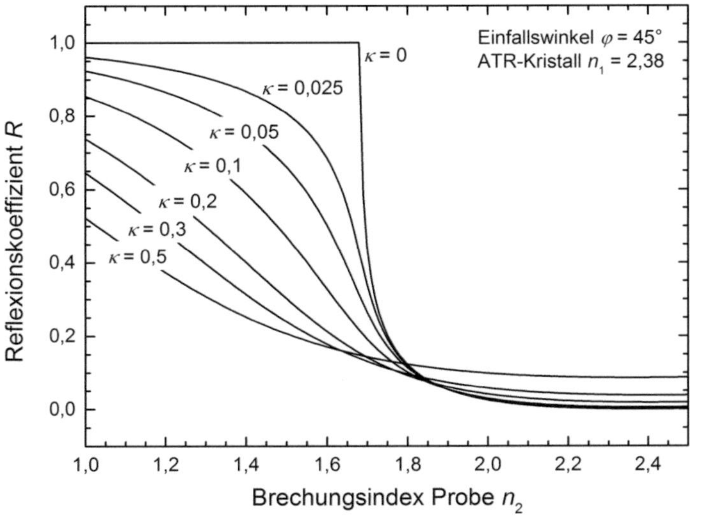

Abbildung 2.9: Reflexionskoeffizient für unpolarisierte Strahlung in Abhängigkeit vom Brechungsindex der Probe n_2 für verschiedene Extinktionskoeffizienten der Probe κ: Für diese Betrachtung ist ein Einfallswinkel φ von 45° und ein Brechungsindex des ATR-Kristalls von $n_1 = 2{,}38$ angenommen worden [85].

Der komplexe Brechungsindex $\widetilde{n}$ wird in der Literatur unterschiedlich definiert. Hier ist er mit seinem Realteil n und dem Extinktionskoeffizienten κ wie folgt festgelegt:

$$\widetilde{n} = n(1 + \mathrm{i}\kappa)\,. \tag{2.33}$$

Damit kann der Reflexionskoeffizient auch abseits der Totalreflexion in einem ATR-Aufbau beschrieben werden. Die Auswirkungen dieser Zusammenhänge in der experimentellen Praxis werden in Kapitel 6 eingehend diskutiert. Dies zeigt wesentlich komplexere Abhängigkeiten der Spektroskopiemethode von den dielektrischen Eigenschaften auf, als dies allgemein bewusst und den Experimentatoren bekannt sein dürfte.

In Abbildung 2.9 ist der unpolarisierte Reflexionskoeffizient gemäß Gleichung 2.26 in Abhängigkeit des Brechungsindex der Probe n_1 für verschiedene Extinktionskoeffizienten der Probe κ aufgetragen. Hierbei wurden typische Werte für einen ATR-Kistall aus Diamant im Terahertz-Frequenzbereich angenommen. Es ist erkennbar, dass nur für absolut transparente Medien eine Totalreflexion mit einem Reflexionskoeffizient von $R = 1$ bis zum kritischen Brechungsindex des Medium von $n_c = 1,68$ analog zu Gleichung 2.23 erfolgt. Bei absorbierenden Proben erfolgt keine Totalreflexion.

Um diesem allgemeinen und in der Praxis häufig vorkommenden Phänomen gerecht zu werden, ist der Begriff der internen und externen Reflexionsspektroskopie (IRS bzw. ERS[9]) eine treffendere Beschreibung als Totalreflexion [78,79,83,86,87].

[9] engl. internal or external reflection spectroscopy

Allerdings hat sich der Begriff ATR-Spektroskopie im täglichen Sprachgebrauch weitgehend durchgesetzt.

Mit dieser Kenntnis ist man aber prinzipiell in der Lage, den Absorptionskoeffizient einer Probe auch mit der ATR-Methode quantitativ zu bestimmen. *Müller* et al. beschreiben dies allerdings aufgrund der komplexen Zusammenhänge als „knifffelig“[10] [83]. Um ein Pendant zur Transmissionsmessung zu schaffen, wurde der Begriff der effektiven Pfadlänge d_{eff} eingeführt [83]. Diese bezeichnet im Gegensatz zur Eindringtiefe d_p aus Gleichung 2.21 eine fiktive Weglänge, welche die Strahlung durch die Probe zurückgelegt hätte, wenn das Experiment in Transmissionsanordnung erfolgt wäre [83, 84, 86, 88, 89]. Damit kann mit den Intensitätswerten für eine Referenzmessung ohne Probe I_0 und mit Probe I analog der Gleichung 2.6 ein quantitativer Absorptionskoeffizient α ermittelt werden.

Mirabella und *Averett* et al. beschreiben die effektive Pfadlänge mit einer Näherung für Proben mit geringer Absorption und für Totalreflexion [86, 89]. Da diese Bedingung in der Praxis nicht immer anzutreffen ist, sollen gleich die allgemeinen Zusammenhänge vorgestellt werden. Zunächst ergibt sich die Eindringtiefe in einer allgemein gültigen Form für Gleichung 2.21 mit den vorgenannten Substitutionen zu [82, 83][8]:

$$d_p = \frac{\sqrt{2}\lambda}{2\pi n_1\sqrt{\sqrt{\nu^2+\mu^2}+\nu}}. \tag{2.34}$$

Die effektive Pfadlänge d_{eff} für unpolarisierte Strahlung setzt sich analog den Reflexionskoeffizienten aus den Effektivwerten für senkrechte und parallele Polarisation $d_\perp$ bzw. $d_\parallel$ zusammen mit

$$d_{eff} = \frac{d_\perp + d_\parallel}{2}, \tag{2.35}$$

mit den beiden Komponenten

$$d_\perp = \frac{\sqrt{2}\lambda n_{21}\cos\varphi}{\pi n_1(\xi+\eta)\sqrt{\sqrt{\nu^2+\mu^2}+\nu}} \tag{2.36}$$

und

$$d_\parallel = \frac{\sqrt{2}\lambda n_{21}\cos\varphi(\sin\varphi+\sqrt{\nu^2+\mu^2})}{\pi n_1(u+v)\sqrt{\sqrt{\nu^2+\mu^2}+\nu}}. \tag{2.37}$$

Müller et al. warnen allerdings vor der Annahme, dass die mit der ATR-Methodik gewonnenen und mit der effektiven Pfadlänge ausgewerteten Resultate gleichwertig zu Erkenntnissen aus Transmissionsmessungen betrachtet werden [83]. Diese unkritische Annahme führt möglicherweise zu falschen Schlüssen, da eine enge Wechselwirkung verschiedener optischer Kenngrößen zwischen dem eigentlichen Messsys-

[10] In der Originalveröffentlichung engl. als „tricky“ bezeichnet.

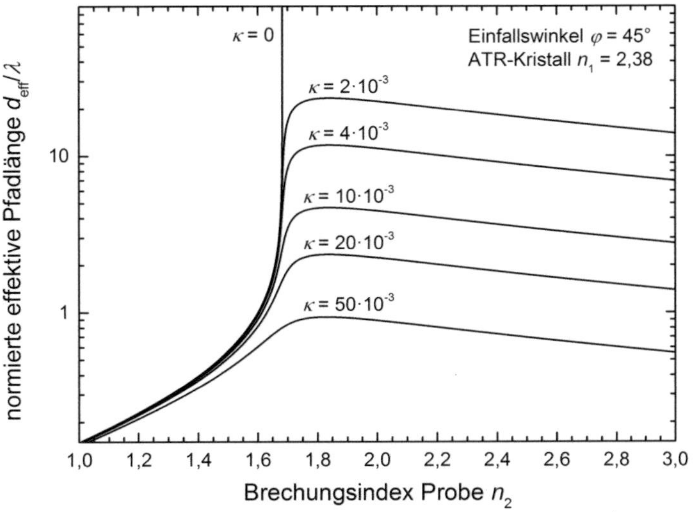

Abbildung 2.10: Effektive Pfadlänge über die eingestrahlte Wellenlänge normiert d_{eff}/λ für unpolarisierte Strahlung in Abhängigkeit vom Brechungsindex der Probe n_2 für verschiedene Extinktionskoeffizienten der Probe κ: Für diese Betrachtung ist ebenfalls ein Einfallswinkel $\varphi = 45°$ und ein Brechungsindex des ATR-Kristalls von $n_1 = 2{,}38$ sowie eine Wellenlänge von $\lambda = 0{,}1\ \mathrm{mm}$ angenommen worden [85].

tem und der Probe existiert, die eine richtige Interpretation der reinen Probeneigenschaften wesentlich erschwert. Zudem existieren hier viele nichtlineare Abhängigkeiten, wo bereits geringe Abweichungen in den optischen Kennwerten signifikante Auswirkungen auf das Reflexionsverhalten oder die effektive Pfadlänge haben und zu erheblichen Messfehlern oder Fehlinterpretationen bei quantitativen Betrachtungen führen können.

Abbildung 2.10 veranschaulicht diese Zusammenhänge. Hier ist die effektive Pfadlänge aus Gleichung 2.35 gegen der Brechungsindex der Probe für verschiedene Extinktionskoeffizienten aufgetragen. Im Bereich des kritischen Brechungsindex der Probe $n_c = 1{,}68$ variiert die effektive Pfadlänge enorm in Abhängigkeit der Probenabsorption. Zudem ist eine starke Abhängigkeit abseits der Totalreflexion vom Extinktionskoeffizienten zu beobachten. Generell sinkt die effektive Pfadlänge mit steigender Absorption. Exemplarisch wird auf diese Abhängigkeiten auch noch in Kapitel 6 anhand experimenteller Daten eingegangen.

Kapitel 3

Polyamide

Die Prüfung von Kunststoffen ist ein vielversprechendes Anwendungsgebiet für die Terahertz-Technologie. Polyamide gehören zu einer weitverbreiteten und technisch wichtigen Polymerklasse, die ein hervorragendes Eigenschaftsprofil aufweist. Einige grundlegenden Materialeigenschaften und Handelsbezeichnungen sind Anhang A und der Fachliteratur zu entnehmen [90, 91]. Der Begriff „Polyamid" leitet sich von den Amidgruppen ab, die wesentliche Bestandteile der Polymerkette sind.

In den nachfolgenden Kapiteln werden insbesondere Polyamide tiefergehend diskutiert. Daher werden hier einige wichtige Grundlagen zusammengefasst, die für das weitere Verständnis erforderlich sind.

3.1 Einteilung von Polyamiden

Polyamid wurde erstmals in den 1930er Jahren als Polyamid 66 synthetisiert und patentiert. Es ist weitläufig unter dem Handelsnamen *Nylon* bekannt. Deshalb ist dieser Begriff primär in der englischen Literatur auch als als Synonym für alle Polyamidtypen anzutreffen. Kurz darauf wurde ebenfalls in den 1930er Jahren die Synthese von Polyamid 6 entwickelt und trat unter dem Handelsname *Perlon* in Erscheinung. Ab dieser Periode konnten stetig weitere Polyamidtypen entwickelt werden, deren Aufbau und Nomenklatur nachfolgend beschrieben wird. Diese große Polymerklasse lässt sich vielfältig kategorisieren. Nachfolgend sollen die unterschiedlichen Ordnungssysteme kurz vorgestellt werden, auf die in weiteren Kapiteln noch Bezug genommen wird.

Die Einordnung ist z. B. auf Basis der Monomerzusammensetzung möglich. Hierbei wird zwischen Homopolyamiden und Copolyamiden differenziert. Erstere lassen sich durch eine einzige Repetiereinheit beschreiben, die sich regelmäßig wiederholt. Copolyamide bestehen aus verschiedenen Monomeren und weisen keine regelmäßige Abfolge der Monomereinheiten auf. Damit sind sie stochastisch verteilt.

Eine weitere Kategorisierung kann auf Basis des Monomertyps erfolgen. Aliphatische Polyamide bestehen aus aliphatischen Repetiereinheiten. Teilaromatische Polyamide besitzen partiell aromatische Einheiten in ihren Monomeren und vollaromatische[11] Polyamide bestehen ausschließlich aus Aromaten zwischen den Amidgruppen. Auf den molekularen Aufbau und die Bezeichnung der unterschiedlichen Polyamide wird in den folgenden Abschnitten noch näher eingegangen.

[11] Teils auch nur als aromatische Polyamide bezeichnet.

Neben der Einordnung hinsichtlich ihres molekularen Aufbaus werden Polyamide auch noch hinsichtlich ihres Kristallisationsverhaltens in amorphe und teilkristalline Polyamide unterteilt. Letztere können in unterschiedlichen Modifikationen auskristallisieren, worauf in Abschnitt 3.4 noch näher eingegangen wird.

3.2 Molekularer Aufbau

Polyamide bestehen im Grundsatz aus einer Polymerkette, die entlang der Hauptkette – meist in regelmäßigen Abständen – Amidgruppen aufweisen. Dazu existieren unterschiedliche Synthesen mit verschiedenen Edukten und Produkten [91]. Aliphatische Polyamide sind allgemein wie folgt aufgebaut:

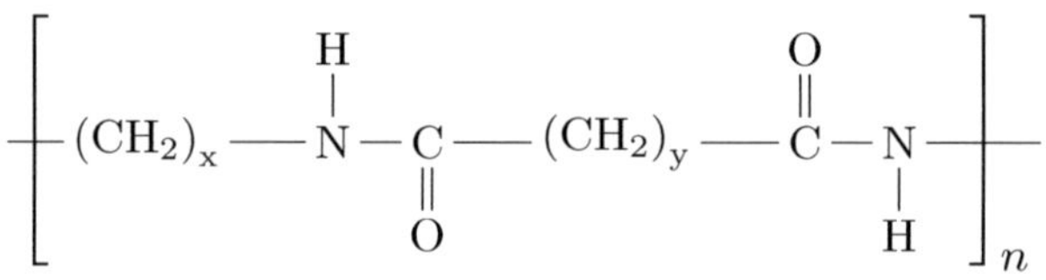

Da die Repetiereinheit hier aus zwei Amidgruppen mit einer unterschiedlichen Anzahl x und y an dazwischen liegenden Methylgruppen besteht, werden diese Polyamide auch als x,y-Polyamide[12] bezeichnet.

Sogenannte x-Polyamide[13] weisen hingegen eine Repetiereinheit mit nur einer Amidgruppe und damit einer regelmäßigen Anzahl x an Methylgruppen zwischen jeder Amidgruppe auf:

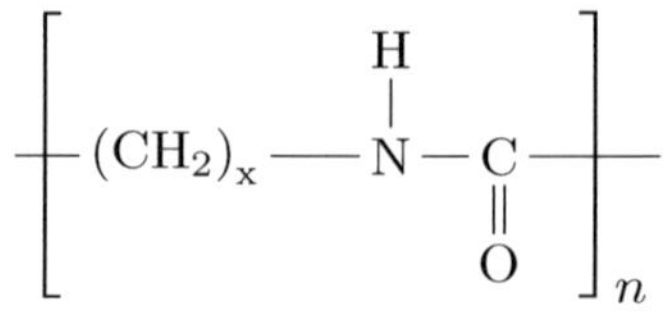

Im weiteren Verlauf wird häufig der Begriff der Amiddichte σ verwendet, die sich aus der Anzahl an Amidgruppen pro Repetiereinheit a wie folgt ergibt:

$$\sigma = \frac{a}{x + y}. \tag{3.1}$$

Im Fall von x-Polyamiden ist $y = 0$ zu setzen. Damit ist die Amiddichte σ ein Kennwert für die Amidgruppenzahl bezogen auf die definierte Länge entlang der Molekülkette.

Wie bereits in Abschnitt 3.1 erwähnt wurde, können anstelle oder zusätzlich zu den Methylgruppen auch weitere Gruppen zwischen den Amidgruppen liegen. Nachfolgend werden auch einige teilaromatische Polyamide behandelt, die sich wie folgt aufbauen:

---

12 Auf Basis der zugrundeliegenden Synthese und Monomeraufbaus wird dieser Polyamidtyp auch häufig als AA/BB-Polyamid bezeichnet.

13 Analog wird dieser Polyamidtyp auch häufig AB-Polyamid genannt.

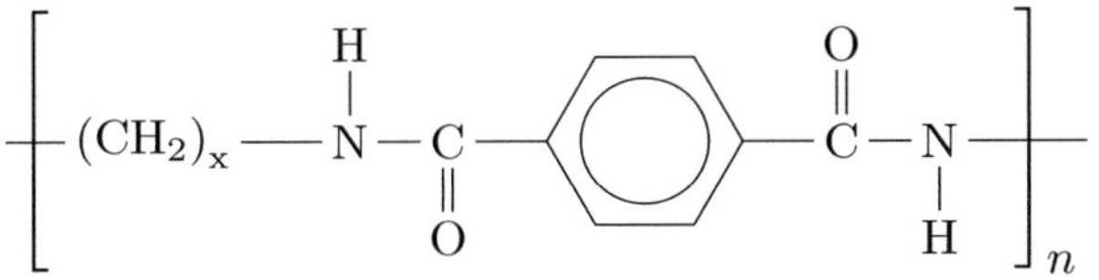

Daneben existieren zahlreiche Sondertypen, deren molekularer Aufbau hier aufgrund der Vielzahl nicht wiedergegeben wird. Details können hierzu der Fachliteratur entnommen werden [90, 91].

Polyamide weisen in der Regel durch die polare Amidgruppe starke intermolekulare Wasserstoffbrückenbindungen auf, die wesentliche Einflüsse auf die Fernordnung, thermischen Eigenschaften und das Kristallisationsverhalten haben [92, 93]. Darauf wird auch in Abschnitt 3.4 nochmals Bezug genommen.

3.3 Bezeichnung

Damit die unterschiedlichen Polyamidklassen und Molekülvarianten eindeutig und einfach dargestellt werden können, hat sich in weiten Teilen die *DIN EN ISO 1043-1* durchgesetzt [94]. Für Polyamid wird auch das Kurzzeichen PA gefolgt von einer Zahlen- und ggf. Buchstabenfolge verwendet. x-Polyamide werden mit PA $x + 1$ bezeichnet. Ein Beispiel ist PA 6, das demzufolge aus 5 Methylgruppen zwischen den Amidgruppen besteht. Die Kennziffer bei x,y-Polyamiden setzt sich aus der Methylgruppenanzahl x und $y + 2$ zusammen. Damit ist ein PA 66 gleichbedeutend mit $x = 6$ und $y = 6 - 2 = 4$ Methylgruppen zwischen den beiden Amidgruppen. Häufig wird zur besseren Verdeutlichung entgegen der Norm noch ein Punkt zwischen die beiden Teilwerten gesetzt (z. B. PA 6.6).

Copolyamide werden durch einen Schrägstrich bei der Kennziffer zwischen den beiden Monomereinheiten gekennzeichnet. Sie werden auf den Aufbau der korrespondierenden Homopolyamide zurückgeführt. So besteht ein Copolyamid 6/12 aus den Monomereinheiten eines Polyamid 6 und eines Polyamid 12.

Für weitere wichtige Polyamidklassen existieren Bezeichnungen mit Kennbuchstaben. Teilaromatische Polyamide werden mit einem „T" für Terephthalsäure nach der Kennziffer gekennzeichnet, wobei die Kennziffer hier direkt für die Anzahl der Methylgruppen x steht. Ein Polyamid 6T besteht demzufolge aus einem Benzolring bzw. 6 Methylgruppen zwischen den beiden Amidgruppen. Weitere Bezeichnungen und Typen könnten der Literatur entnommen werden [90].

3.4 Kristallstrukturen und Wasserstoffbrückenbindung

Polyamide weisen teils ein ausgeprägtes Kristallisationsverhalten auf. Amorphe Polyamide erstarren hingegen glasartig aus der Schmelze. Es existiert keine Fernordnung der Moleküle. Ein Beispiel ist z. B. Polyamid 6I[14], dessen vergleichsweise asymmetrischer Molekülaufbau eine Fernordnung und damit eine Kristallisation verhindert.

[14] Kennbuchstabe „I" steht für Isophthalsäure.

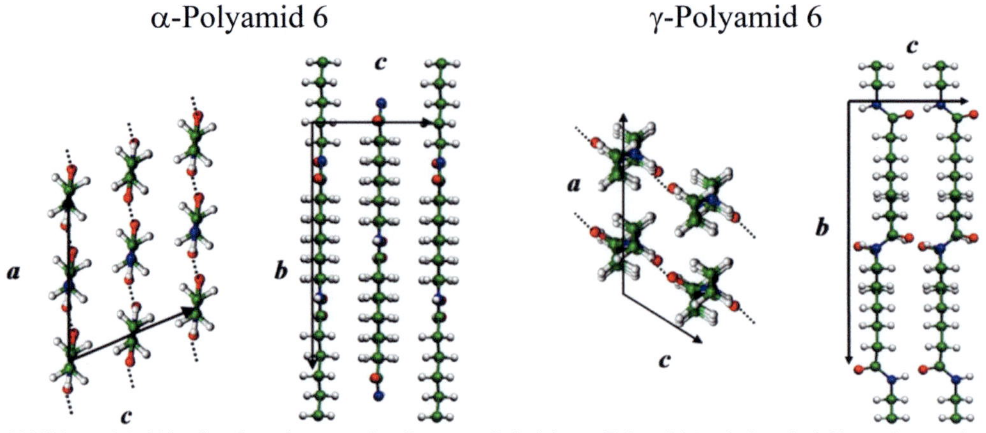

Abbildung 3.1: Kristallstruktur der α- und γ-Form am Beispiel von Polyamid 6 mit den drei Gittervektoren der Elementarzelle $\vec{a}$, $\vec{b}$ und $\vec{c}$: Die Kohlenstoffatome sind grün, Wasserstoffatome weiß, Sauerstoffatome rot und Stickstoffatome in blau dargestellt. Nachgedruckt mit freundlicher Genehmigung aus *Quarti* et al. [102]; Copyright (2012) American Chemical Society.

Unter speziellen Abkühlbedingungen können jedoch auch ansonsten teilkristalline Polyamide eine amorphe Struktur annehmen.

Das Verhältnis zwischen kristallinen und amorphen Domänen sowie die Kristallstruktur wird weitergehend durch die Molekülstruktur bzw. den Polyamidtyp bestimmt. *Murthy* bietet eine gute Zusammenfassung zu den Einflüssen und Auswirkungen der Kristallstruktur und Wasserstoffbrückenbindungen aliphatischer Polyamide [95]. Spezielle Nukleierungsmittel können dieses Verhalten beeinflussen.

Wir betrachten nachfolgend allerdings nur das Verhalten reiner Polyamide ohne Zusätze. Aliphatische Polyamide mit glatten Segmenten zwischen den Amidgruppen sind hochkristallin. Einen wesentlichen Einfluss auf die Kristallinität haben auf intermolekularer Ebene die starken Wasserstoffbrückenbindungen [91–93, 96–98]. Je größer die Abstände zwischen den Amidgruppen werden bzw. je geringer die Amiddichte σ im Molekül wird (vgl. Gleichung 3.1), desto geringer werden die intermolekularen Kräfte. Deshalb besitzt z. B. Polyamid 12 einen wesentlich niedrigeren Schmelzpunkt als Polyamid 6 [90, 91].

Die Existenz von unterschiedlichen Kristallstrukturen wurde zuerst von *Bunn* et al. vermutet und nachgewiesen [99, 100]. Die unterschiedlichen Kristallmodifikationen werden mit griechischen Kleinbuchstaben bezeichnet. Die wichtigsten Kristallmodifikationen sind die α- und γ-Form [100, 101].

Holmes et al. beschrieben zuerst die α-Kristallform an Polyamid 6 [100]. Abbildung 3.1 (links) visualisiert den Aufbau und kennzeichnet die Maße der Elementarzelle. Die Struktur besteht aus verschiedenen Ebenen, die in sich stark über die intermolekularen Wasserstoffbrückenbindungen der antiparallel verlaufenden Polyamidketten gekoppelt sind.

Armimoto et al. haben die γ-Form anhand von Polyamid 6 erstmals gezeigt [101]. Abbildung 3.1 (rechts) zeigt deren monoklinen Aufbau. Auch hier sind die Polyamidketten der einzelnen Ebenen stark über Wasserstoffbrücken miteinander gekoppelt.

Im Vergleich zum α-Polyamid 6 sind die Elementarzellen etwas kürzer ($\Delta a \approx 0,36$ Å) und die Amidgruppe wird in der Ebene um etwa 60° gekippt. Der wesentliche Unterschied besteht im Amid-Methyl-Diederwinkel, der bei der α- bzw. γ-Konfiguration etwa 90° bzw. 165° beträgt [103, 104].

Neben den beiden Hauptformen existieren noch zahlreiche Nebenkonfigurationen, wie z. B. verschiedene β-, δ- und λ-Formen, die jedoch in der Praxis und beim typischen Aufbau von Polyamiden kaum Relevanz besitzen und meist nur unter extremen Verarbeitungsbedingungen provoziert werden [95, 105, 106]. Allerdings weist jeder Polyamidtyp eine bevorzugte Kristallform auf, die bei üblicher Verarbeitung als Gleichgewichtszustand eingenommen wird. Die aliphatischen x-Polyamide mit gerader Kennziffer (vgl. Abschnitt 3.3) mit $x + 1 \leq 6$ liegen typischerweise in der α-Konfiguration vor (z. B. Polyamid 4 und Polyamid 6) [95, 105–107]. x-Polyamide mit einer geraden Kennziffer $x + 1 > 6$ (z. B. Polyamid 10 und Polyamid 12) sowie alle x,y-Polyamide, deren beiden Kennziffern x und $y+2$ nicht gleichzeitig einen geraden Wert aufweisen (z. B. Polyamid 46, 66, 610, 812), weisen üblicherweise die γ-Form auf [95, 105, 106, 108, 109]. Polyamid 6 nimmt hier eine Sonderrolle ein, denn die α- und γ-Form können hier gleichzeitig vorliegen und leicht ineinander überführt werden [95, 100, 102, 106, 110]. x-Polyamide mit einer ungeraden Kennziffer $x + 1$ (z. B. Polyamid 11) kristallisieren primär in der α-Form [111].

Aus den vorausgegangenen Abschnitten ging schon hervor, dass die Wasserstoffbrückenbindungen bei den Eigenschaften der Polyamide eine wichtige Rolle spielen. Vor allem die Temperaturabhängigkeit dieser Bindungsart führt zu einer starken Beeinflussung der thermischen Eigenschaften [95, 111]. Bereits früh konnte bis in den Schmelzebereich die Abhängigkeit dieser Bindung beobachtet werden [108]. *Bessler* et al. versuchten die Anzahl der ungebunden Amidgruppen in Temperaturabhängigkeit zu bestimmen [112]. Sie stellten dabei fest, dass bei teilkristallinen Polyamiden der Anteil ungebundener Amidgruppen unterhalb des Schmelzebereichs kleiner einem Prozent ist. Dagegen steigt ihr Anteil ab dem Schmelzpunkt stark an. *Schroeder* et al. und *Garcia* et al. konnten ebenfalls demonstrieren, dass Wasserstoffbrückenbindungen mit zunehmender Temperatur abgebaut werden [92, 93]. Sie konnten das Verhältnis von gebunden zu ungebundenen Amidgruppen mit einer Gleichung beschreiben.

Kapitel 4

OSCAT-Verfahren

Experimente in der Ultrakurzzeit-Physik oder -Chemie bedienen sich meist optischer Pulsfolgen, deren Pulsabstände genau spezifiziert und einstellbar sind. Typische Vertreter für solche Experimente sind sogenannte Pump-Probe-Versuche. Deren prinzipieller Methodik bedient sich auch die zeitaufgelöste Terahertz-Spektroskopie (vgl. Abschnitt 2.1). Daher wurden in den letzten Dekaden immer neue Methoden entwickelt, um die Auflösung, Scanbereiche, Geschwindigkeit und Robustheit dieser Verzögerungseinheiten zu verbessern. Nachfolgend wird als alternative Methode das sogenannte OSCAT-Verfahren[15] eingeführt [45, 113].

OSCAT arbeitet mit nur einem einzigen Ultrakurzpulslaser und ohne externe Verzögerungsstrecke. Einen vergleichbaren Ansatz verfolgten bereits *Yamaoka* et al. [114] und *Ye* [115] für die Distanzmessung in einem Michelson-Interferometer. Das OSCAT-Verfahren bietet gegenüber konventionellen Verfahren einige Vorteile v. a. hinsichtlich der Vereinfachung des optischen Aufbaus und den erzielbaren Messgeschwindigkeiten. Aufgrund dessen wurde es zum Patent angemeldet und erteilt [116–118].

4.1 Ausgangssituation

Die Erfindung von modengekoppelten Femtosekundenlasern im Jahre 1991 ermöglichte vielfältige zeitaufgelöste Experimente. Eine hohe Verbreitung haben hierbei Pump-Probe-Experimente, die zu einem besseren Verständnis dynamischer Vorgänge in der Femtochemie [119], Femotobiologie [119, 120] und Halbleiterphysik [121, 122] beitragen. Die optische Kohärenztomografie [123], Quantenkontrolle [124] und zeitaufgelöste Terahertz-Spektroskopie [125, 126] bedienen sich ebenfalls einer einstellbaren zeitlichen Verzögerung zwischen zwei optischen Pulsen aus Femtosekundenlasern.

Bei den meisten vorgenannten Anwendungen werden die emittierten Laserpulse in zwei Teilstrahlen aufgeteilt. Diese zwei Teilstrahlen werden später wieder überlagert. Dieses kann z. B. bei der zu untersuchenden Probe, einem optischen Element oder einer anderen geeigneten Position im Experiment sein. Die Pulse eines Teilstrahls erfahren relativ zu den Pulsen des anderen Teilstrahls eine einstellbare zeitliche Verzögerung.

---

[15] Optical Sampling by Laser Cavity Tuning

Dazu werden häufig Verzögerungsstrecken eingesetzt [127–130]. Diese bestehen im einfachsten Fall aus linearen Verfahreinheiten. Zum Einsatz kommen aber auch Faserstretcher oder rotierende Elemente, wie Spiegel oder Verzögerungsplatten [131–133]. Alle diese Komponenten bestehen aus Freistrahloptiken und/oder externen beweglichen Komponenten. Daher sind sie meist nicht sehr temperaturstabil und empfindlich gegenüber Erschütterungen. Zudem ist die Justage meist sehr aufwändig, damit die Strahlführung während der Bewegung stabil und eine hohe Linearität zwischen mechanischer Position und Zeitverzögerung gegeben ist.

Die Messgeschwindigkeit ist v. a. bei linearen Verfahrstrecken durch die Trägheit der mechanischen Komponenten sehr niedrig und ermöglicht meist nur Aufnahmeraten von wenigen Hz. Faserstretcher oder rotierende Elemente ermöglichen Messraten im kHz-Bereich. Allerdings besteht oft ein Konflikt durch den indirekt proportionalen Zusammenhang zwischen Messrate und Einstellbereich der Verzögerungszeit. Meist sind nur geringe Zeithübe realisierbar.

Diese Nachteile überwindet das sogenannte ASOPS-Verfahren[16], das keinerlei externe Verzögerungsstrecken benötigt. Die Methode basiert auf zwei harmonisierten Femtosekundenlasern, die eine leicht unterschiedliche Repetitionsrate haben [134–136]. Dadurch werden asynchrone Pulsfolgen in beiden Lasern generiert, die relativ zueinander einen sich permanent ändernden Pulsabstand besitzen. Damit wird allerdings ständig der gesamte Bereich für die Pulsverzögerung durchlaufen, der sich aus den Repetitionsraten der beiden Laser ergibt – obgleich meist nur ein kleiner Ausschnitt davon benötigt wird. Das ECOPS-Verfahren[17] bedient sich einer analogen Methodik, nur dass hier beide Laser synchrone Pulsfolgen erzeugen [137–139]. Die Phasendifferenz beider Pulsfolgen kann vorgegeben und damit die Pulsverzögerung in bestimmten Grenzen variiert werden. Derartige Systeme benötigen eine komplexe Ansteuerung, um die Repetitionsrate beider Laser z. B. in der Laserkavität aktiv abzugleichen. Zudem erhöhen sich die Kosten für einen ASOPS- bzw. ECOPS-Messaufbau signifikant, da jeweils zwei Femtosekundenlaser benötigt werden. Beide Optionen erlauben allerdings sehr hohe Scanraten.

Nachfolgend wird ein neues Verfahren vorgestellt, das eine sehr präzise Zeitverzögerung zwischen zwei Pulsen durch eine Änderung der Repetitionsrate eines einzelnen Femtosekundenlasers erlaubt [45, 113, 116–118]. Viele Femtosekundenlaser besitzen bereits bauartbedingt die Möglichkeit, ihre Repetitionsrate zu variieren. Diese neue Methode, die von den Erfindern OSCAT[15] getauft wurde [45], erlaubt damit in den vorgenannten Anwendungsgebieten sehr robuste, kompakte und kostengünstige Systemaufbauten. Vor allem für die Terahertz-Spektroskopie ergeben sich damit neue Chancen für Anwendungsszenarien und den kommerziellen Einsatz.

4.2 Theoretische Grundlagen

In den meisten zeitaufgelösten Experimenten entstammen der Pump- und der Probe-Puls demselben optischen Puls, der z. B. durch einen Strahlteiler in zwei Teilstrahlen

[16] Asynchronous Optical Sampling

[17] Electronically Controlled Optical Sampling

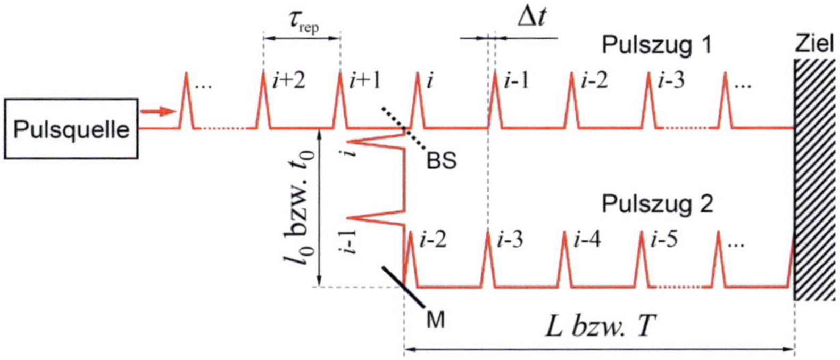

Abbildung 4.1: Gedankenexperiment zum OSCAT-Verfahren: Eine Pulsquelle erzeugt regelmäßige Pulsfolgen. Ein Strahlteiler (BS) teilt den Ursprungsstrahl in zwei Teilstrahlen. Beide resultierende Pulszüge 1 und 2 treffen auf ein gemeinsames Ziel. Die Zeitverzögerung t_0 zwischen einem Puls i in Pulszug 1 und einem Puls $i + a$ in Pulszug 2 (in diesem Beispiel ist $a = 2$ angenommen) wird durch eine zusätzliche Wegstrecke l_0 zwischen dem Strahlteiler (BS) und dem Spiegel (M) im Pulszug 2 erreicht. Die weitere Nomenklatur wird im Text erläutert.

gesplittet wurde. Wenn das Phasenrauschen bzw. der Jitter im Zeitbereich der Pulsquelle vernachlässigbar sind, können anstelle desselben Pulses prinzipiell auch aufeinanderfolgende Pulse der Ursprungsquelle als Pump- bzw. Probe-Puls dienen.

Eine Änderung der Repetitionsrate f_{rep} wirkt sich auf den zeitlichen Abstand zwischen den Pulsen aus. Sofern nicht derselbe Puls als Pump- und Probe-Puls verwendet wird, führt dies zu einer zeitlichen Verschiebung zwischen dem Pump- und Probe-Puls. Folglich kann damit eine Zeitverschiebung zwischen den beiden Teilstrahlen durch eine Änderung der Repetitionsrate eingestellt werden.

Nachfolgend werden die theoretischen Grundlagen erörtert, wobei zum Verständnis zunächst auf den statischen Fall eingegangen wird. Dieser wird im Anschluss auf dynamische Änderungen durch die Modulation der Repetitionsrate erweitert.

4.2.1 Statisches OSCAT-Modell

Abbildung 4.1 zeigt das Prinzip anhand eines Gedankenexperiments. Eine Pulsquelle erzeugt eine Serie aus Einzelpulsen, wobei sich die Repetitionsperiode τ_{rep} zweier aufeinanderfolgender Pulse aus der inversen Repetitionsrate $\tau_{rep} = 1/f_{rep}$ ergibt.

Die Repetitionsrate bzw. der Pulsabstand werden nachfolgend als konstant angenommen. D. h. die Zeitdifferenz zwischen zwei aufeinanderfolgenden Pulsen ist viel kleiner als die Zeit, in der sich die Repetitionsrate ändert. Damit liegt ein statischer Fall vor.

Nachfolgend bezeichnet der Puls i einen Referenzpuls, der zu einem Zeitpunkt $t = 0$ eine bestimmte Referenzposition (z. B. Zielbereich) passiert. Ein Puls $i + a$ mit einem Verschiebungsfaktor $a \in \mathbb{Z}\backslash\{0\}$ ist ein nachfolgender oder vorauseilender Puls, der demnach zur Zeit $t = a \cdot \tau_{rep}$ die gleiche Referenzposition erreicht, die vom Puls i zum Zeitpunkt $t = 0$ passiert wurde.

Durch einen Strahlteiler wird der Pulszug nun in zwei Teilstrahlen gesplittet. Im Pulszug 1 absolviert ein Puls i die Strecke L zwischen dem Strahlteiler und dem Zielbereich in der Zeit T. Derselbe Puls i durchläuft zugleich im Pulszug 2 nach dem

Tabelle 4.1: Gegenüberstellung typischer Betriebswerte bei der Verwendung einer konventionellen mechanischen Verschiebestrecke sowie des OSCAT-Verfahrens, um eine variable Zeitverzögerung zwischen zwei Pulsen zu erreichen.

Betriebsgröße	Typischer Betriebswert	
	mechanische Verschiebestrecke	OSCAT-Verfahren
Puls, der mit Referenzpuls i korreliert wird	Puls i	Puls $i + a$ mit $a \neq 0$
Repetitionsrate f_{rep} bzw. Pulsabstand τ_{rep}	konstant	variabel
Verschiebungsfaktor a	0	$\neq 0$
Verzögerungsstrecke l_0	variabel, mit $l_0 < \frac{c_0}{f_{rep} \cdot n}$	konstant, mit $l_0 \geq \frac{c_0}{f_{min} \cdot n}$

Strahlteiler eine längere Strecke bis zum Zielbereich. Die gesamte Distanz beträgt $L + l_0$, sodass der Puls die Zeit $T + t_0$ bis zum Zielbereich benötigt. Der Zeitunterschied Δt zum Erreichen des Zielbereichs zwischen Puls i im Pulszug 1 und Puls $i+a$ im Pulszug 2 beträgt demnach

$$\Delta t = t_0 - a \cdot \tau_{rep} \,. \tag{4.1}$$

In einem herkömmlichen Aufbau mit einer beweglichen mechanischen Verzögerungsstrecke ist der Verschiebungsfaktor zwischen dem Pump- und Probe-Puls $a = 0$. Die Zeitverzögerung Δt zwischen den beiden Pulsen ergibt sich hier aus einer Änderung der Wegstrecke l_0 in einem der beiden Pulszüge (z. B. Verlängern/Verkürzen durch mechanische Bewegung), was letztlich einer variablen Zeitverzögerung $\Delta t(t) = t_0(t)$ entspricht.

Im Gegensatz hierzu nehmen wir bei der OSCAT-Methode einen Verschiebungsfaktor $a \neq 0$ und eine konstante Verzögerungsstrecke $l_0 = const.$ an. Das entspricht im Grundsatz einem asymmetrischen bzw. Mach-Zehnder-Interferometer[18], da die Pulse zunächst geteilt und bis zur Überlagerung stark unterschiedlich lange Teiläste durchlaufen.

In diesem Fall korreliert die Zeitverzögerung Δt gemäß Gleichung 4.1 mit der Repetitionsrate f_{rep} der Pulsquelle bzw. ist die Pulsverzögerung damit über die Repetitionsrate einstellbar. Eine Gegenüberstellung der wichtigsten Betriebsparameter zwischen dem OSCAT-Verfahren und einer konventionellen Verschiebestrecke bietet Tabelle 4.1.

Die Repetitionsrate f_{rep} kann in einem Einstellbereich von $\Delta f = f_{max} - f_{min}$ variiert werden. Sie kann damit Werte von $f_{rep} = \bar{f}_{rep} \pm \Delta f/2$ mit einer mittleren mittleren Repetitionsrate $\bar{f}_{rep} = \bar{\tau}_{rep}^{-1} = (f_{min}+f_{max})/2$ annehmen. Damit ergibt sich für den resultierenden Einstellbereich der Zeitverzögerung $\Delta T = \Delta t_{max} - \Delta t_{min}$ mit Gleichung 4.1:

[18] engl. „unbalanced interferometer“

$$\Delta T = a \left(\frac{1}{f_{min}} - \frac{1}{f_{max}} \right) = a \left(\frac{1}{f_{min}} - \frac{1}{f_{min} + \Delta f} \right) . \tag{4.2}$$

Typischerweise ist die Repetitionsratenänderung Δf wesentlich kleiner als die Repetitionsrate $\bar{f}_{rep}$ [140], sodass folgende Näherung formuliert werden kann

$$\Delta T \approx a \cdot \frac{\Delta f}{\bar{f}_{rep}^2} , \tag{4.3}$$

falls $\Delta f / \bar{f}_{rep} \ll 1$ gilt. Somit skaliert der mögliche Scanbereich für die Zeitverzögerung ΔT mit dem Verschiebungsfaktor a. Die erforderliche Pfadlänge l_0 der passiven Verzögerungsstrecke für einen gegebenen Verschiebungsfaktor a beträgt

$$l_0 = a \cdot \bar{\tau}_{rep} \cdot \frac{c_0}{n} \tag{4.4}$$

mit der Vakuumlichtgeschwindigkeit c_0 und dem Brechungsindex n des Mediums, durch welches der Laserstrahl auf der Strecke l_0 geführt wird, wie z. B. in einem Lichtwellenleiter. Zwischen der passiven Verzögerungsstrecke l_0 und der resultierenden Zeitverzögerung gilt folgender Zusammenhang:

$$t_0 = l_0 \cdot \frac{n}{c_0} . \tag{4.5}$$

Da theoretisch auch negative Zeitverzögerungen möglich sind (d. h. die Pulse aus Pulszug 2 eilen jenen aus Pulszug 1 voraus), kann die Pfadlänge l_0 negative Werte annehmen. Dies ist dahingehend zu interpretieren, dass dann die Wegstrecke in Pulszug 2 zu reduzieren ist bzw. die passive Verzögerungsstrecke l_0 in den anderen Pulszug 1 zu integrieren ist.

Damit ergibt sich die erforderliche Länge einer passiven Verzögerungsstrecke l_0 mit Gleichungen 4.2 und 4.4 bei gewünschtem Scanbereich ΔT und gegebener Variationsbreite für die Repetitionsrate von Δf zu

$$l_0 = \Delta T \cdot \frac{\bar{f}_{rep}}{\Delta f} \cdot \frac{c_0}{n} . \tag{4.6}$$

Der Pulsabstand τ_{rep} eines gepulsten Lasers durch Modenkopplung ergibt sich aus dessen Resonatorlänge L_C zu $\tau_{rep} = 2L_C/c$, wobei hier die Lichtgeschwindigkeit im Resonatormedium $c = c_0/n$ entspricht [68]. Das Verhältnis einer Längenänderung ΔL_C zur mittleren Länge $\bar{L}_C$ einer Laserkavität wirkt sich unter Berücksichtigung der gleichen Näherung für Gleichung 4.3 auf die Änderung der Repetitionsrate gemäß

$$\frac{\Delta f}{\bar{f}_{rep}} \approx -\frac{\Delta L_C}{\bar{L}_C} \tag{4.7}$$

aus. Gleichung 4.6 weist eine Proportionalität $\Delta T / l_0 \propto \Delta f / \bar{f}_{rep}$ auf. Würde die Zeitverzögerung ΔT mit einer konventionellen externen Verzögerungsstrecke realisiert werden, müsste deren einstellbarer Verfahrweg Δl_{var} direkt proportional zur benötigten Zeitverzögerung sein, d. h. $\Delta l_{var} \propto \Delta T$. Somit kann mit Gleichung 4.7 ein Skalierungsfaktor mit $m = l_0/\bar{L}_C$ definiert werden:

$$\Delta l_{var} = \frac{l_0}{\bar{L}_C} \cdot \Delta L_C = m \cdot \Delta L_C \,. \tag{4.8}$$

Damit bezeichnet der Skalierungsfaktor m, wie wirksam eine Längenänderung im OSCAT-Verfahren (als Änderung der Laserkavitätslänge ΔL_C) im Vergleich zum Verfahrweg einer konventionellen Verzögerungsstrecke Δl_{var} eingesetzt bzw. „verstärkt" werden kann. Dieser einfache Vergleich legt zugrunde, dass jeweils im gleichen Medium (z. B. Luft) gearbeitet wird. In der Praxis wird die passive Verzögerungsstrecke meist in einer Glasfaser und die Längenänderung der Laserkavität meist in Luft realisiert. Allerdings ist der Brechungsindexunterschied zwischen beiden Medien nur etwa 1,5, was im Vergleich zur Größenordnung eines üblichen Skalierungsfaktors m vernachlässigbar ist.

Typische Femtosekundenlaser besitzen eine Kavitätslänge $\bar{L}_C$ von etwa 0,1 bis 1 m. Realisierbare passive Verzögerungsstrecken l_0 liegen in der Größenordnung von 10 bis 1000 m. Somit ergeben sich Skalierungsfaktoren m bis in die Größenordnung von 10^4. Damit können im OSCAT-Verfahren bereits kleinste Längenänderungen der Kavität um Mikro- oder Millimeter eine Zeitverzögerung zur Folge haben, wofür eine konventionelle externe Verfahrstrecke einen Hub von mehreren Metern benötigt.

Die Limitierung für den maximal möglichen Verzögerungsbereich ΔT_{max} gibt die Repetitionsrate f_{rep} vor. Ab einer Zeitverzögerung Δt mit dem Betrag der Repetitionsperiode τ_{rep} würde ein nachfolgender bzw. vorauseilender Puls in den Messbereich eintreten. Damit wären die Pulsfolgen nicht mehr eindeutig zuordenbar. Damit ergibt sich die maximal mögliche Zeitverzögerung zu $-\tau_{rep} < \Delta T_{max} < \tau_{rep}$.

Somit wird der realisierbare Zeitbereich für die Verzögerung ΔT primär durch drei Faktoren bestimmt:

- Relative Variabilität der Repetitionsrate $\Delta f/\bar{f}_{rep}$ bzw. $\bar{f}_{rep}$
- Zeitlicher Offset t_0 bzw. Länge der passiven Verzögerungsstrecke l_0 (in Abhängigkeit deren Brechungsindex n), was in einen Verschiebungsfaktor a resultiert.
- Phasenrauschen bzw. Jitter der Pulsquelle

Der Skalierungsfaktor m bietet eine gute Einschätzung der Effektivität des OSCAT-Verfahrens im Vergleich zu anderen Methoden oder Betriebsparametern. In Abschnitt 4.3 wird noch näher auf die realisierbaren Scangeschwindigkeiten und -bereiche sowie den Einfluss des Phasenrauschens beim OSCAT-Verfahren eingegangen.

4.2.2 Dynamisches OSCAT-Modell

Das vorliegende statische Modell berücksichtigt keine dynamische Änderung bzw. Modulation der Repetitionsrate. Es ist nur gültig, wenn der Modulationszyklus viel länger als die gewünschte Zeitverzögerung durch das OSCAT-Verfahren ist. Für sehr

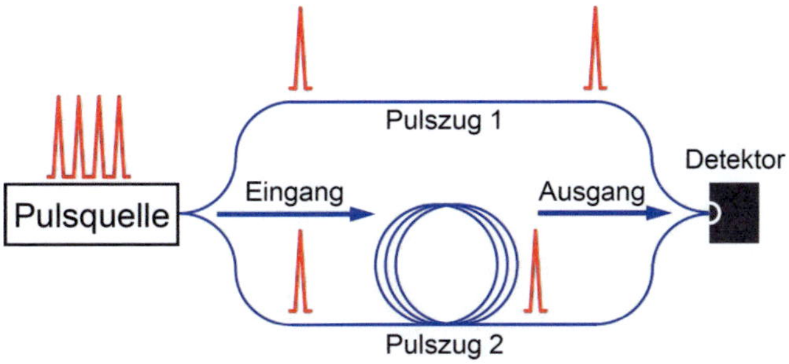

Abbildung 4.2: Gedankenexperiment für die Betrachtung dynamischer Repetitionsraten im OSCAT-Verfahren (nach [141]): Ein vollständig fasergekoppeltes Interferometer mit zwei stark asymmetrischen Teilästen (Pulszug 1 und 2) wird von einer Pulsquelle gespeist. Am Ausgang wird die Ankunftszeit der Pulsfolgen ermittelt.

hohe Modulationsfrequenzen (z. B. $> 1\,\mathrm{kHz}$) oder lange passive Verzögerungsstrecken (z. B. $l_0 > 1\,\mathrm{km}$) ist ein dynamisches Modell erforderlich, das die zeitliche Änderung der Repetitionsrate berücksichtigt [141].

Yang et al. erweiterte das statische OSCAT-Modell für dynamische Repetitionsraten [141]. Dazu wird ein analoges Gedankenexperiment zu Abschnitt 4.2.1, allerdings in Form eines fasergekoppelten Aufbaus, eingeführt (vgl. Abbildung 4.2). Die Pulsquelle speist ihre Pulsfolgen direkt in die beiden Teiläste des stark asymmetrischen Interferometers ein. Der Teilast für den Pulszug 2 ist hierbei viel länger als jener für Pulszug 1. Anschließend werden beide Teiläste wieder am Ausgang vereinigt und direkt die Ankunftszeit jeden Pulses am Vereinigungspunkt aufgezeichnet. Die Ankunftszeiten der Pulse aus dem Teilast 1 werden mit t und aus dem Teilast 2 mit t' sowie dem entsprechenden Index bezeichnet (vgl. Abbildung 4.3).

Die Indizes M und N bezeichnen jeweils unterschiedliche Pulsfolgen. Das bedeutet, dass t_N und t'_N der Ankunftszeit desselben Pulses entspricht, der jedoch über den kurzen bzw. langen Teilast gelaufenen ist. Demnach wird die Verzögerung $t_0 = t'_N - t_N$ durch die große Asymmetrie des Interferometers, d. h. der längeren Wegstrecke des Pulszugs 2, bestimmt. Bislang wurde dies im statischen Modell als passive Verzögerungsstrecke l_0 bezeichnet.

Die interessante Größe ist die relative Verzögerung Δt zwischen dem N-ten Puls einer Pulsfolge im Pulszug 1 und dem nächstfolgendem M-ten Puls einer anderen Pulsfolge aus Pulszug 2, wie sie auch für den statischen Fall in Gleichung 4.1 postuliert wurde.

Zunächst nehmen wir an, dass sich die Repetitionsrate mit einer beliebigen periodischen Funktion in Abhängigkeit der Zeit $S(t)$ und einer Modulationsfrequenz f_m ändert. Zudem soll die Modulation $S(0)$ auf einen Referenzpuls mit dem Index 0 fallen. Die Ankunftszeit t_N eines N-ten Pulses am Ausgang kann wie folgt beschrieben werden:

$$t_N = t_0 + \sum_{i=1}^{N} \frac{1}{f_i}\,, \qquad (4.9)$$

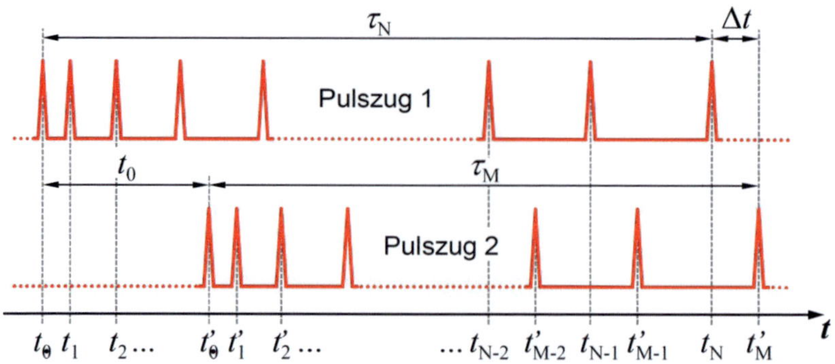

Abbildung 4.3: Pulszüge mit Nomenklatur der Pulsfolgen, wie sie der Detektor im Gedankenexperiment für dynamische OSCAT-Verfahren nach Abbildung 4.3 aufnimmt. Die Modulation der Repetitionsrate führt zu einer sich ständig ändernden Pulsverzögerung.

wobei t_0 der Ankunftszeit des Referenzpulses und f_i der zugehörigen Repetitionsrate des i-ten Pulses entspricht. Die Repetitionsrate f_i kann durch

$$f_i = \bar{f}_{rep} + \frac{\Delta f}{2} S(t_i) \tag{4.10}$$

mit der mittleren Repetitionsrate gemäß Abschnitt 4.2.1 beschrieben werden. Die Modulation $S(t_i)$ ist der Wert der Modulationsfunktion $S(t)$ zum Zeitpunkt t_i des i-ten Pulses. Die Variationsbreite der Repetitionsrate $\pm\Delta f/2$ soll mit einer Modulationsfunktion $S(t)$ mit der Bandbreite $-1 \leq S(t) < 1$ angesteuert werden.

Mit Gleichung 4.9 und 4.10 sowie der analogen Annahme für die Näherung aus Gleichung 4.3 ergibt sich die Ankunftszeit für den N-ten Puls des Pulszugs 1 zu

$$t_N = t_0 + \frac{N}{\bar{f}_{rep}} - \frac{\Delta f}{2\bar{f}_{rep}^2} \sum_{i=1}^{N} S(t_i)\,. \tag{4.11}$$

Analog kann dies für den M-ten Puls des Pulszugs 2 formuliert werden:

$$t'_M = t'_0 + \frac{M}{\bar{f}_{rep}} - \frac{\Delta f}{2\bar{f}_{rep}^2} \sum_{i=1}^{M} S(t_i)\,. \tag{4.12}$$

Die Subtraktion der Gleichung 4.11 von der Gleichung 4.12 führt zu

$$\Delta t = \delta t_0 + \frac{\Delta f}{2\bar{f}_{rep}^2} \sum_{i=M+1}^{N} S(t_i)\,, \tag{4.13}$$

wobei $\delta t_0 \equiv t_0 - (N - M)/\bar{f}_{rep}$ einem kleinem zeitlichen Offset entspricht, der sich aus der Differenz zwischen t_0 und dem Zeitunterschied zwischen dem N-ten und M-ten Puls ergibt. Unter der getroffenen Annahme, dass jeweils immer der am nächsten liegende Puls aus Pulszug 1 und 2 betrachtet wird, gilt $0 < \delta t_0 < \bar{\tau}_{rep}$. Wie zu erkennen ist, entspricht somit der zeitliche Offset δt_0 der Zeitverzögerung Δt des statischen Modells (vgl. Gleichung 4.1), sodass der zweite Term aus Gleichung 4.13 den dynamischen Einfluss beschreibt.

Gleichung 4.13 bedient sich einer Reihe. In der Praxis ist eine Betrachtung in Integralform vorteilhafter. Dazu können wir folgende Annahmen treffen: Die Modulationsfrequenz ist viel kleiner als die Repetitionsrate, d. h. $f_m/\bar{f}_{rep} \ll 1$. Zudem betrachten wir durch die hohe Asymmetrie des Interferometers zwei sehr weit auseinanderliegende Pulsfolgen, sodass $N - M \gg 1$ gilt. Damit kann die Gleichung 4.13 als Integral angenähert werden zu

$$\Delta t = \delta t_0 + \frac{\Delta f}{2\bar{f}_{rep}} \sum_{i=M+1}^{N} S(t_i) \cdot \bar{\tau}_{rep} \approx \delta t_0 + \frac{\Delta f}{2\bar{f}_{rep}} \int_{\tau_M}^{\tau_N} S(t)dt\,. \tag{4.14}$$

Bis dato wurde eine beliebige Modulationsfunktion $S(t)$ angenommen. Häufig wird eine Sinusfunktion verwendet. Diese Konkretisierung ist einfach und liefert weitere Erkenntnisse zu den Eigenschaften des OSCAT-Verfahrens. Daher setzen wir in Gleichung 4.14 die Modulationsfunktion $S(t) = \sin(2\pi f_m t)$ ein und lösen das Integral zu

$$\Delta t(\tau_M) = \delta t_0 + \frac{\Delta f}{2\bar{f}_{rep}} \cdot \frac{\sin(\pi f_m \Delta\tau_{NM})}{\pi \cdot f_m} \cdot \sin\left[2\pi f_m \left(\tau_M + \frac{\Delta\tau_{NM}}{2}\right)\right]\,, \tag{4.15}$$

mit $\Delta\tau_{NM} \equiv \tau_N - \tau_M$ (vgl. auch Abbildung 4.3). Unter der Annahme eines stark asymmetrischen Interferometers kann $\Delta\tau_{NM}$ durch den zeitlichen Offset t_0 ohne großen Verlust an Genauigkeit ersetzt werden. Sie unterscheiden sich gemäß Abbildung 4.3 lediglich um die Zeitverzögerung Δt, was weniger als einem Pulsintervall entspricht. Da die Repetitionsrate typischerweise sehr hoch ist, kann τ_M durch t ersetzt und damit Δt als stetige Funktion formuliert werden.

Somit kann bei einer langsamen Modulation, d. h. $f_m t_0 \ll 1$, für Gleichung 4.15 folgende Näherung[19] aufgestellt werden:

$$\Delta t(t) \approx \delta t_0 + \frac{\Delta f \cdot t_0}{2\bar{f}_{rep}} \cdot sin\left[2\pi f_m \left(t + \frac{t_0}{2}\right)\right]\,. \tag{4.16}$$

Damit bieten Gleichung 4.15 und 4.16 eine Beschreibung der dynamischen Zeitverzögerung Δt des OSCAT-Verfahrens für eine sinus-modulierte Repetitionsrate, woraus verschiedene Schlussfolgerungen gezogen werden können.

Die Modulation der Repetitionsrate ergibt demnach eine ebenso modulierte Pulsverzögerung $\Delta t(t)$ mit derselben Modulationsfrequenz f_m und einem Phasenoffset, der durch den Term der Sinusfunktion proportional zu $f_m t_0$ ist. Die Mittellage der Zeitverzögerung $\Delta t(t)$ kann durch den Zeitoffset δt_0 (abhängig von der Repetitionsrate $\bar{f}_{rep}$ und der Asymmetrie des Interferometers $t_0 \propto l_0$) eingestellt werden.

[19] $\lim\limits_{x\to 0} \frac{\sin(x)}{x} = 1$

Sofern keine Modulation stattfindet (statischer Fall), reduziert sich die Gleichung 4.16 wieder auf den Zusammenhang $\Delta t(t) = \delta t_0$, was mit der durchgeführten Substitution zu $\Delta t(t) = t_0 - (N-M)\tau_{rep}$ führt. Damit entspricht dies der Zeitverzögerung Δt im statischen Fall, wie sie bereits in Gleichung 4.1 postuliert wurde.

Die Variationsbreite für die Zeitverzögerung durch die Modulation ΔT_m entspricht im Betrag dem Vorterm der Sinusfunktion in Gleichung 4.15 bzw. in Näherung der Gleichung 4.16 zu

$$\Delta T_m = \left| \frac{\Delta f}{\bar{f}_{rep}} \cdot \frac{\sin(\pi \cdot f_m \cdot t_0)}{\pi \cdot f_m} \right| \approx \left| \frac{\Delta f \cdot t_0}{\bar{f}_{rep}} \right| \tag{4.17}$$

und ergibt sich damit aus dem relativen Einstellbereich der Repetitionsrate sowie der Asymmetrie des Interferometers (d. h. Länge der passiven Verzögerungsstrecke l_0 respektive der resultierenden Zeitverschiebung t_0). Dies führt (unter denselben Annahmen für die Abhängigkeit der Repetitionsrate von der Laserkavitätslänge $\bar{L}_C$ des statischen Modell in Abschnitt 4.2.1) gemäß Gleichung 4.8 zum gleichen Skalierungsfaktor $m = l_0/\bar{L}_C$.

Allerdings kann im dynamischen Modell der Skalierungsfaktor m nicht unendlich mit einer Verlängerung der passiven Verzögerungsstrecke l_0 (bzw. t_0) einhergehen, da ansonsten die getroffene Annahme $f_m t_0 \ll 1$ für die Vereinfachung der Gleichung 4.16 verletzt wird. In diesem Fall muss gemäß Gleichung 4.15 verfahren werden. Hier zeigt sich, dass sich die größte Variationsbreite für die Verzögerung ΔT dann ergibt, wenn der erste Sinusterm maximal wird, d. h. $\Delta\tau_{NM} \cong t_0 = (2f_m)^{-1}$, bzw. keine Variation bei $\Delta\tau_{NM} \cong t_0 = f_m^{-1}$ erfolgt. Dies veranschaulicht Abbildung 4.4, wo der Verzögerungsbereich in Abhängigkeit der Modulationsfrequenz bei bestimmten passiven Verzögerungszeiten (d. h. bei bestimmten passiven Verzögerungsstrecken) wieder einbricht und sein Minimum bzw. Maximum bei den vorgenannten Bedingungen erreicht. Sofern die Bedingung für die Näherung $f_m \cdot t_0 \ll 1$ erfüllt ist, kann theoretisch der Verzögerungsbereich ΔT „unendlich" ausgeweitet werden, wobei eine Grenze die Repetitionsperiode τ_{rep} darstellt, wie es auch bereits in Abschnitt 4.2.1 begründet wurde. Ab hier würde ein nachfolgender Puls in den Messbereich eintreten und somit keine Eineindeutigkeit mehr aufweisen. Unter den im Beispiel betrachteten Randbedingungen würde dies einem maximalen Zeitbereich von $\Delta T < \pm\tau_{rep} = \pm 4\,\text{ns}$ entsprechen.

Abbildung 4.5 zeigt grafisch die Abhängigkeit des Einstellbereichs für die Zeitverzögerung in Abhängigkeit der Modulationsfrequenz und der Länge der passiven Verzögerungsstrecke für gegebene Randbedingungen (vgl. Abbildung 4.4). Auch hier ist erkennbar, dass der Verzögerungsbereich nicht unendlich ansteigt, sondern in Abhängigkeit der Modulationsfrequenz und der passiven Verzögerungsstrecke mehrere Minima aufweist. Diese Darstellung visualisiert den maximal möglichen Verzögerungsbereich unter gegebenen Bedingungen, sodass die optimale Konfiguration ausgewählt werden kann.

Somit konnte gezeigt werden, dass das statische OSCAT-Modell in Abschnitt 4.2.1 sehr gut als Grenzfall mit der hier vorliegenden dynamischen Betrachtung übereinstimmt. Bei hohen Modulationsfrequenzen bzw. schnellen Änderungen der Repetiti-

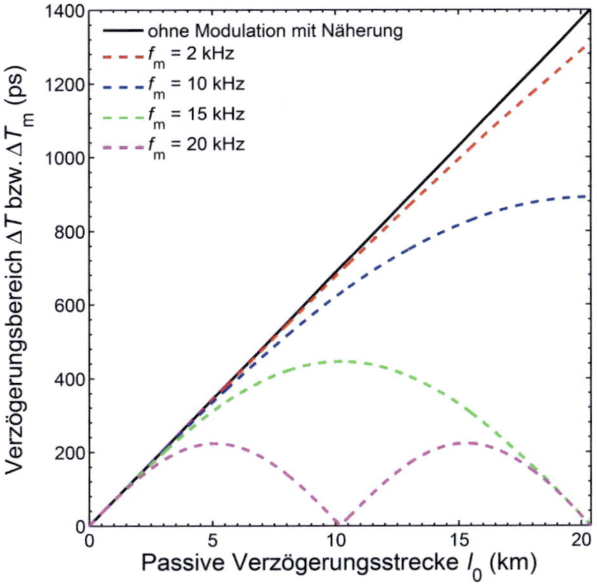

Abbildung 4.4: Verfügbarer Zeitbereich ΔT bzw. ΔT_m ohne Modulation bzw. bei bestimmten Modulationen in Abhängigkeit der passiven Verzögerungsstrecke l_0. Hierbei wurden folgende Parameter verwendet: Brechungsindex der passiven Verzögerungsstrecke $n = 1,47$ (z. B. Lichtwellenleiter), mittlere Repetitionsrate $\bar{f}_{rep} = 250\,\mathrm{MHz}$ mit einem Einstellbereich von $\Delta f = 3,5\,\mathrm{kHz}$.

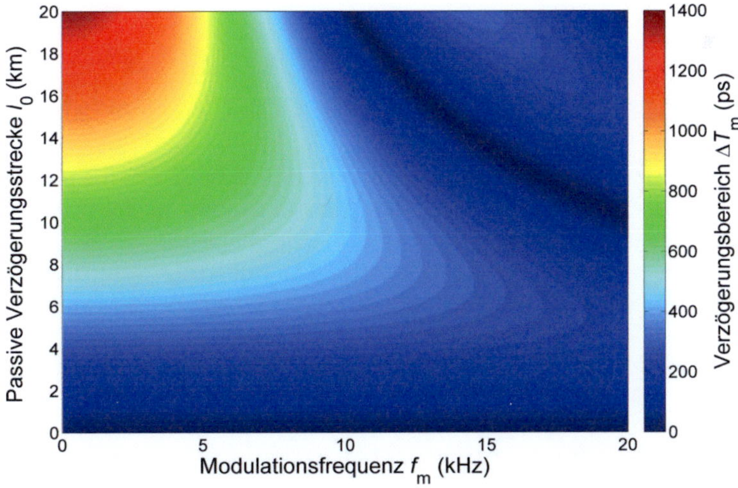

Abbildung 4.5: Verfügbarer Zeitbereich ΔT_m in Abhängigkeit der Modulationsfrequenz f_m für die Repetitionsrate und der Länge des passiven Verzögerungsstrecke l_0. Dabei wurden die Randbedingungen aus Abbildung 4.4 verwendet.

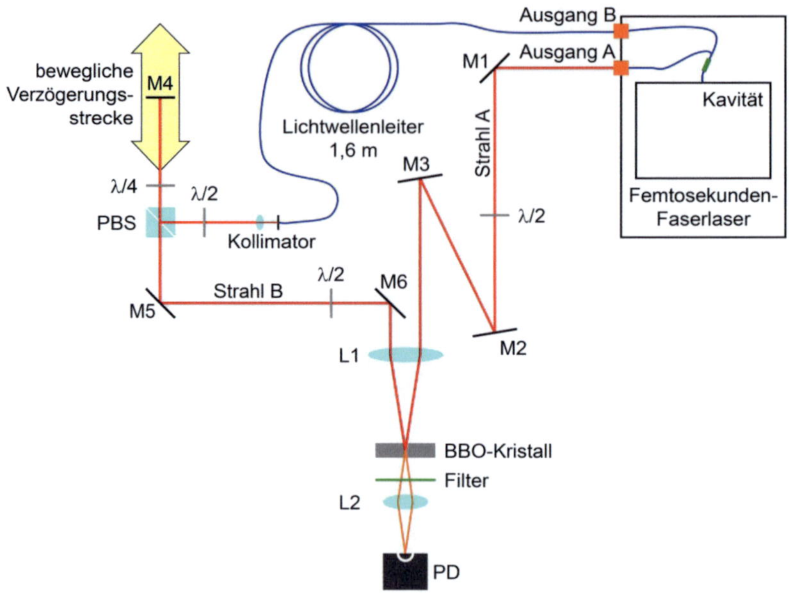

Abbildung 4.6: Aufbau des Kreuzkorrelationsexperiments zum Nachweis des Funktionsprinzips des OSCAT-Verfahrens: Der Femtosekunden-Faserlaser besitzt einen Freistrahl- (A) und fasergekoppelten Ausgang (B). Der Lichtwellenleiter mit einer Länge von 1,6 m ist dispersionskompensiert. Weitere Komponenten sind eine mechanisch einstellbare Verzögerungsstrecke mit Spiegel (M4), Linsen (L), Spiegel (M), eine Fotodiode (PD), ein Polarisations-Strahlteilerwürfel (PBS) und ein optischer Kurzpassfilter.

onsrate bei langen passiven Verzögerungsstrecken ist eine dynamische Betrachtung erforderlich.

4.3 Experimenteller Nachweis des OSCAT-Verfahrens

Das Funktionsprinzip des OSCAT-Verfahrens wurde mittels einer Kreuzkorrelationsmessung über die Erzeugung der zweiten Harmonischen nachgewiesen [69]. Den schematischen Aufbau zeigt Abbildung 4.6. Die Repetitionsrate des Menlo Systems M-Comb Femtosekunden-Faserlasers [142] mit einer zentralen Wellenlänge von 1560 nm und einer Pulsbreite von weniger als 90 fs lässt sich durch Veränderung der Laserkavitätslänge mit einem Präzisions-Schrittmotor im Bereich von $250 \pm 1{,}25$ MHz (d. h. $\Delta f = 2{,}5\,\text{MHz}$) bzw. mit einem Piezo-Aktor um $\Delta f = 3{,}5\,\text{kHz}$ einstellen [113, 143].

Die emittierten Femtosekundenpulse des Lasers werden über einen Fasersplitter in zwei Teiläste aufgeteilt. Der Laserstrahl vom Ausgang A wird über eine Freistrahlstrecke mit Freistrahloptiken in einem nicht-linearen BBO-Kristall[20] fokussiert. Der zweite Teilstrahl des fasergekoppelten Ausgangs B wird in eine passive Verzögerungsstrecke in Form eines Lichtwellenleiters eingekoppelt.

[20] β-Bariumborat

Diese passive Verzögerungsstrecke besteht aus zwei Abschnitten, die aus jeweils unterschiedlichen Lichtwellenleitermaterialien (Standard-Monomode- und dispersionsverschobene Telekommunikationsfasern) bestehen. Diese Kombination von kommerziell verfügbaren Lichtwellenleitern ermöglicht die Kompensation der Gruppengeschwindigkeitsdispersion bzw. der Pulsaufweitung in der Monomode-Faser durch die Dispersionsverschiebung in der nachfolgenden Faser. Die gesamte Faserlänge von $l_0 = 1{,}6\,\mathrm{m}$ mit einem Brechungsindex von etwa $n = 1{,}47$ führt zu einem Verschiebungsfaktor von $a = 2$ (vgl. Gleichung 4.4). Nachdem der ausgekoppelte Strahl kollimiert ist und eine Freistrahl-Verzögerungsstrecke passiert hat, wird er mit dem ersten Teilstrahl im BBO-Kristall überlagert.

Die $\lambda/2$- und $\lambda/4$-Plättchen sowie der Polarisations-Strahlteilerwürfel sind Bestandteile der einstellbaren Verzögerungsstrecke. Die Freistrahllängen der Strahlzweige A und B sind identisch, was in Analogie zu Abschnitt 4.2 der Strecke L entspricht. Die optische Leistung der Ausgänge A und B beträgt $P_A = P_B = 125\,\mathrm{mW}$. Der Filter nach dem BBO-Kristall blockt die Grundschwingung des Laserpuls mit einer Wellenlänge von 1560 nm. Daher wird lediglich das frequenzverdoppelte Licht um 780 nm im Fotodetektor gemessen.

Das Kreuzkorrelationssignal wird auf zwei verschiedene Weisen generiert. Im ersten Experiment wird die Repetitionsrate des Lasers konstant gehalten und die Zeitverzögerung mit Hilfe der konventionellen Verschiebestrecke eingestellt. Diese scannt einen Bereich von 1,4 ps mit einer Schrittweite von 5,2 fs. Das Kreuzkorrelationssignal zeigt Abbildung 4.7 (rote Kurve). In einem zweiten Experiment bleibt die mechanische Verzögerungsstrecke in einer festen Position und die Repetitionsrate f_{rep} des Lasers wird von 250,0037 bis 250,0475 MHz mit einer Schrittweite von etwa 150 Hz durchgestimmt. Die genaue Repetitionsrate wird mit einem Frequenzzähler gemessen. Das resultierende Kreuzkorrelationssignal mit dem neuen OSCAT-Verfahren ist ebenfalls in Abbildung 4.7 zu sehen (schwarz gestrichelte Kurve).

Beide Kreuzkorrelationssignale stimmen sehr gut überein. Das bedeutet auch, dass Jitter-Effekte und weitere Einflüsse, wie z. B. die Kohärenzlänge des Femtosekundenlasers – zumindest bei diesem geringen betrachteten Verschiebungsfaktor a – vernachlässigbar sind. Typische Jitter-Werte liegen beim verwendeten Laser als Beispielpulsquelle bei etwa 10 fs für Integrationszeiten von 10 kHz bis einigen MHz [113]. Abbildung 4.8 zeigt eine exemplarische Messung des Jitters in Abhängigkeit der Integrationsfrequenz mit sogar leicht besseren Werten. Dies bedeutet, dass das OSCAT-Verfahren ohne Probleme für Verschiebungsfaktoren a bis einige 10.000 eingesetzt werden kann. Somit ist die Länge der passiven Verzögerungsstrecke l_0 nach Gleichung 4.4 der in der Praxis limitierende Faktor. Mit dem verwendeten Lichtwellenleiter könnte eine Faserlänge von rund 40 m ohne nennenswerte Pulsverzerrung realisiert werden. Damit ergäbe sich bei einer einstellbaren Repetitionsrate f_{rep} von 248,75 bis 251,25 MHz nach Gleichung 4.2 bereits ein Scanbereich von $\Delta T = 2\,\mathrm{ns}$.

Da alle Pulse des Femtosekundenlasers eine nahezu identische und symmetrische Pulsform haben, würde man ein symmetrisches Autokorrelationssignal erwarten – d. h. auch im Fall einer Kreuzkorrelation zwischen einem Puls i und einem Puls $i+2$

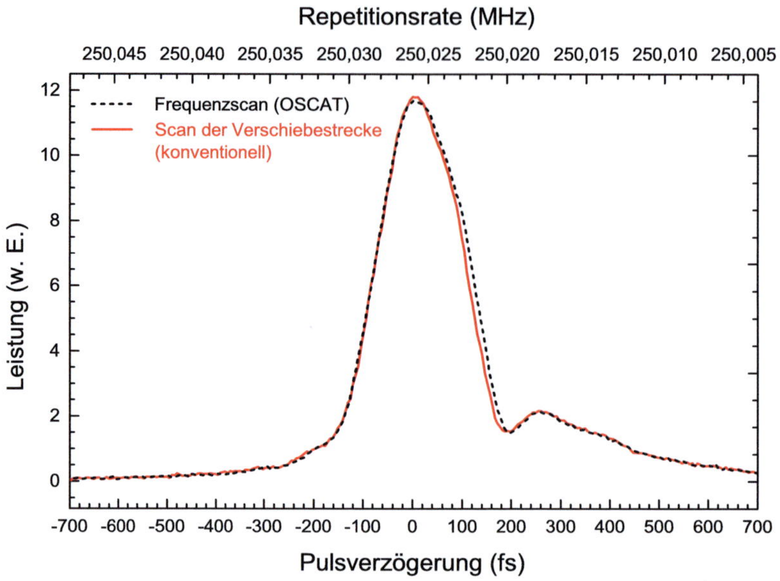

Abbildung 4.7: Kreuzkorrelationssignale mit zwei verschiedenen Messmethoden ermittelt: Zeitverzögerung resultiert a) aus einer Positionsänderung der mechanischen Verschiebestrecke bei konstanter Repetitionsrate (rot/durchgezogen, konventionelle Methode) und b) aus einer Variation der Repetitionsrate bei fixierter Verschiebestrecke (schwarz/gestrichelt, OSCAT-Verfahren). Die obere x-Achse bezeichnet zur Pulsverzögerung die korrespondierende Repetitionsrate beim OSCAT-Verfahren.

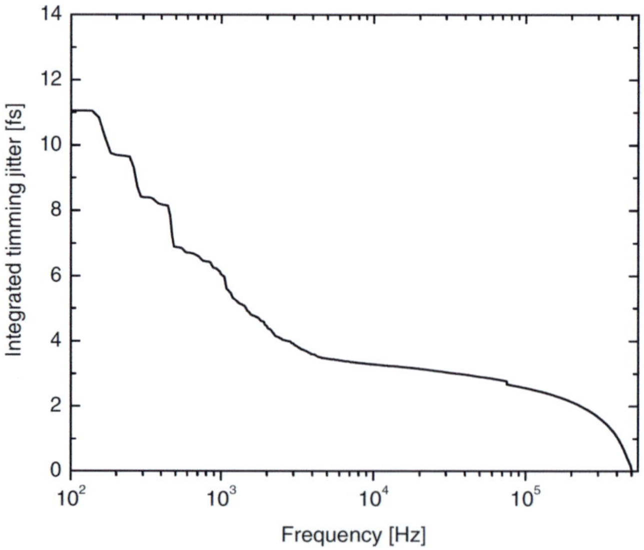

Abbildung 4.8: Jitter in Abhängigkeit der Integrationsfrequenz eines freilaufenden Menlo Systems M-Comb Femtosekunden-Faserlasers [142] mit einer zentralen Wellenlänge von 1560 nm (mit freundlicher Genehmigung aus Wilk et al. [113]).

des vorliegenden Experiments. Allerdings propagiert der optische Puls des Laserausgangs B durch einen 1,6 m langen Lichtwellenleiter. Durch die hohe Pulsenergie und nichtlineare Effekte, wie Selbstphasenmodulation und Vier-Wellen-Mischung in der Faser, werden die Pulse leicht verzerrt, was zu einem asymmetrischen Kreuzkorrelationssignal führt (vgl. Abbildung 4.7).

4.4 Messgeschwindigkeit und Messbereich

Die Messgeschwindigkeit ist beim OSCAT-Verfahren davon abhängig, wie schnell die Repetitionsrate f_{rep} geändert werden kann und wie groß der Messbereich der Zeitverzögerung ΔT bemessen sein soll. Vorteilhaft hinsichtlich der Messgeschwindigkeit ist es gemäß Gleichung 4.2, wenn der Verschiebungsfaktor a, respektive die passive Verzögerungsstrecke l_0, möglichst groß gewählt werden, damit nur ein kleiner Frequenzbereich von f_{min} bis f_{max} durchgestimmt werden muss. Hierbei ergeben sich dann passive Verzögerungsstreckenlängen, die in der Praxis nicht mehr mit Freistrahlaufbauten realisiert werden können, sodass – wie im Grundlagenversuch in Abschnitt 4.3 – auf Faserstrecken zurückgegriffen wird.

In einem weiteren Versuch konnte die passive Verzögerungsstrecke auf $l_0 = 21{,}6\,\mathrm{m}$ verlängert werden, was einem Verschiebungsfaktor von $a = 18$ entspricht. Die Versuchsanordnung sowie die Dispersionskompensation in der Faser ähnelt dem Grundlagenexperiment in Abschnitt 4.3, wobei die Ausgangsleistung des Femtosekundenlasers mit einem Verstärker (Menlo Systems Fiber Amplifier P-250) auf insgesamt bis zu $P_A + P_B = 600\,\mathrm{mW}$ erhöht wurde [113]. Spektral- und Autokorrelationsmessungen nach der passiven Verzögerungsstrecke zeigen eine Pulslänge von 63 fs bei einer spektralen Breite (3 dB) von 97 nm. Damit findet nahezu keine Verzerrung des Femtosekundenpulses durch die Faserstrecke statt und weit längere Faserstrecken scheinen realisierbar.

Mit dem Versuchsaufbau wurde sowohl ein langsamer als auch ein schneller Scan durchgeführt. Beim langsamen Scan wurde die Repetitionsrate f_{rep} durch eine Längenänderung der Laserkavität mit einer Repetitionsratenschrittweite von etwa 28 Hz mit einen Präzisionsschrittmotor variiert. Der Verstellbereich von $\Delta f = 8464\,\mathrm{Hz}$ ergibt gemäß Gleichung 4.2 eine Zeitverzögerung von $\Delta T = 2{,}44\,\mathrm{ps}$. Der schnelle Scan wurde mittels des Piezo-Aktors in der Laserkavität durchgeführt. Dabei kann die Repetitionsrate f_{rep} um 3,5 kHz mit einer Oszillationsfrequenz von 128 Hz geändert werden. Hieraus ergeben sich durch die Hin- und Rückbewegung 256 Scans pro Sekunde. Die resultierende Zeitverzögerung beträgt hierbei $\Delta T = 1\,\mathrm{ps}$. Eine zusätzliche Referenzmessung erfolgte analog zu Abschnitt 4.3, wo die externe mechanische Verzögerungsstrecke mit einer Schrittweite von 10,4 fs über einen Scanbereich von 2,08 ps verfahren wurde.

Abbildung 4.9 zeigt die resultierenden Messsignale. Das Kreuzkorrelationssignal der Schnellmessung mit dem Piezo-Aktor stimmt sehr gut mit der langsamen Messung des Schrittmotors überein. Die Signale der Schnellmessung weisen eine Periodizität auf, wobei die jeweils aufeinanderfolgenden Signale gespiegelt erscheinen, da der Piezo-Aktor jeweils eine Hin- und Rückbewegung ausführt. Beide OSCAT-

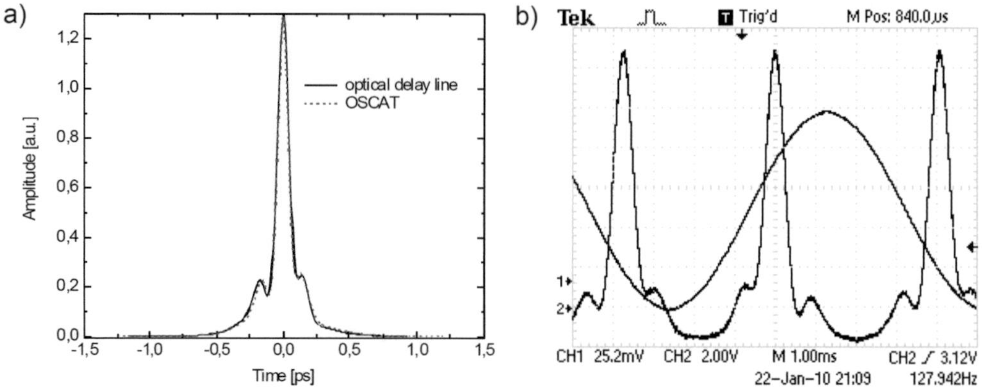

Abbildung 4.9: Gegenüberstellung des Kreuzkorrelationssignal von Messungen a) mit einer externen konventionellen Verschiebestrecke (schwarz, durchgezogen) und dem OSCAT-Verfahren (rot, gestrichelt) sowie b) einem schnellen Scan mit einem oszillierenden Piezo-Aktor zur Variation der Laserkavitätslänge mit einer Oszillationsfrequenz von 128 kHz, d.h. mit 256 Scans pro Sekunde (mit freundlicher Genehmigung aus Wilk et al. [113]).

Messungen zeigen eine gute Übereinstimmung mit der konventionellen Referenzmessung.

Der maximale Messbereich im verfügbaren Verstellbereich für die Repetitionsrate von $\Delta f = 2{,}5\,\mathrm{MHz}$ beträgt $\Delta T = 700\,\mathrm{ps}$. Dies würde bei einer konventionellen Verzögerungsstrecke einen Verfahrweg von über 10 cm bedeuten, was eine extrem hohe Stabilität der Laserstrahllage und sehr präzise Justage des optischen Aufbaus erfordern würde. Durch einen größeren Hub des Piezo-Aktors konnte der Einstellbereich für die Repetitionsrate auf 60 kHz angehoben werden [144]. Beim Einsatz einer passiven Verzögerungsstrecke von 80 m (entspricht einem Verschiebungsfaktor $a = 98$) konnte damit bereits ein möglicher Zeitbereich von $\Delta T = 100\,\mathrm{ps}$ mit einer Scanrate von 400 Pulsen pro Sekunde erzielt werden. Die Messgeschwindigkeit des OSCAT-Verfahrens ist damit im Vergleich zu konventionellen Pulsverzögerungstechniken sehr schnell.

4.5 OSCAT in der Terahertz-Spektroskopie

Der allgemeine Aufbau von Terahertz-Zeitbereichsspektrometern wurde bereits in Abschnitt 2.1 beschrieben. Anstelle der üblichen Verzögerungsstrecken kommt bei Terahertz-Spektrometern auch die ASOPS- oder ECOPS-Technik zum Einsatz [139, 145, 146]. Diese Systeme kann das OSCAT-Verfahren mit seinen Vorteilen ebenfalls substituieren. Zur Demonstration wurde ein vollständig fasergekoppeltes Terahertz-Zeitbereichsspektrometer eingesetzt [40, 147], wie in Abbildung 4.10 gezeigt.

Als Pulsquelle wurde die gleiche Kombination aus Femtosekundenlaser und Verstärker mit denselben Kennwerten verwendet, wie in Abschnitt 4.4 beschriebenen. Ein 50:50-Fasersplitter teilt die Laserleistung in zwei Teiläste auf. Am Teilast des Ausgangs A ist über einen 3 m langen dispersions-vorkompensierten Lichtwellenleiter eine fasergekoppelte Terahertz-Detektor-Antenne (Menlo Systems, Tera15-DP25-FC)

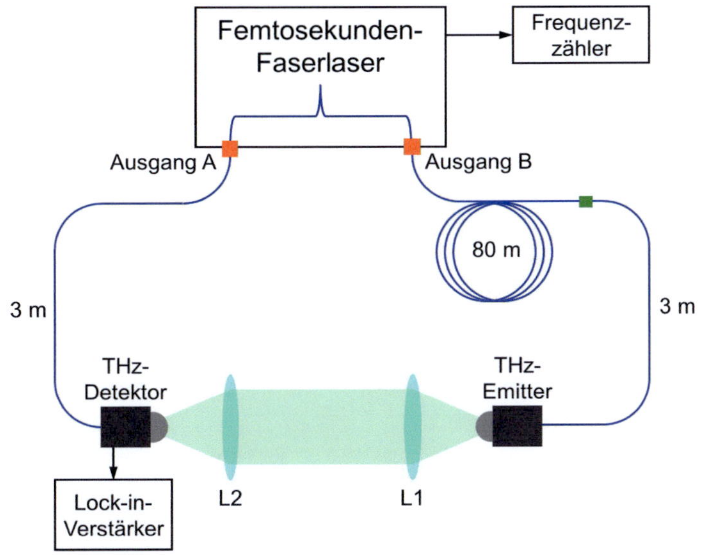

Abbildung 4.10: Komplett fasergekoppeltes Terahertz-Zeitbereichsspektrometer mit dem OSCAT-Verfahren, bestehend aus Femtosekunden-Faserlaser mit integriertem Verstärker, fasergekoppelten Terahertz-Emitter und -Detektor und passiver Verzögerungsstrecke in Form einer dispersions-kompensierten Faserstrecke mit 80 m Länge. Der Terahertz-Strahlengang ist grün angedeutet und mit zwei Terahertz-Linsen (L1, L2) versehen.

angeschlossen. Diese besteht aus einer LT-InGaAs/AlInAs-MQW-Struktur[21] mit einer Dipollänge von 25 μm [148].

Der Teilast nach Ausgang B ist mit der passiven Verzögerungsstrecke verbunden. Für die Terahertz-Messungen wird eine einstellbare Zeitverzögerung von $\Delta T \approx 4\,\mathrm{ns}$ benötigt. Damit ergibt sich gemäß Gleichung 4.2 ein erforderlicher Verschiebungsfaktor von $a \approx 100$. In einem Freistrahlaufbau würde das nach Gleichung 4.4 einer Wegstrecke von etwa 120 m entsprechen, was in der Praxis nicht realisierbar ist. Daher wurde die Lichtwellenleiterkombination aus Abschnitt 4.4 als passive Verzögerungsstrecke mit einer Länge von $l_0 = 80\,\mathrm{m}$ verwendet, was gemäß Gleichung 4.6 die gegebenen Randbedingungen mit einem Verschiebungsfaktor von $a = 98$ ausreichend erfüllt. An die passive Verzögerungsstrecke ist eine Terahertz-Emitter-Antenne (Menlo Systems Tera15-SP-FV) angeschlossen, welche als Stripline und ebenfalls als LT-InGaAs/AlInAs-MQW-Struktur[21] ausgeführt ist [148].

Die beiden Terahertz-Antennen werden jeweils mit einer optischen Leistung von 25 mW und einer Wellenlänge von 1560 nm angeregt. Die Emitter-Antenne wird mit einer bipolaren Rechteck-Spannung mit einer Amplitude von 10 V bei 15 kHz beaufschlagt. Der Terahertz-Strahlengang entspricht einer Transmissionsanordnung und wird mit TPX[22]-Polymerlinsen mit einer effektiven Brennweite von 54 mm kollimiert und auf der Detektor-Antenne refokussiert.

21 engl. low temperature grown indium gallium arsenide/aluminium indium arsenide with multiple quantum well structure, vgl. *Roehle* et al. [148]

22 Handelsname für Polymethylpentene (PMP)

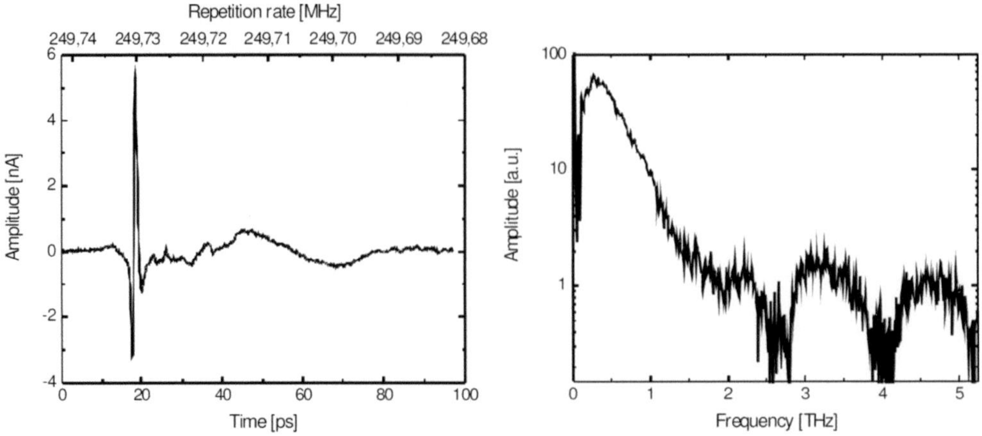

Abbildung 4.11: Terahertz-Puls (links) und resultierendes Amplitudenspektrum (rechts) mit dem OSCAT-Verfahren aufgenommen. Veröffentlicht mit freundlicher Genehmigung aus Wilk et al. [40].

Die Repetitionsrate wird mit einem Frequenzzähler (Agilent 53181A) gemessen. Das Eingangssignal liefert eine Fotodiode, die in das Femtosekundenlaser-System integriert ist. Das Signal der Detektor-Antenne wird mit einem Lock-in-Verstärker (Femto LIA-BV-150-H) verstärkt und gemessen.

Abbildung 4.11 zeigt den gemessenen Terahertz-Puls, der durch die Veränderung der Repetitionsrate von 249,6799 bis 249,7417 MHz mit einer Schrittweite von 60 Hz mit dem OSCAT-Verfahren gescannt wurde. Dies entspricht einem Zeitbereich von 97 ps. Das dazugehörige Spektrum ist ebenfalls in Abbildung 4.11 zu sehen. Die Pulsform und das Spektrum, das mit dem OSCAT-Verfahren aufgenommen wurde, stimmt sehr gut mit dem Referenzpuls der gleichen Antennenkombination in einem konventionellen Terahertz-System mit mechanischer Verzögerungsstrecke aus *Roehle* et al. [148] überein.

Abbildung 4.12 zeigt den gemessenen Brechungsindex eines 550 μm dicken Silizium-Wafers. Dort sind die Auswertungen mit mehreren Reflexionspulsen (gestrichelte Linie) mit Fabry-Perot-Oszillationen sowie ausschließlich mit dem ersten empfangenen Terahertz-Puls (durchgezogene Linie) aufgetragen. Der Mittelwert von $n = 3,42$ stimmt mit den Literaturwerten überein [149].

Messungen an unterschiedlich gefüllten Compounds aus Polypropylen und Titandioxid (TiO_2) zeigen den Einsatz eines Terahertz-Spektrometers mit dem OSCAT-Verfahren an Kunststoffen [150]. Dazu wurde ebenfalls die vorgenannte Versuchsanordnung verwendet, nur dass die Terahertz-Wellen in der Mitte des kollimierten Strahlengangs in ein Messvolumen fokussiert und anschließend wieder kollimiert wurden. In dieses Messvolumen wurden die Polypropylen-Platten mit verschiedenen Füllstoffanteilen an TiO_2 senkrecht zur optischen Achse der Linsenanordnung positioniert. Die Repetitionsrate wurde von 249,6446 bis 249,5826 MHz durchgestimmt. Diese Änderung um 62 kHz entspricht einem Zeitfenster von 97 ps.

Die Terahertz-Pulse wurden unter Zuhilfenahme der Systemcharakteristik, die durch die theoretischen Grundlagen aus Abschnitt 4.2 und der Repetitionsrate f_{rep}

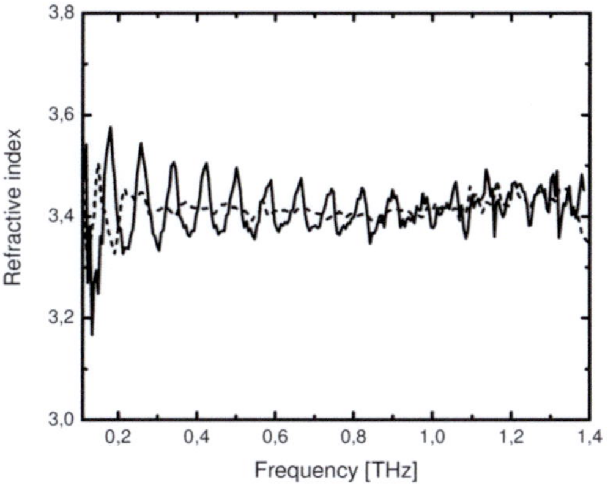

Abbildung 4.12: Gemessener Brechungsindex eines Silizium-Wafers mit einer Dicke von 550 µm mit einem Terahertz-OSCAT-Spektrometer: Die Auswertung erfolgte mit mehrfachen Reflexionspulsen (gestrichelte Linie) und einem einzigen Terahertz-Puls (durchgezogene Linie). Veröffentlicht mit freundlicher Genehmigung aus Wilk et al. [40].

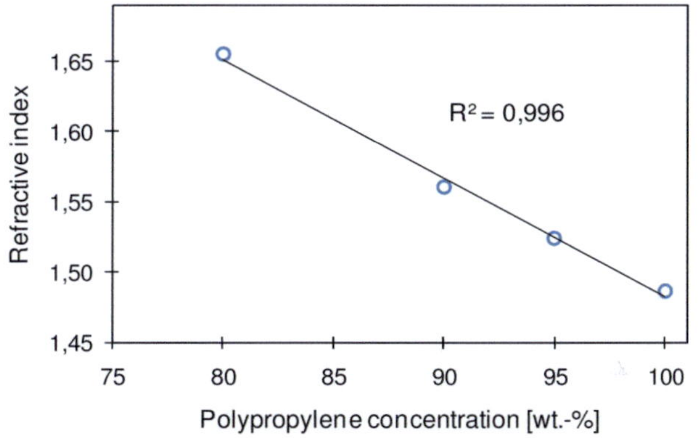

Abbildung 4.13: Integrierter Brechungsindex von 0,1 bis 2 THz von verschiedenen Polypropylen-Compounds in Abhängigkeit von dessen TiO_2-Gewichtsanteil gemessen mit dem OSCAT-Verfahren mit einem linearen Fit und dem Bestimmtheitsmaß R^2. Veröffentlicht mit freundlicher Genehmigung aus Wilk et al. [150] ©2011 IEEE.

bekannt sind, rekonstruiert. Daraus konnte der integrierte Brechungsindex im Frequenzbereich von 0,1 bis 2 THz ermittelt werden. Die Proben weisen eine TiO_2-Konzentration von 0, 5, 10 und 20 Gewichts-% auf. Abbildung 4.13 stellt die ermittelten Brechungsindizes den Füllstoffkonzentrationen gegenüber. Es zeigt sich ein nahezu linearer Zusammenhang, der gut mit bereits publizierten Werten übereinstimmt [44].

Da das OSCAT-Verfahren sehr schnelle Messungen ermöglicht, ist es auch für die Terahertz-Bildgebung mit der Rasterscan-Methode geeignet. Typische Bildaufnahmezeiten mit konventionellen mechanischen Verzögerungsstrecken liegen bei einigen Stunden. Der Einsatz des OSCAT-Verfahrens zur beschleunigten Bildgebung mit dem Rasterscan-Verfahren wurde durch den vorgenannten fokussierten Versuchsaufbau realisiert [151]. Dazu wurde die Probe in Form einer metallischen Rasierklinge in

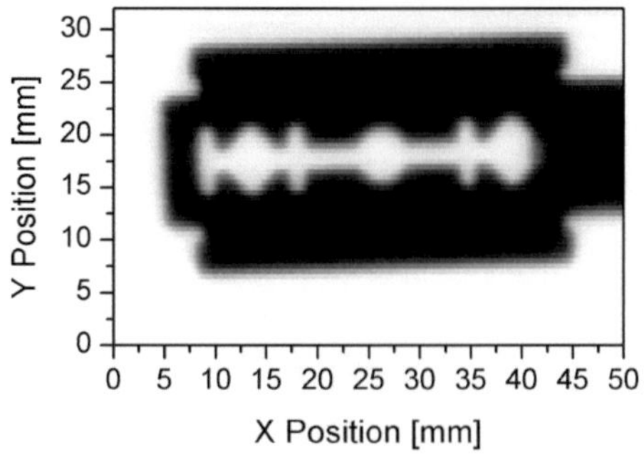

Abbildung 4.14: Erste bildgebende Terahertz-Aufnahme mit dem OSCAT-Verfahren: Als Probe wurde eine metallische Rasierklinge benutzt. Veröffentlicht mit freundlicher Genehmigung aus Wilk et al. [151] ©2011 IEEE.

das Messvolumen des Terahertz-Fokus positioniert. Durch eine zweidimensionale Verfahreinheit wurde die Probe abgerastert.

Abbildung 4.14 zeigt das aufgenommene Intensitätsbild. Das Bild zeigt eine hohe Signalstabilität des Terahertz-OSCAT-Spektrometers. In der vorliegenden Konfiguration konnte bei einem Scanbereich von $\Delta T = 5\,\mathrm{ps}$ eine Messfrequenz von 120 Hz realisiert werden, was einer Pulsaufnahmerate von 240 s^{-1} entspricht. Mit einem größeren Piezo-Aktor könnten in der gleichen Größenordnung für die Messfrequenz noch dickere Proben untersucht werden. Damit ist der limitierende Faktor bei der Rasterscan-Methode nicht mehr die mechanische Verzögerungsstrecke, sondern bei deren Substitution durch das OSCAT-Verfahren die zweidimensionale Verfahreinheit für die Rasterung.

4.6 Weiterentwicklung und zusätzliche Einsatzgebiete

Nach der ersten Veröffentlichung des OSCAT-Verfahrens [45] wurde die Methode aufgrund ihrer bereits beschriebenen Vorzüge von anderen Forschern auf weitere Anwendungsfälle adaptiert, weiterentwickelt und deren Leistungsfähigkeit demonstriert. Dies erfolgte vorwiegend für Terahertz-Messungen [152–154].

Eine Beschleunigung der Aufnahmerate konnten *Urbanek* et al. durch den Einsatz eines akusto-optischen Modulators zur Variation der Laserrepetitionsrate erreichen [154]. Damit sind in einem Terahertz-Zeitbereichs-Spektrometer Verzögerungen von 12,4 ps bei einer Aufnahmerate von 36 kHz möglich, was die Echtzeit-Beobachtung dynamischer Prozesse erlaubt. Zur Demonstration wurde an PTFE-Scheiben mit einem Durchmesser von 100 mm, die mit einer Drehzahl von 2670 min^{-1} rotierten, ein schnelles Dicken-Mapping mit hoher Präzision realisiert. Die Scheibe konnte binnen etwa 20 s komplett mit rund $7\,10^{5}$ Höhenpunkten gescannt werden.

Furuya et al. haben das OSCAT-Verfahren zum sogenannten OSREFM[23]-Verfahren weiterentwickelt, indem die Repetitionsrate zweier Laser durch einen hoch stabilisierten externen Sweep-Generator variiert wird [153]. Hierbei wird als passive

[23] Optical Sampling by Repetition Frequency Modulation

Verzögerungsstrecke der optische Weglängenunterschied zwischen den beiden Anregungslasern und der Detektorantenne als Zielbereich (d. h. inklusive dem Terahertz-Strahlengang) genutzt. Damit konnte bei sehr niederfrequenten[24] Terahertz-Messungen eine Zeitverzögerung von über 300 ps bei einer Messzeit von 3 ms pro Datenpunkt, respektive einer Aufnahmerate von 333 Hz, realisiert werden. Ein Betonblock mit einer Dicke von 12,5 cm und eingebrachten Merkmalen (Metallplatte) konnte damit bildgebend abgerastert werden.

Auch außerhalb der Terahertz-Technologie beweist das OSCAT-Verfahren bereits seine Leistungsfähigkeit. So kann es auch in Systemen zur Entfernungsmessung eingesetzt werden [140]. Auf eine Distanz von bis zu 60 m waren Messungen mit einer absoluten Genauigkeit von bis zu 3 μm möglich, was einer relativen Messgenauigkeit in der Größenordnung von 10^8 entspricht [155, 156]. Dazu wurde eine passive Verzögerungsstrecke mit einer Faserlänge von bis zu 114 m eingesetzt.

Die hohe Messgeschwindigkeit und -genauigkeit durch das OSCAT-Verfahren ermöglicht auch den Einsatz in 3D-Profilometern und in der optischen Kohärenztomografie [157, 158]. Hier konnten mit einer passiven Faserstrecke mit rund 200 m Länge und einer zweidimensionalen Datenaufnahme mittels einer Kamera bereits hohe Volumenmessraten von 24 cm^3/s erreicht werden [157]. Bei der Laufzeitermittlung mit dem OSCAT-Verfahren und einer passiven Faserstrecke von rund 100 m konnten Messgenauigkeiten bei der Dickenmessung an Glas von 1,3 μm und $5{\cdot}10^{-4}$ für den Brechungsindex erzielt werden [159]. Hierbei war die Stabilisierung der Faserstrecke eine große Herausforderung.

Sehr schnelle Messungen und sehr lange passive Verzögerungsstrecken konnten von *Yang* et al. in einem OSCAT-Lidar[25] umgesetzt werden [141]. Damit können Vibrationen mit einer Auslenkung kleiner als 15 μm und einer Frequenz von bis zu 50 Hz mit einer Scanrate von bis zu 1 kHz detektiert werden. Dazu wurde eine passive Faserstrecke von über 1 km eingesetzt.

Die Anwendung des OSCAT-Verfahrens in einem Vibrometer zeigt, dass damit auch extrem hohe Messgeschwindigkeiten möglich sind [160]. Damit ist die Rekonstruktion von menschlichen Stimmen und anderen Geräuschen aus der angeregten Vibration verschiedener Oberflächen (z. B. einer Zimmerwand) möglich. In dieser Anwendung konnte eine passive Verzögerungsstrecke mit einer Faserlänge von 300 m realisiert werden.

4.7 Resümee und Ausblick zum OSCAT-Verfahren

Das OSCAT-Verfahren eignet sich als neues Verfahren für zeitaufgelöste Experimente mit Femtosekundenlasern, wie sie auch in der Terahertz-Spektroskopie eingesetzt werden. OSCAT arbeitet mit einem einzigen Femtosekundenlaser und ohne externe einstellbare Verzögerungsstrecke. Das Verfahren nutzt optische Pulse, die in Bezug

---

24 Es wurde das Spektrum bis 1 THz ermittelt, wobei das Intensitätsmaximum bei etwa 0,02 THz lag. Daher wurde in der Veröffentlichung auch von ultrabreitbandiger GHz-Strahlung gesprochen [153].

25 engl. light detection and ranging; verwandte Methode zum Radar zur optischen Abstands- und Geschwindigkeitsmessung

zu einem vorherigen Referenzpuls gesetzt werden, sodass eine Veränderung der Repetitionsrate der Pulsquelle eine zeitliche Verschiebung des Pulsabstands zur Folge hat.

Theoretisch kann dies anhand eines statischen und dynamischen Modells für die Änderung der Repetitionsrate betrachtet werden, wobei sich das statische Modell auch als Spezialfall aus dem dynamischen Fall ableiten lässt. In der Praxis konnte das OSCAT-Verfahren anhand eines Kreuzkorrelationsexperiments an Femtosekundenpulsen verifiziert werden.

Da viele Femtosekundenlaser bereits eine Möglichkeit zur Variation der Repetitionsrate besitzen, ist das OSCAT-Verfahren als Alternative für einstellbare Pulsverzögerungen bei optischen Pump-Probe-Methoden prädestiniert. Im Vergleich zu den ASOPS- und ECOPS-Verfahren, welche zwei Femtosekundenlaser benötigen, arbeitet OSCAT mit nur einem Laser und weist dadurch geringere Systemkosten und einen reduzierten Wartungsaufwand auf. Die Vorteile sehr schneller Scans mit Messraten von vielen kHz und die Vermeidung von mechanisch beweglichen Bauelementen außerhalb der Laserkavität hat OSCAT mit ASOPS und ECOPS gemein. Ein limitierter Einstellbereich der Repetitionsrate kann durch eine Verlängerung der passiven Verzögerungsstrecke in Bezug auf die mögliche Verzögerung zwischen einem Pump- und Probe-Puls kompensiert werden. Damit sind auch weite Scanbereiche bis zu einigen Nanosekunden zugänglich.

Zur Änderung der Repetitionsrate wird meist noch eine mechanische Verfahreinheit zur Längenänderung der Laserkavität verwendet. Durch den Verschiebungsfaktor bzw. die passive Verzögerungsstrecke ist die resultierende Zeitverzögerung durch Änderung der Repetitionsrate beim OSCAT-Verfahren in sehr weiten Bereichen skalierbar. Der „Verstärkungsfaktor" liegt in der Größenordnung von 1.000 bis 10.000 [141]. Das bedeutet, dass eine Positionsänderung von 10 μm des Piezo-Aktors in der Laserkavität einem Verfahrweg einer externen Verzögerungsstrecke von einigen Zentimetern entspricht [158]. Außerdem konnten in anderen Arbeiten bereits Lösungen aufgezeigt werden, wie die Repetitionsrate auch komplett ohne bewegliche Komponenten in der Laserkavität eingestellt werden kann.

Der Einsatz des OSCAT-Verfahrens in Terahertz-Systemen sowie zahlreiche publizierte Anwendungen auch außerhalb dieses Anwendungsfeldes zeigen die Leistungs- und Anpassungsfähigkeit dieser Methode, die zugleich vergleichsweise kostengünstig und robust ist.

Kapitel 5

Charakterisierung von Polymerschmelzen mit Terahertz-Wellen

Die Verarbeitung von Kunststoffen erfolgt meist bei hohen Temperaturen, sodass die Polymere aufgeschmolzen werden. Terahertz-Messungen in der Schmelzephase sind eine große Herausforderung hinsichtlich der Systemtechnik und Interpretation der Resultate. Nachfolgend werden die ersten Terahertz-Messungen an heißen Polymerschmelzen während der Prozessierung vorgestellt [44, 161–163].

5.1 Systemtechnik für Schmelzemessungen

Für den Einsatz in einer industriellen Umgebung sind fasergekoppelte Terahertz-Systeme am besten geeignet. Sie weisen im Vergleich zu konventionellen Laboraufbauten in Freistrahlanordnung eine höhere Robustheit auf. Erste erfolgreiche Versuche wurden mit einem partiell fasergekoppelten Terahertz-Spektrometer durchgeführt, bei welchem ein Großteil der Laserpulsführung in Lichtwellenleitern erfolgt [44, 161–163]. Das System wurde von *Krumbholz* entwickelt, aufgebaut und ausführlich beschrieben [164]. Damit waren erste Messungen von Polymercompoundschmelzen am Extruder in einer industrienahen Umgebung möglich. Nachfolgend wird näher auf die Systemtechnik eingegangen.

5.1.1 Partiell fasergekoppeltes Terahertz-Spektrometer

Im Vergleich zu gepulsten Terahertz-Spektrometern im Freistrahlaufbau werden beim Prozessmesssystem weite Teile des Laserstrahls in Lichtwellenleitern geführt. Abbildung 5.1 zeigt das partiell fasergekoppelte Terahertz-System, das mit fasergekoppelten Terahertz-Antennen arbeitet.

Der Laserfreistrahl wird in den Lichtwellenleiter eingekoppelt, der direkt mit dem GaAs[26]-Halbleiterchip mit der Antennenstruktur verklebt ist [164]. Da der Laserfokus auf der Antenne sehr exakt und dauerhaft justiert sein muss, erhöht diese Methode die Robustheit erheblich. Schwankungen infolge von Erschütterungen oder Temperaturfluktuationen wirken sich so nicht mehr auf die Laserstrahlführung aus und führen zu einer konstanten Sende- und Empfangsleistung.

[26] Galliumarsenid

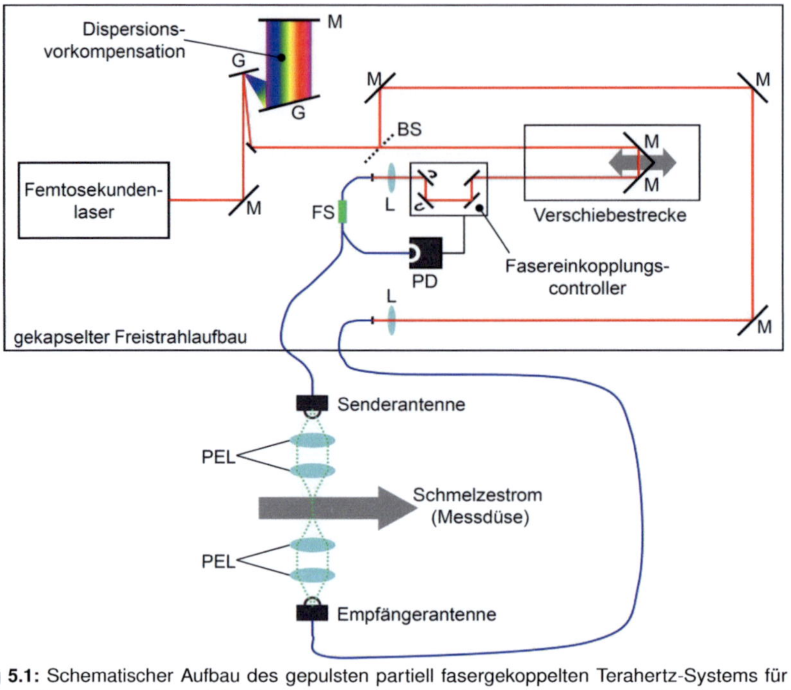

Abbildung 5.1: Schematischer Aufbau des gepulsten partiell fasergekoppelten Terahertz-Systems für Schmelzemessungen an Polymeren während der Prozessierung: Es besteht aus einem gekapseltem Laserfreistrahlaufbau sowie fasergekoppelten Teil. Weitere Komponenten: Gitter (G), Spiegel (M), Strahlteiler (BS), Fotodiode (PD), Fasersplitter (FS), Linsen (L) und PE-HD-Linsen (PEL).

In der Glasfaser kommt es infolge von Dispersionseffekten zu einer unerwünschten Aufweitung der Femtosekunden-Laserpulse. Daher werden die Pulse durch eine Gitteranordnung in Littrow-Konfiguration vorkompensiert (vgl. Abbildung 5.1) [165]. Die Verzögerungsstrecke besteht aus einer Lineareinheit mit Retroreflektor. Damit der Laserstrahl trotz mechanischer und thermischer Schwankungen immer exakt in den Lichtwellenleiter einkoppelt, ist das System mit einer elektronischen Strahljustierung ausgestattet. Hierzu wird über einen Fasersplitter ein kleiner Teil der optischen Leistung für den Sensor des Regelgeräts ausgekoppelt. Graukeile vor den beiden Faserkopplern reduzieren die Laserleistung auf 1 bis 2 mW, da die Terahertz-Antennen ansonsten beschädigt würden.

Der gesamte Freistrahlaufbau mit dem kompakten Titan:Saphir Femtosekunden-Festkörperlaser mit einer Wellenlänge von 780 nm und einer mittleren Pulsbreite von etwa 100 fs bei einer Repetitionsrate von 80 MHz ist in einem Aluminiumgehäuse mit den Abmessungen 90 cm $\times$ 90 cm $\times$ 30 cm untergebracht. Der Aufbau befindet sich auf einem schwingungsgedämpften und mobilen optischen Tisch (vgl. Abbildung 5.2).

Die Terahertz-Strahlung wird in der fasergekoppelten Sendeantenne erzeugt und in einer vertikalen Anordnung von vier PE-HD[27]-Linsen zur Empfängerantenne ge-

[27] Polyethylen hoher Dichte

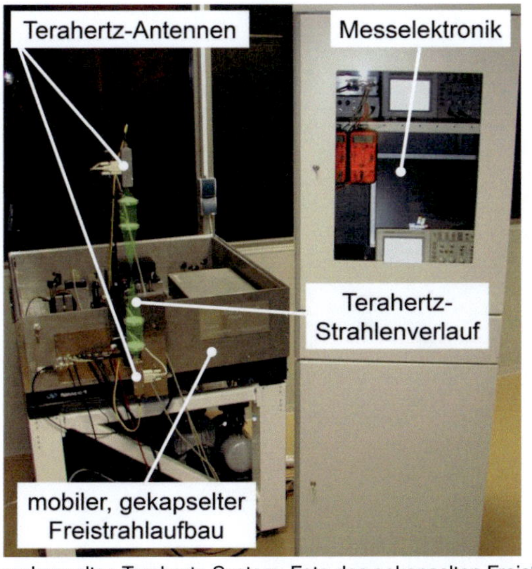

Abbildung 5.2: Partiell fasergekoppeltes Terahertz-System: Foto des gekapselten Freistrahlaufbaus auf einem mobilen schwingungsgedämpften Tisch. Die Mess- und Auswerteelektronik befindet sich in einem separaten Schrank.

führt. Im Messfokus liegt der Schmelzekanal, der durch die beiden Glasfenster der Messdüse begrenzt ist. Der Fokus des Terahertz-Strahls besitzt einen Durchmesser von etwa 15 mm bei einer Frequenz von 100 GHz.

5.1.2 Messdüse und Sonden

Für die Terahertz-Messungen an Polymerschmelzen wurde eine spezielle Messdüse entwickelt (vgl. Abbildung 5.3). Diese wird am Ende des Extruders befestigt und besitzt einen quaderförmigen Schmelzekanal, der von zwei 15 mm starken Quarzglas-Fenstern (Heraeus HOQ310) begrenzt wird. Die äußere lichte Weite der Glasfenster beträgt 20 mm × 100 mm und die Kanalhöhe ist von 0,5 bis 10 mm einstellbar. Dies ermöglicht je nach erwartetem Massedruck und Absorption der Terahertz-Strahlung durch die Schmelze eine Anpassung des Kanalquerschnitts.

Das verwendete Fenstermaterial ist für die Terahertz-Strahlung bis etwa 1 THz nahezu vollständig transparent. Die Messdüse lässt sich beheizen und ist für Temperaturen bis 260 °C (kurzzeitig bis 290 °C) sowie für Schmelzedrücke bis zu etwa 30 bar ausgelegt. Beim Überschreiten dieser Werte kann es zum Bruch der Fenster oder zum Versagen der eingesetzten Dichtungen kommen. Zur Kontrolle der Prozessparameter ist die Messdüse mit Sensoren zur Ermittlung der Werkzeug- und Schmelzetemperatur sowie des Schmelzedrucks ausgestattet.

Zunächst wurde die Messdüse charakterisiert, damit deren Einfluss auf die optischen Eigenschaften der Schmelze korrigiert werden kann. Für die Datenauswertung sind der Brechungsindex, Absorptionskoeffizient der Glasfenster sowie die Dicken von Fenster und Schmelzekanal erforderlich. Die verwendeten Quarzglas-Fenster haben einen Brechungsindex von 1,955 und einen Absorptionskoeffizienten von unter

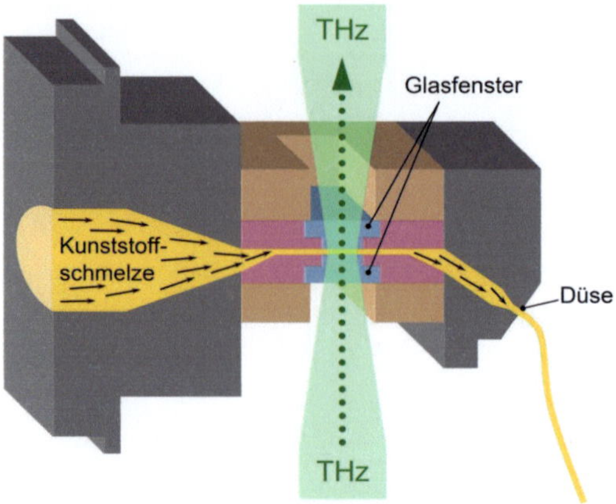

Abbildung 5.3: Messdüse für Terahertz-Messungen an Polymerschmelzen: Das Messfenster mit dem Schmelzefilm wird vertikal mit Terahertz-Pulsen durchstrahlt.

$0,1\,\mathrm{cm}^{-1}$ im Frequenzbereich von 0,20 bis 0,35 THz bei einer Temperatur von 200 bis 300 °C. Ein signifikanter temperaturbedingter Einfluss auf diese Werte war nicht festzustellen.

Gasförmiges Wasser durch Luftfeuchtigkeit in der Umgebungsluft zeigt charakteristische Absorptionslinien. Dies wirkt sich durch die Freistrahlstrecke der Terahertz-Strahlung aus. Die Wasserabsorptionslinien beeinflussen daher das Spektrum, sodass nur die Frequenzsegmente zwischen diesen Absorptionslinien ausgewertet wurden. Messungen bei Frequenzen über 1,5 THz erschienen daher nicht sinnvoll, zumal das Signal bei höheren Frequenzen sehr schwach war (vgl. Abschnitt 5.1.4).

Der Einsatz von Extrudersonden ermöglicht hingegen die Aufnahme eines breiteren Frequenzspektrums. Bei einer direkten Ankopplung einer Terahertz-Sonde an die Schmelze entfällt die Freistrahlstrecke durch die Luft und auch höhere Frequenzen können zur Auswertung herangezogen werden. Bislang wurden solche Sonden in Reflexions- und Transmissionsanordnung nur ansatzweise im akademischen Umfeld erprobt und nicht weiter verfolgt [166].

5.1.3 Verfahrenstechnik

Die Messdüse wurde teilweise zusammen mit einer Zahnradpumpe an die Verfahrenseinheit verschiedener Extruder angeflanscht. Abbildung 5.4 zeigt den schematischen Versuchsaufbau und Abbildung 5.5 den verbauten Zustand mit Sensoren. In die Messdüse sind Druck- und Temperatursensoren integriert, welche die kontinuierliche Aufzeichnung des Schmelzezustands erlauben. Die Fenstertemperatur wird durch einen berührungslosen Infrarot-Temperatursensor ermittelt.

Die Untersuchungen wurden mit zwei unterschiedlichen Extrudern durchgeführt: Der Planetwalzenextruder (Entex LWE50) wurde mit einer Schmelzepumpe (Kreyenborg 45/45-1) eingesetzt. Mit diesem Extruder kann die Schmelzetemperatur sehr exakt eingestellt werden, weshalb hier die Abhängigkeit der Terahertz-Messungen von der Schmelzetemperatur sehr gut untersucht werden konnte. Die Versuche mit

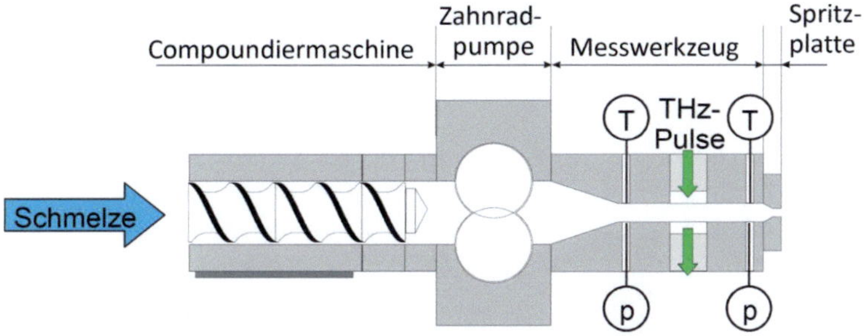

Abbildung 5.4: Positionierung der Messdüse in der Extrusionslinie: Die Zahnradpumpe zwischen Extruderende und Messdüse gewährleistet einen ausreichend hohen Druck, damit die Schmelze die Messdüse passieren kann. Sie bietet zudem kontrollierte Druckbedingungen im Messvolumen, um die Fenster nicht zu beschädigen.

dem Doppelschneckenextruder (Coperion ZSK26) konnten hingegen ohne Schmelzepumpe gefahren werden. Hierfür wurden zwei unterschiedliche Schneckenkonfigurationen eingesetzt, die jeweils speziell für die Einarbeitung von Fasern bzw. Pulvern geeignet waren (vgl. Abbildung 5.6).

5.1.4 Systemeigenschaften

Das vorgestellte System weist noch optische Leistungsschwankungen bei Änderungen der Umgebungstemperatur auf, da noch viele Freistrahlkomponenten vorhanden sind. Dies bereitet unter anderem Probleme bei der Durchführung von Langzeitmessungen oder bei großen Temperaturschwankungen. Daher waren bei der Versuchsdurchführung häufige Justagen des Strahlengangs am offenen System und Referenzmessungen erforderlich.

Das partiell fasergekoppelte System weist ein auswertbares Frequenzfenster von etwa 0,1 bis 0,5 THz mit einem maximalen Signal-Rausch-Verhältnis von etwa 40 dB bei 0,2 THz auf. Abbildung 5.7 zeigt einen typischen Referenzpuls in Luft mit zugehörigem Spektrum. Die Erhöhung des Signals bei 0,2 THz und Schwächung bei 0,4 THz resultiert aus den Harmonischen bzw. Antiharmonischen des Dipols in den verwendeten Antennen. Aktuelle gepulste Terahertz-Systeme besitzen mittlerweile ein maximales Signal-Rausch-Verhältnis von etwa 80 dB mit einer Bandbreite von bis zu 5 THz.

Das Terahertz-System besitzt noch große Freistrahlstrecken, die infolge von Erschütterungen und Wärmeausdehnungseffekten empfindlich auf die Umgebung reagieren und zu einer Signalbeeinflussung führen. Abbildung 5.8 zeigt die integrierte normierte Amplitude des Terahertz-Signals in Abhängigkeit der Zeit. Außerdem wurde die Umgebungstemperatur sowie die Temperatur innerhalb des gekapselten Freistrahlaufbaus gemessen und ebenfalls aufgetragen. Es ist erkennbar, dass die Umgebungstemperatur einen großen Einfluss auf das Terahertz-Signal hat. Dies dürfte trotz relativ stabiler Innentemperatur an Wärmeausdehnungseffekten der Grundplatte und in den Terahertz-Antennen liegen. Insbesondere die Koppelstellen zwischen Freistrahl und Lichtwellenleiter sind sehr justage-empfindliche Passagen.

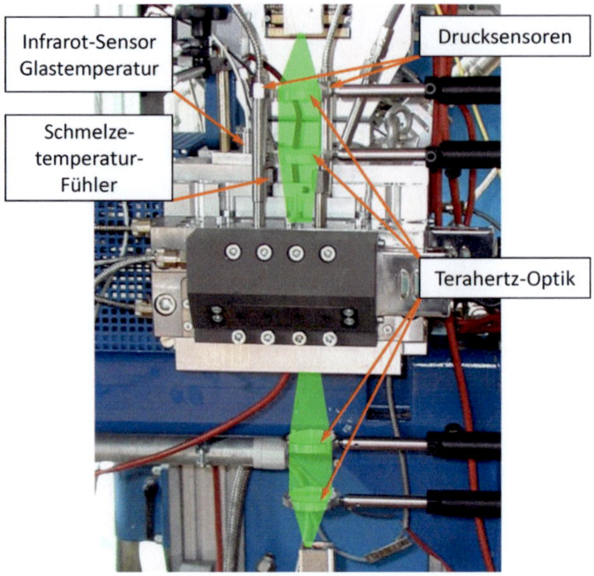

Abbildung 5.5: Montierte Messdüse an der Schmelzepumpe am Extruderausgang: Zusätzliche Sensoren überwachen den Schmelzezustand in der Messdüse. Das Messvolumen wird vertikal mit Terahertz-Wellen durchstrahlt. Die Terahertz-Linsen zur Strahlkonditionierung sind noch zu erkennen.

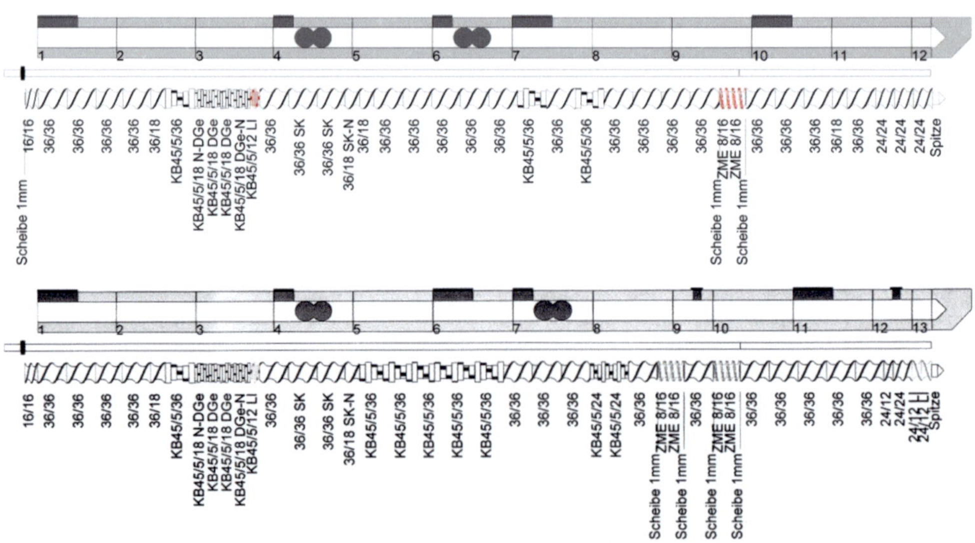

Abbildung 5.6: Eingesetzte Schneckenkonfigurationen für den Doppelschneckenextruder: Faserschnecke (oben) gewährleistet eine möglichst schonende Einarbeitung. Die Pulverschnecke (unten) enthält hingegen mehr Knetblöcke sowie ein Rückstauelement, damit über einen Bypass kleine Schmelzemengen für Online-Druckfiltertest-Messungen entnommen werden können.

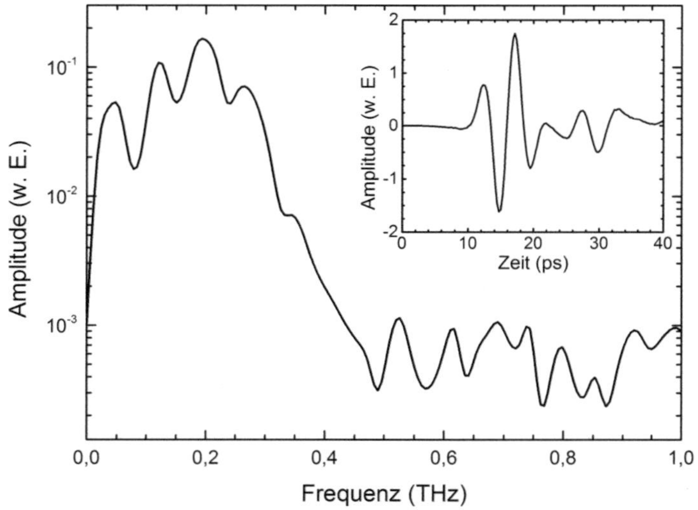

Abbildung 5.7: Spektrum und Pulsform (Box) eines Terahertz-Referenzpulses in Luft des partiell fasergekoppelten Terahertz-Spektrometers, wie er typischerweise für Referenzmessungen genutzt wurde.

5.2 Mess- und Auswerteverfahren

Die Auswertung der Messdaten erfolgte auf zwei unterschiedliche Weisen, die nachfolgend beschrieben werden. Die Messungen wurden ausschließlich in Transmission durchgeführt, weshalb nur dazu geeignete Verfahren verwendet wurden.

5.2.1 Vollständige Pulsaufnahme

Durch Fourier-Transformation kann das Amplituden- und Phasenspektrum des Terahertz-Pulses analysiert werden (vgl. Kapitel 2). Damit können der frequenzabhängige Brechungsindex und Absorptionskoeffizient ermittelt werden. Dazu sind der vollständige Probenpuls (durch die Probe propagiert) und Ausgangspuls als Referenz erforderlich. Um Artefakte bei der Fourier-Transformation durch nachfolgende sekundäre Reflexpulse zu vermeiden, wird der Hauptpuls meist über eine Fensterfunktion selektiert. Abbildung 5.9 veranschaulicht dieses Vorgehen.

Der Vorteil einer kompletten Pulsauswertung liegt in der Gewinnung von spektralen Informationen über den Brechungsindex und den Absorptionskoeffizienten. Der Nachteil ist die Notwendigkeit einer vollständigen Terahertz-Pulsaufnahme, wofür mit dem vorgestellten System aus Abschnitt 5.1.1 eine Messzeit von einigen Minuten für qualitativ hochwertige Messdaten erforderlich war. Aufgrund von Stabilitätsproblemen bzgl. der Sende- und Empfangsleistung waren Referenzmessungen an der Luft ohne Messdüse in Abständen von etwa 15 Minuten erforderlich. Dies ermöglichte eine nachträgliche Kompensation der Systemschwankungen. Eine Messung dauerte üblicherweise 2 bis 5 Minuten.

Somit wurde zu Beginn einer Messung ein Referenzpuls ohne Messkanal im Terahertz-Strahlengang aufgenommen. Hiernach erfolgte die Messdatenerfassung

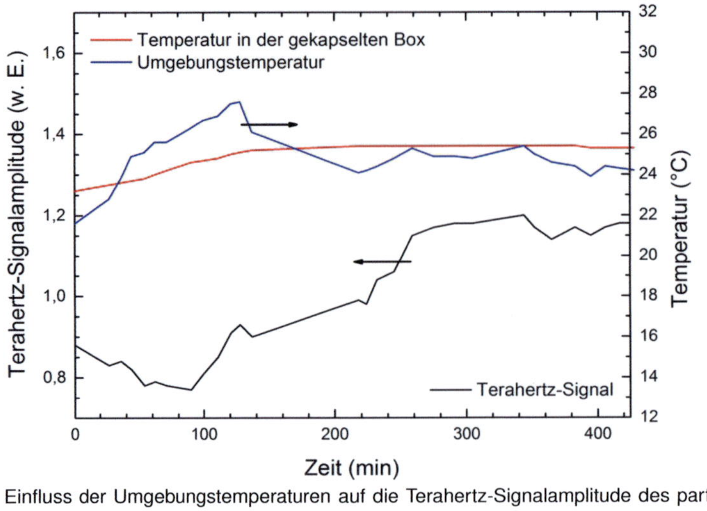

Abbildung 5.8: Einfluss der Umgebungstemperaturen auf die Terahertz-Signalamplitude des partiell fasergekoppelten Terahertz-Spektrometers.

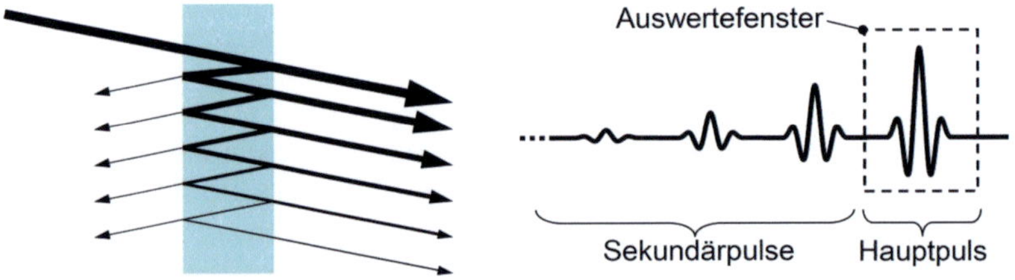

Abbildung 5.9: An Grenzflächen kommt es zu Mehrfach-Reflexionen (links), deren Sekundärpulse in einer Auswertung ohne spezielle Behandlung zu Artefakten führen. Daher wurde für die Auswertung der Hauptpuls durch ein Fenster vom restlichen Pulszug separiert (rechts).

für die Schmelze bzw. Probe in einem stationären Verfahrenszustand und anschließend erneut eine Referenzmessung. Um die zeitliche Drift des Messsystems (Änderungen über einige 10 min, vgl. Abbildung 5.8) zu korrigieren, wurde jeweils die Referenzmessung vor und nach der Probemessung mit dem jeweiligen Zeitabstand (typischerweise einige Minuten) gewichtet. Die Berechnung der optischen Kennwerte erfolgte in Anlehnung an die Gleichungen in Kapitel 2, wobei zusätzlich der vorher ermittelte Einfluss der Messdüsenfenster berücksichtigt wurde. Deren Brechungsindizes und Absorptionskoeffizienten wurden aus einem Mittelwert eines repräsentativen und zuverlässigen Frequenzfensters berechnet.

Algorithmen für die Pulsauswertung von Mehrschichtsystemen wurden hierbei nicht eingesetzt. Diese Verfahren können auch ohne die genaue Kenntnis der Schichtdicke als Eingangsgröße exakte Aussagen zum Brechungsindex, Absorptionskoeffizienten und der Schichtdicke liefern. Dies hätte Vorteile bei der präzisen Bestimmung des Schmelzekanalquerschnitts, der sich durch Wärmeausdehnungseffekte und Schmelzedruck ändern kann. Dazu werden allerdings die Sekundärpulse einbezogen [167, 168], welche aufgrund der langen Pulslaufzeiten und geringen Signal-

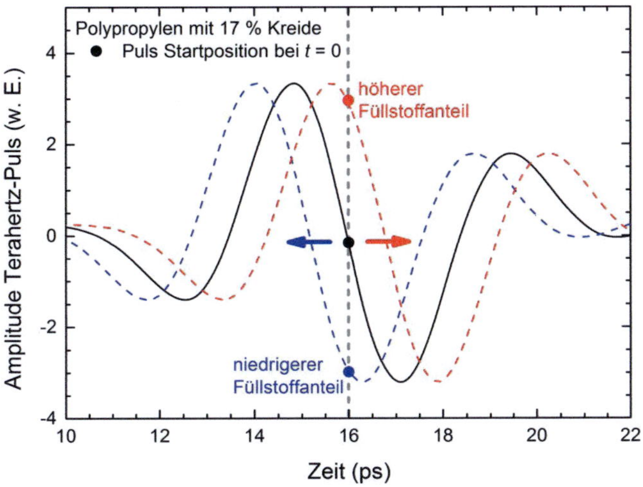

Abbildung 5.10: Prinzip der Einzelpunktmessung: Die Amplitude des Terahertz-Pulses wird an einer diskreten Zeitposition und vorzugsweise einer steilen Pulsflanke gemessen. Eine Pulsverschiebung resultiert in einer Veränderung der Signalhöhe. Die Ausdehnung der Pulsflanke limitiert dabei den Messbereich.

qualität nicht durchgängig zur Verfügung standen. Da Iterationsverfahren eingesetzt werden, sind diese Methoden zudem recht rechenintensiv. Die Schmelzekanaldicke wurde daher konventionell mit einem Messschieber ermittelt.

5.2.2 Messung an zeitlich diskreter Position

Zur Erhöhung der Messgeschwindigkeit mit dem gegebenen System eignet sich die Aufzeichnung des Terahertz-Signals an einer zeitlich diskreten Position. Hierbei wird bei einer Messung nicht der gesamte Terahertz-Puls, sondern nur der Messwert an einer einzigen Zeitposition aufgezeichnet (vgl. Abbildung 5.10).

Wird diese Position entsprechend gewählt, sodass der Messpunkt auf einer steilen Flanke des Terahertz-Pulses liegt, kann eine Pulsverschiebung (z. B. infolge einer Brechungsindexänderung) als Anstieg der Signalstärke detektiert werden. Das Verfahren eignet sich insbesondere zur Überprüfung des Brechungsindex und damit zur Kontrolle des Füllstoffgehalts in einem Compound (vgl. Abschnitt 5.3.2).

Für die genaue Ermittlung des Absorptionskoeffizienten oder spektraler Informationen eignet sich diese Vorgehensweise nicht. Da eine komplette Pulsaufzeichnung entfällt und nur ein einzelner Punkt gemessen werden muss, konnten Echtzeitmessungen mit dem Terahertz-System aus Abschnitt 5.1.1 realisiert werden.

5.2.3 Volumetrischer Füllstoffgehalt

In der Compoundierung wird fast ausschließlich der gravimetrische Füllstoffgehalt benutzt. Für den materialabhängigen Brechungsindex und Absorptionskoeffizienten sind jedoch die volumetrischen Anteile maßgeblich, sodass eine Umrechnung erforderlich ist. Der Gewichtsanteil einer Komponente A w_A (z. B. Füllstoff) in ei-

Tabelle 5.1: Rohmaterialdichte und Brechungsindex im Terahertz-Frequenzbereich von ausgewählten Füllstoffen: Die Angaben sind Richtwerte und können je nach Hersteller und verwendeter Materialtype schwanken. Die untersuchten Typen sind Anhang A.1 zu entnehmen.

Füllstoff	Dichte[1] ρ (g/cm^3)	Brechungs-index[2] n	Quelle
Glaskugeln/Glasfasern	2,5...2,6	1,9...3,0	[169, 170]
Graphit	2,3		[169]
Hohlglaskugeln (3M iM30K)	0,6	1,4	[169]
Holz	1,3...1,6	1,8...1,9	[169]
Kohlenstofffasern	1,7...2,0		[169]
Kreide	2,7	2,9	[169, 170]
Magnesiumhydroxid	2,4	2,7	[169]
Titandioxid	4,1	$\approx 9,5$	[169]

[1]bei eingearbeitetem Zustand in einer Polymermatrix
[2]bei einer Frequenz von etwa 0,5 THz

nem zweiphasigen Gemisch kann aus dem volumetrischen Anteil v_A der Terahertz-Messung mit den jeweiligen Rohmaterialdichten ρ_A und ρ_B der Komponenten A bzw. B wie folgt überführt werden:

$$w_A = \left[1 + \frac{\rho_B}{\rho_A}\left(\frac{1}{v_A} - 1\right)\right]^{-1} . \tag{5.1}$$

In Tabelle 5.1 sind die Rohmaterialdichten sowie die Brechungsindizes einiger typischer Füllstoffe bei Raumtemperatur aufgeführt. Die temperaturabhängige Änderung dieser Werte ist bei typischen Schmelzetemperaturen von Polymeren vernachlässigbar.

5.3 Terahertz-Messungen an Polymerschmelzen

Die nachfolgend vorgestellten Messungen wurden mit dem vorgestellten partiell fasergekoppelten Terahertz-Spektrometer in einer Technikumsumgebung durchgeführt. Erste Untersuchungen an spritzgegossenen Probekörpern zeigten bereits, dass insbesondere der Füllstoffgehalt sehr exakt über den Brechungsindex ermittelt werden kann [170]. Einzelne Resultate der gemeinsamen Untersuchungen wurden bereits von *Krumbholz* veröffentlicht [164]. Die Auswertung erfolgte in einem Frequenzfenster von 0,20 bis 0,35 THz, sofern dies nicht anderweitig erwähnt wird. Anhang A.1 bietet eine Übersicht der verwendeten Materialien.

5.3.1 Druck- und Temperaturkompensation

Polymere zeigen eine Abhängigkeit ihres Brechungsindex und Absorptionsverhaltens von den Verarbeitungsbedingungen, wie Druck und Temperatur [44, 169, 171]. Dies ist einerseits durch das temperaturabhängige Anregungsverhalten der Polymermoleküle bedingt, was sich primär bei der Absorption bemerkbar macht. Andererseits ist

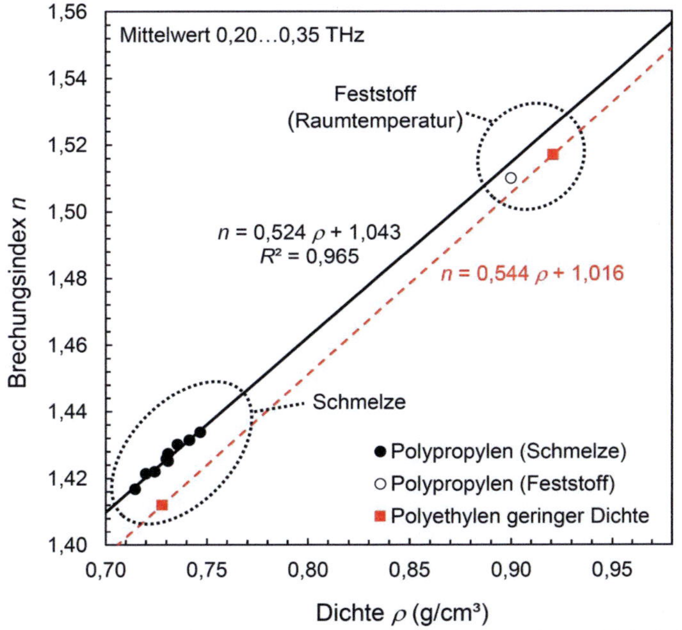

Abbildung 5.11: Abhängigkeit des Brechungsindex von der Dichte bei Polypropylen und Polyethylen niedriger Dichte: Die Dichtewerte der Schmelzemessungen wurden aus dem Massedruck und der Temperatur berechnet.

die Dichte von Druck und Temperatur abhängig, sodass diese Abhängigkeit unmittelbare Auswirkungen auf den Brechungsindex hat.

Mit steigender Schmelzetemperatur zeigte sich bei Polypropylen ein linearer Abfall des Brechungsindex. Der Grund sind resultierende Dichteänderungen, die in Abbildung 5.11 veranschaulicht werden. Aus den Massedruck- und -temperaturwerten ergibt sich die Schmelzedichte, die dem Brechungsindex gegenübergestellt wird. Der zusätzliche Messpunkt an einem spritzgegossenen Probekörper bei Raumtemperatur zeigt, dass der extrapolierte Kurvenverlauf in guter Näherung auch bis in den festen Aggregatzustand Bestand hat. Der Absorptionskoeffizient zeigte bei Polypropylen keine Temperaturabhängigkeit und lag nahe Null. Eine Extrapolation zu einer theoretischen Dichte von $\rho = 0$ führt zu einem Brechungsindex von $n \approx 1$, was physikalisch plausibel ist, da dies dem Wert in Vakuum bzw. Luft entspricht. Damit könnte auch der Brechungsindex anderer Materialien bei höheren Temperaturen abgeschätzt werden, sofern nur ein Einzelpunkt bei einer Temperatur und zusätzlich die temperaturabhängige Dichteveränderung bekannt sind. Für Polyethylen niedriger Dichte (PE-LD) konnte der Brechungsindex mit 1,412 im Schmelzezustand bei nur einer Temperatur von 260 °C und einer Düsenspaltbreite von 7 mm ermittelt werden. Der Wert wurde ebenfalls mit Referenzwerten aus der Literatur in Abbildung 5.11 ergänzt [63, 172].

Demzufolge kann der Brechungsindex dieser unpolaren Polymere mit ihren jeweils individuellen Gradienten $\mathrm{d}n/\mathrm{d}\rho$ wie folgt mit ihrer Dichte ρ unabhängig von der Temperatur korreliert werden:

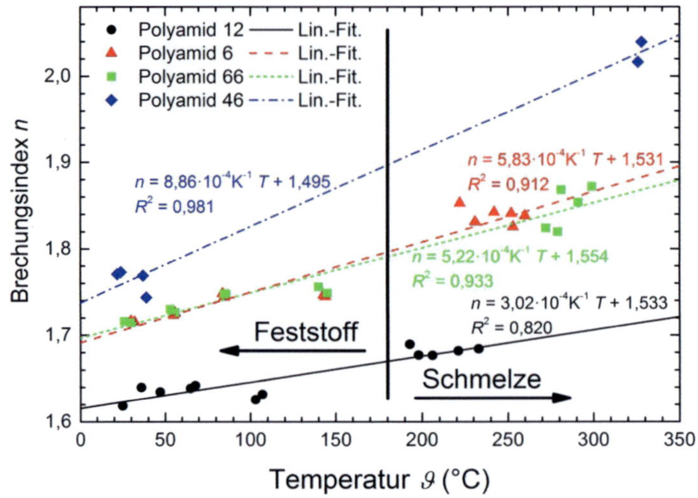

Abbildung 5.12: Brechungsindex bei 0,3 THz verschiedener Polyamide in Abhängigkeit ihrer Temperatur: Es wurden feste Proben sowie Polymere im Schmelzezustand gemessen.

$$n = \frac{\mathrm{d}n}{\mathrm{d}\rho}\rho + 1\,. \tag{5.2}$$

Dieser Zusammenhang wurde auch bereits häufig genutzt, um auf Basis des Brechungsindex, welcher letztlich ein Kennwert für die Dichte darstellen kann, Glasübergangspunkte von Polymeren zu bestimmen [63, 64, 173]. *Wietzke* führt die Hintergründe dieses Zusammenhangs in seiner Dissertation aus [174].

Im Vergleich zu Polypropylen zeigen Polyamide einen steigenden Brechungsindex trotz abnehmender Dichte mit höheren Temperaturen. Abbildung 5.12 zeigt die Messpunkte für Polyamid 6, 12, 46 und 66, mit ergänzten Linearfits, wobei hier jeweils die absolute Temperatur angesetzt wurde. Neben den Messungen in der Schmelze wurden für den niedrigeren Temperaturbereich noch weitere Labormessungen an spritzgegossenen Platten durchgeführt (Probenliste in Anhang A.2). Dazu wurde dasselbe Terahertz-System wie für die Schmelzemessungen eingesetzt, nur dass auf die Messdüse verzichtet wurde. Stattdessen wurden die Platten auf eine große Lochblende als Probenhalter im Terahertz-Messfokus gelegt.

Davor wurden die Proben bis kurz vor ihrem Schmelzebereich erwärmt und in heißem Zustand gemessen. Während des Abkühlvorgangs an der Umgebungsluft auf dem Probenhalter wurden kontinuierlich Terahertz-Messungen durchgeführt. Damit konnten Probentemperaturen von 170 bis 25 °C erzielt werden, die begleitend mit einem Infrarot-Thermometer gemessen wurde.

Die Ursache für den Effekt des zunehmenden Brechungsindex bei steigender Temperatur dürften starke Absorptionsbanden sein, die sich in diesem Bereich auch auf den Brechungsindex infolge der Dispersion auswirken (vgl. Abschnitt 2.3). Damit wird der Brechungsindex bei niedrigen Frequenzen sowohl durch die Dichte als auch Dispersionseffekte infolge starker Absorptionsbanden beeinflusst. Darauf wird

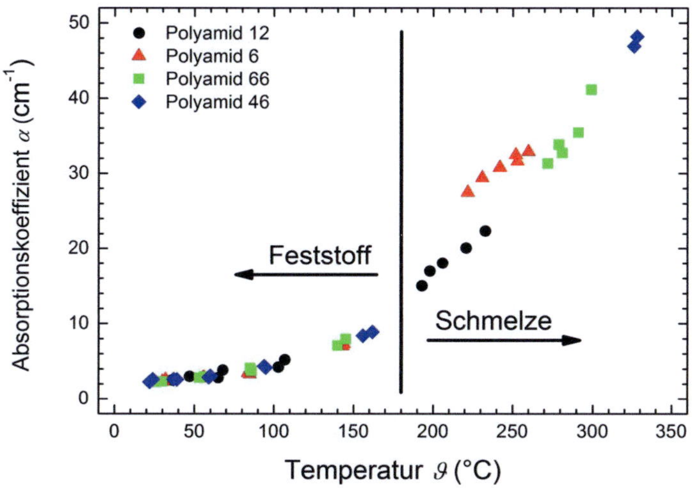

Abbildung 5.13: Absorptionskoeffizienten verschiedener Polyamide bei 0,3 THz in Abhängigkeit ihrer Temperatur: Es wurden feste Proben sowie Polymere im Schmelzezustand gemessen.

noch in Kapitel 6 näher eingegangen. Die reine Abhängigkeit des Brechungsindex von der Dichte ist scheinbar nur für unpolare Polymere gültig. Diese Vermutung stützt auch der stark ansteigende Absorptionskoeffizient mit zunehmender Temperatur in Abbildung 5.13 von Polyamid 6, 12, 46 und 66. Die Abhängigkeit ist in nahezu identischer Weise für alle untersuchten Polyamide gültig, obgleich sie einen jeweils unterschiedlichen Molekülaufbau und demzufolge verschiedene Banden im Ferninfrarot-Spektralbereich besitzen [171].

Die Messungen an festen Proben im unteren Temperaturbereich setzen den Trend aus den Schmelzemessungen fort. Bei Raumtemperatur weisen sie bei 0,3 THz einen Absorptionskoeffizienten von etwa 2,5 cm^{-1} auf, der scheinbar exponentiell auf etwa 45 cm^{-1} bei 330 °C ansteigt. Die Werte für Polyamid 6 liegen bei einer Temperatur von etwa 250 °C leicht außerhalb der Werte anderer Polyamide. Aufgrund dessen wurden weitere Untersuchungen an Polyamiden im Terahertz-Spektralbereich angestellt, wie z. B. umfangreichere Messungen zum temperaturabhängigen Spektralverhalten in Kapitel 6 oder quantenmechanische Simulationen zur Aufklärung der Molekülschwingungen in Kapitel 7.

Auf Grund der hohen Absorption der Polyamide konnte daher nur an dünnen Schmelzefilmdicken von 2 mm gemessen werden, um noch ein ausreichend gutes Signal-Rausch-Verhältnis zu erhalten. Bei Polypropylen konnten Schmelzefilmdicken von 7 bis 10 mm realisiert werden. Auf Grund der sehr geringen Absorption von Polyolefinen wären auch weit größere Probendicken möglich. Die Versuche wurden sowohl mit dem Doppelschnecken- als auch dem Planetwalzenextruder durchgeführt, was für reine Polymere keinen Unterschied bedeutete.

Daher ist eine Temperaturkompensation erforderlich. Tabelle 5.2 zeigt einige Richtwerte für Temperaturkoeffizienten k_n bzw. k_α und den typischen Mittelwerten $\bar{n}$ bzw. $\bar{\alpha}$ mit den dafür gültigen Temperaturbereichen. Zurzeit liegen noch unzurei-

Tabelle 5.2: Verarbeitungsrelevante Temperaturkoeffizienten für die Korrektur des Brechungsindex und Absorptionskoeffizienten sowie mittlere Werte für Frequenzen von etwa 0,2 bis 0,5 THz: Die Koeffizienten sind Richtwerte und können je nach Hersteller und verwendeten Materialtypen stark schwanken.

Polymer	Temp. (°C)	k_n (K^{-1})	n_0	$\bar{n}$	k_α (K^{-1}cm^{-1})	α_0 (cm^{-1})	$\bar{\alpha}$ (cm^{-1})
PP	200...300	$-2,6{\cdot}10^{-4}$	1,48	1,41	≈ 0	≈ 0	≈ 0
PE-LD	260			1,41			≈ 0
PA 12	190...235	≈ 0	$\approx 1,59$	1,59	0,13	-15,9	12
PA 46	330			1,79			33
PA 6	220...260	≈ 0	$\approx 1,75$	1,75	0,11	-6,0	20
PA 66	270...290	≈ 0	$\approx 1,75$	1,75	0,08	-1,8	21

chende Erkenntnisse für die breite Palette der Polymertypen vor, sodass die Angaben einer ersten linearen Näherung entstammen und bei Absolutwertbestimmungen für jedes Polymer gesondert bestimmt werden müssen.

Die Temperaturabhängigkeit des Brechungsindex n bzw. Absorptionskoeffizienten α kann aus der Temperatur ϑ und den Temperaturkoeffizienten k_n bzw. k_ϑ sowie den Referenzwerten n_0 bzw. α_0 bei einer Temperatur von 0 °C wie folgt berechnet werden:

$$n = k_n \vartheta + n_0 \tag{5.3}$$

$$\alpha = k_\alpha \vartheta + \alpha_0 \,. \tag{5.4}$$

Die Referenzwerte n_0 bzw. α_0 entsprechen nicht zwangsweise dem Brechungsindex bzw. Absorptionskoeffizienten bei einer Temperatur von 0 °C, da diese Werte in Tabelle 13.2 nur für eine lineare Näherung im angegebenen Temperaturbereich gültig sind. Die temperaturbedingte Änderung des Brechungsindex ist bei der Betrachtung gefüllter Compoundsysteme häufig vernachlässigbar, da eine leichte Variation des Füllstoffgehalts meist einen weit größeren Einfluss hat (vgl. Abschnitt 5.3.2). Für eine vertiefte Diskussion der Absorptions- und Brechungsindex-Abhängigkeit abseits der praktischen Kalibrieranwendung bei Schmelzemessungen wird auf Kapitel 6 verwiesen.

Bei Polypropylen und unterschiedlichen Polyamidtypen konnte experimentell kein Einfluss des Massedrucks auf den Brechungsindex und Absorptionskoeffizienten festgestellt werden. Die Ursache dürften die geringen Drücke sein, die nur bis etwa 30 bar untersucht wurden, die für eine wirksame Dichteänderung noch nicht ausreichend sind. Druckkoeffizienten konnten somit bislang noch nicht experimentell ermittelt werden.

5.3.2 Rezepturüberwachung

Die Terahertz-Technologie eignet sich zur Rezepturüberwachung von Compoundschmelzen aus zwei Bestandteilen wie z. B. einem Basispolymer mit einem Füllstoff. Da im Terahertz-Spektralbereich selten charakteristische Absorptionslinien der vor-

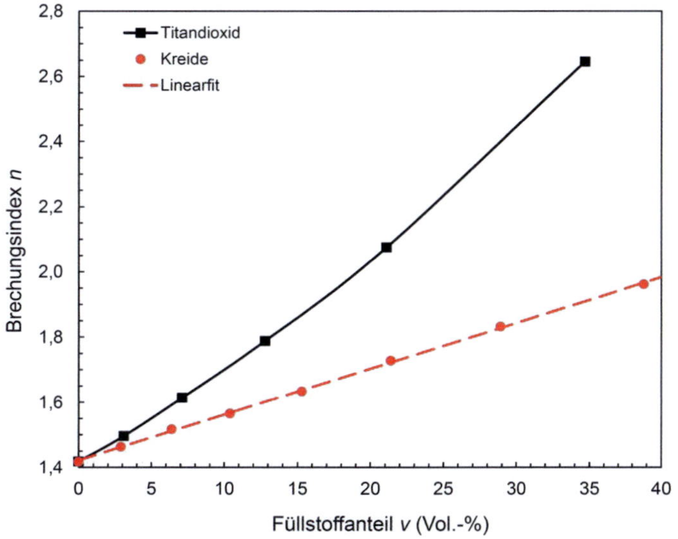

Abbildung 5.14: Abhängigkeit des mittleren Brechungsindex zwischen 0,20 und 0,35 THz vom Volumenfüllstoffgehalt unterschiedlicher Polypropylen-Kreide- bzw. Polypropylen-Titandioxid-Compounds: Die Massetemperatur beträgt etwa 250 °C bei einem Massedruck bis zu 20 bar.

kommenden Basispolymere oder Füllstoffe anzutreffen sind, ist die Analyse komplexer Compounds mit mehr als zwei Komponenten schwierig. Meist kann hier nicht nachvollzogen werden, auf welchen Rezepturbestandteil eine Änderung des Brechungsindex oder Absorptionskoeffizienten zurückzuführen ist.

Bei ersten Untersuchungen an Polypropylen-Polyethylen-Blends konnte während der Extrusion die Schmelzezusammensetzung mit dem Terahertz-Spektrometer nicht ermittelt werden. Die Ursache liegt in den sehr ähnlichen optischen Kennwerten von Polypropylen und Polyethylen. Die Dichte und der molekulare Aufbau beider Polymere sind für Terahertz-Analysen sehr ähnlich und damit schwer zu unterscheiden. Beide Polymere weisen kaum Absorption auf und besitzen einen nahezu identischen Brechungsindex, sodass im Rahmen der Untersuchungen bei Frequenzen bis etwa 0,5 THz keine Differenzierung möglich war. Ob dies allerdings für andere Blendsysteme möglich ist, deren Phasen sich stärker unterscheiden, ist weitergehend zu untersuchen.

Typische Füllstoffe unterscheiden sich hingegen im Terahertz-Spektralbereich erheblich von den optischen Eigenschaften der Basispolymere (vgl. Tabelle 5.1). Daher können Terahertz-Wellen zur sehr genauen Bestimmung der Füllstoffkonzentration in zweiphasigen Compounds oder zur Überwachung von Fluktuationen bei mehr als einem Zuschlagstoff eingesetzt werden.

Abbildung 5.14 zeigt den Verlauf des Brechungsindex in Abhängigkeit der Füllstoffkonzentration für Titandioxid und Kreide in einer Polypropylenmatrix. Die Messungen erfolgten gemäß dem Auswerteverfahren aus Abschnitt 5.2.1 mit Aufnahme der kompletten Terahertz-Pulse in Transmission. Die Messungen wurden mit der Messdüse und Schmelzefilmdicken von 7 bzw. 10 mm am Extruderende während

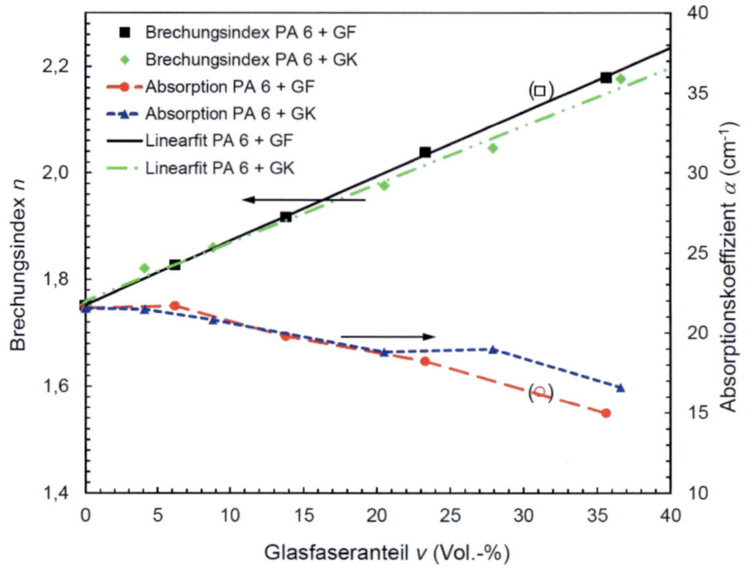

Abbildung 5.15: Abhängigkeit des mittleren Brechungsindex und Absorptionskoeffizienten zwischen 0,20 und 0,28 THz vom Volumenfüllstoffgehalt unterschiedlicher Compounds aus Polyamid 6 mit Glasfasern (GF) und Glaskugeln (GK): Bei den markierten Messpunkten kam es zu Schwankungen in der Füllstoffdosierung, weshalb diese nicht vertrauenswürdig sind. Die Massetemperatur beträgt etwa 260 bis 280 °C bei einem Massedruck bis zu 20 bar.

des Compoundierprozesses auf dem Doppelschneckenextruder mit der Pulverschnecke durchgeführt (vgl. Abbildung 5.6). Eine Versuchsreihe mit Kreide auf dem Planetwalzenextruder ergab vergleichbare Resultate.

Der Brechungsindex reiner Kreide ist mit 2,9 höher als der von reinem Polypropylen. Daher steigt der Brechungsindex der Mischung mit zunehmendem Füllstoffgehalt an. Der Kurvenverlauf ist linear. Bei Titandioxid als Füllstoff zeigt sich keine streng lineare Abhängigkeit, sondern ein kurvenförmiger Verlauf. Dieses Verhalten erklärt sich durch die Partikelform des Füllstoffs. Titandioxid besteht aus runden Partikeln, wohingegen bei Kreide eine kubische Struktur überwiegt. Diese Geometrie bestimmt wesentlich die Korrelationsfunktion zwischen dem Brechungsindex und dem Füllstoffgehalt. Dies konnte von *Scheller* et al. bereits durch Simulationen mit unterschiedlichen Modellen verifiziert werden [175].

Messungen an Polyamidcompounds wurden wegen der hohen Absorption mit dünneren Schmelzefilmdicken um 2 mm durchgeführt. Abbildung 5.15 zeigt die Messergebnisse an einem technischen Compound aus Polyamid 6 mit Glasfasern und Glaskugeln, die einen linearen Zusammenhang zwischen Brechungsindex und Volumenfüllstoffgehalt aufweisen. Die Versuche wurden mit der Faserschnecke (vgl. Abbildung 5.6) auf dem Doppelschneckenextruder durchgeführt. Der Messpunkt bei einem Füllstoffgehalt von etwa 32 % liegt deutlich außerhalb des interpolierten Kurvenverlaufs. Die Ursache liegt in Problemen mit der Glasfaserdosiervorrichtung zum Zeitpunkt der Messung, was sich in dem Terahertz-Messwert bemerkbar macht.

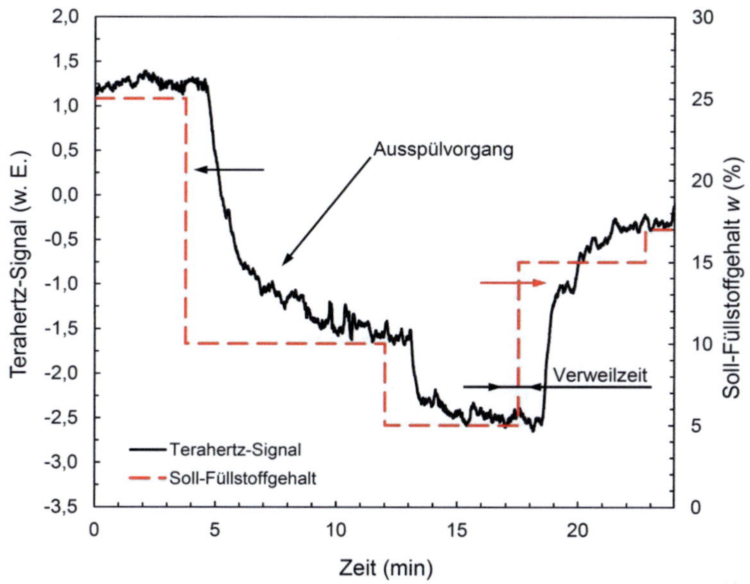

Abbildung 5.16: Terahertz-Signal einer zeitlich diskreten Position gemäß der Methode aus Abschnitt 5.2.2 und Soll-Füllstoffgehalt während der Compoundierung von Polypropylen-Kreide-Compounds: Der Soll-Füllstoffgehalt wurde während der Versuchsreihe mehrmals durch die Dosiereinheit variiert.

Die Absorption der verwendeten Füllstoffe aus Glas sind im betrachteten Frequenzbereich geringer als die vergleichsweise hohe Absorption einer Polyamidschmelze (vgl. Abschnitt 5.3.1). Hieraus resultiert ein abnehmender Absorptionskoeffizient des Compounds mit steigendem Glasfasergehalt.

Abbildung 5.16 zeigt die Ergebnisse von Echtzeitmessungen während der Prozessierung mit dem Verfahren aus Abschnitt 5.2.2 bei Polypropylen-Kreide-Compounds. Während des Versuchs auf dem Doppelschneckenextruder mit der Pulverschnecke wurde der Füllstoffgehalt der Schmelze durch die Änderung der Zugabemenge an der Dosierung des Extruders mehrmals geändert. Das Terahertz-Messsignal an einer zeitlich diskreten Position folgt dem Vorgabewert für den Füllstoffgehalt etwa eine Minute zeitverzögert. Dieser Zeitunterschied entspricht der Verweilzeit der eingestellten Materialmischung im Extruder. Wenn der Füllstoffgehalt von hohen zu niedrigen Konzentrationen geändert wird, ist ein verzögertes und langsames Absinken des Terahertz-Signals durch den Ausspülvorgang zu beobachten. Somit liegen mit dem Brechungsindex und Absorptionskoeffizienten aussagekräftige Kennwerte für den Füllstoffgehalt vor.

Tabelle 5.3 listet einige charakteristische Füllstoffkoeffizienten aus einer linearen Näherung für den Brechungsindex von wichtigen untersuchten Compounds auf. Mit dem Füllstoffkoeffizienten K_n kann der Volumenfüllstoffgehalt v aus dem gemessenen Brechungsindex n

$$v = K_n n + v_{n0} \tag{5.5}$$

bzw. mit dem Füllstoffkoeffizienten K_α mit dem gemessenen Absorptionskoeffizienten α

$$v = K_\alpha \alpha + v_{\alpha 0} \tag{5.6}$$

berechnet werden. Die beiden Parameter v_{n0} und $v_{\alpha 0}$ sind Offset-Werte, die wesentlich durch den Brechungsindex bzw. der Absorption der Basiskomponente beeinflusst werden.

Tabelle 5.3 führt lediglich Orientierungswerte auf. Der genaue Zusammenhang mit der Füllstoffkonzentration ist aufgrund der großen Variation der Komponenten in Abhängigkeit des Lieferanten und genauen Materialtypen für jedes Compoundsystem gesondert durch eine Kalibrierung festzustellen. Außerdem haben Streueffekte, bedingt durch die Partikelgröße und -form, meist einen wesentlichen Einfluss auf die scheinbar gemessene Absorption [12, 175–177]. Für die Bestimmung des Füllstoffgehalts eignet sich der Brechungsindex am besten, da dieser meist präziser als der Absorptionskoeffizient gemessen werden kann und eine stärkere Abhängigkeit zur Compoundzusammensetzung vorliegt.

Untersuchungen mit elektrisch leitfähigen Füllstoffen zeigen die Grenze dieser Messmethode auf. Compounds mit leitfähigen Füllstoffen können nicht oder kaum von Terahertz-Wellen durchdrungen werden. Zwar konnten sehr geringe Graphit- oder Kohlenstofffaseranteile in einer Polyamidschmelze bis etwa 1 % noch detektiert werden, jedoch liegt die Konzentrationsgrenze für das verwendete Messsystem außerhalb der üblichen Füllstoffanteile in technischen Compounds. In Tabelle 5.3 sind die Füllstoffkoeffizienten für geringfügig mit Graphit gefüllte Compoundschmelzen eingetragen. In späteren und vergleichbaren Arbeiten an Gummi-Mischungen mit leitfähigem Ruß wurden ebenfalls sehr hohe Absorptionskoeffizienten ermittelt, die eine Herausforderung für die Terahertz-Messungen waren [178]. Dabei wurden ebenfalls nur geringe Rußmengen (max. 2 %) und dünne Schmelzedicken (1,5 mm) umgesetzt.

5.3.3 Zerstörungsgrad von Hohlglaskugelcompounds

Die Verarbeitung von Hohlglaskugeln zu technischen Compounds in Extrudern muss sehr schonend erfolgen, damit der Zerstörungsgrad des Füllstoffs möglichst gering bleibt. Durch Terahertz-Messungen am Ende zweier unterschiedlicher Extrusionslinien mit verschiedenen Verfahrenskonfigurationen konnte ein Unterschied in der Qualität der Einarbeitung bzgl. des Zerstörungsgrads der Hohlglaskugeln ermittelt werden. Die schonende Einarbeitung erfolgte auf dem Doppelschneckenextruder mit der Faserschnecke (vgl. Abbildung 5.6). Der Planentwalzenextruder wurde bewusst eingesetzt, um möglichst hohe Druckkräfte auf die Hohlglaskugeln zu bringen und damit deren Zerstörung zu provozieren.

Abbildung 5.17 zeigt den Luftanteil der Hohlglaskugeln in einer Polyamid 6-Matrix, der durch den gemessenen Brechungsindex ermitteltet wurde. Die Messresultate der Prozessmessung zeigen einen deutlichen Unterschied zwischen beiden Produktionslinien sowie zum theoretischen Luftanteil bei vollständig unzerstörten

Tabelle 5.3: Umrechnungskoeffizienten für die Berechnung des volumetrischen Füllstoffgehalts aus dem Brechungsindex im Frequenzbereich von etwa 0,2 bis 0,5 THz in linearer Näherung. Die Koeffizienten sind Richtwerte und können je nach Hersteller und verwendeten Materialtypen schwanken.

Compound	K_n	v_{n0}	Gültigkeitsbereich	
			Schmelzezustand	Füllstoffgehalt
PP-Glasfasern	0,8	-1,5	255...285 °C $<$ 20 bar	0...40 %
PP-Glaskugeln	0,9	-1,6	255...275 °C $<$ 10 bar	0...40 %
PP-Hohlglaskugeln (3M iM30K)	-3,2	5,6	260...290 °C $<$ 15 bar	0...40 %
PP-Graphit	0,07	-0,1	250 °C $<$ 10 bar	0...1 %
PP-Kreide	0,7	-1,0	250 °C 5...20 bar	0...50 %
PP-Titandioxid	0,3	-0,4	250...260 °C $<$ 10 bar	0...40 %

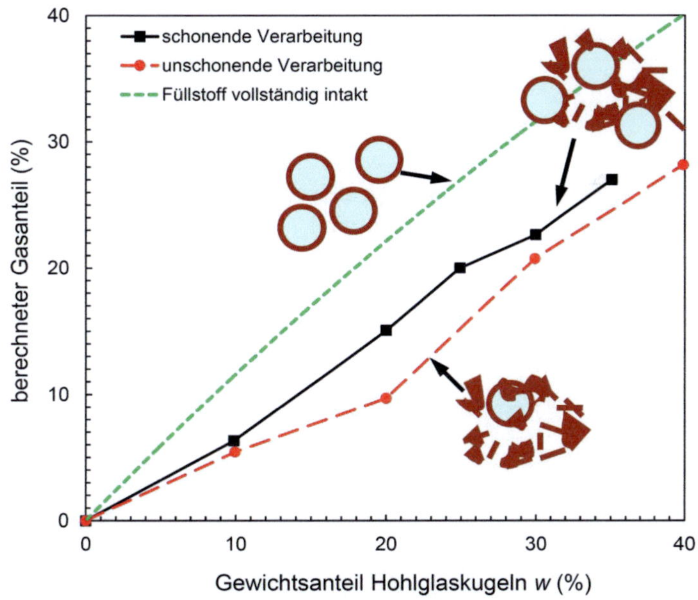

Abbildung 5.17: Berechneter Gasanteil in Polyamid 6-Hohlglaskugel-Compounds aus dem mittleren Brechungsindex des Frequenzbereichs von 0,20 bis 0,35 THz zweier unterschiedlicher Fertigungsverfahren in Abhängigkeit des Hohlglaskugelanteils: Die obere Linie kennzeichnet den theoretischen maximal erzielbaren Gasanteil im Compound bei vollständig intakten Hohlglaskugeln.

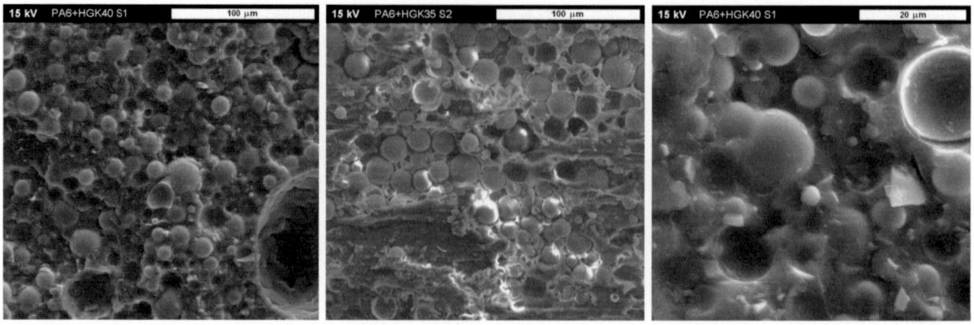

Abbildung 5.18: Rasterelektronenmikroskop-Aufnahmen der Bruchflächen von Hohlglaskugel-Compounds: Die linke Aufnahme zeigt ein Compound mit 40 % Füllstoffanteil nach einer weniger schonenden Verarbeitung. Hier sind mehr Bruchstücke zu erkennen als im mittleren Bild mit 35 % Füllstoffanteil bei einer schonenderen Verarbeitung. Die rechte Aufnahme vergrößert nochmals Stellen der Bruchstücke aus dem linken Bild mit provozierter Zerstörung.

Hohlglaskugeln. Untersuchungen mit dem Rasterelektronenmikroskop unterstützen diese Annahme. Abbildung 5.18 zeigt bei der schonenden Verarbeitung weniger Bruchstücke von Hohlglaskugeln als bei der provozierten Zerstörung.

Der Brechungsindex für Glas ist mit über 1,9 (vgl. Tabelle 5.1) höher als der einer Polyamid 6-Schmelze mit etwa 1,75 bzw. dem eingeschlossen Hohlraum mit etwa 1. Eine unzerstörte Hohlglaskugel besitzt somit durch den hohen Luftanteil einen insgesamt geringeren Brechungsindex als eine zerstörte Hohlglaskugel, bei welcher der Glasanteil mit dem hohen Wert überwiegt. Somit kann eine Aussage zum Zerstörungsgrad über den Brechungsindex erfolgen.

Da sich auch das Absorptionsverhalten der drei Compoundbestandteile Basispolymer, Glas und Luft klar voneinander unterscheiden, kann die Bestimmung des Zerstörungsgrads auch über den Absorptionskoeffizienten erfolgen. Polyamid besitzt allerdings einen stark temperaturabhängigen Absorptionskoeffizienten, sodass hier im Rahmen der Messgenauigkeit und der erzielten Temperaturstabilität keine zuverlässige Aussage getroffen werden konnte.

5.4 Eignung der Terahertz-Messtechnik zur Prozessüberwachung

Die vorgestellten Untersuchungen zeigen, dass sich ein partiell fasergekoppeltes Terahertz-Spektrometer prinzipiell für Analysen während der Compoundierung an Polymerschmelzen eignet. Die Füllstoffkonzentration, Blendzusammensetzung oder Verarbeitungseigenschaften, wie z. B. der Zerstörungsgrad eingebrachter Hohlglaskugeln oder die Dispergiergüte, können ermittelt werden [12]. Compounds mit stark leitfähigen Füllstoffen stellen eine Limitierung dar. Jedoch können Terahertz-Wellen auch geschäumte Schmelzen nahezu problemlos durchdringen (vgl. auch Abschnitt 1.2.3), wo z. B. mit Ultraschallmesssystemen oder Lichtstreumethoden eine zu starke Dämpfung bzw. Streuung auftritt und daher sinnvolle Messungen nicht mehr möglich sind.

Jedoch ist die Terahertz-Methode im Vergleich zu anderen Technologien durch den empfindlichen und aufwändigen optischen Aufbau in der Prozessmesstechnik eher von akademischen Interesse [163]. Spannend dürfte allerdings der Laboreinsatz zur Charakterisierung von Polymeren sein. Erste Hinweise haben die stark temperaturabhängigen Spektren von Polyamid geliefert. Darauf wird detaillierter in den nachfolgenden Kapiteln eingegangen.

Kapitel 6

Terahertz-Spektroskopie an Polyamiden

Viele Jahrzehnte haben Wissenschaftler mit unterschiedlichen Methoden die Materialeigenschaften charakterisiert und versucht, deren physikalische und chemische Natur zu verstehen [171]. Hierbei besitzen spektroskopische Methoden und insbesondere die optische Schwingungsspektroskopie einen hohen Stellenwert. Die Untersuchung von Polyamiden ist durch ihre komplexe supramolekulare Struktur weiterhin eine Herausforderung, was häufig zu mehrdeutigen experimentellen Resultaten führt.

Nachfolgend wird daher eine große Vielfalt verschiedener Polyamide im Terahertz-Spektralbereich untersucht, um gemeinsame Muster und Abhängigkeiten zu erkennen und aufzuzeigen. Bei den Untersuchungen an Polyamidschmelzen in Kapitel 5 konnte zudem eine sehr starke Temperaturabhängigkeit des Absorptionskoeffizienten beobachten werden. Neben rein theoretischen Überlegungen in Kapitel 7 wurde dieses Verhalten durch die nachfolgend dargestellten Experimente eingehender untersucht. *Knözinger* betont, dass die Terahertz- bzw. Ferninfrarot-Spektroskopie einen direkten Zugang zu den intermolekularen Wechselwirkungen bietet, die andere spektroskopische Methoden, wie die NMR-, UV/VIS[28]- und MIR[29]-Spektroskopie, nur „aus zweiter Hand" liefern [60].

Für Aufnahmen im Terahertz-Spektralbereich eignen sich Terahertz-Zeitbereichs- und FTIR-Spektrometer [62]. Gepulste Terahertz-Zeitbereichsspektrometer bieten neben der frequenzabhängigen Absorption auch Aussagen zum Brechungsindex bzw. der Dispersion. Beide Größen sind über die komplexe Permittivität miteinander verknüpft (vgl. Kapitel 2). Damit können die dielektrischen Eigenschaften mit der Terahertz-Zeitbereichsspektroskopie umfänglicher charakterisiert werden. Wesentlich breitbandigere Spektren können derzeit noch mit FTIR-Spektrometern aufgenommen werden. Dies bietet sich insbesondere dann an, wenn auf die Phaseninformation bzw. den Brechungsindex verzichtet werden kann. Die Absorptionsbanden können allerdings mit FTIR-Spektrometern sehr gut untersucht werden.

Außerdem sind hier ATR-Messungen eine Standardmethode, die sich insbesondere für stark absorbierende Proben eignet, wozu auch Polyamide gehören. In der Terahertz-Zeitbereichsspektroskopie ist die Methode bislang kaum etabliert.

---

[28] kombiniert ultravioletter und sichtbarer Spektralbereich
[29] mittleres Infrarot

6.1 Überblick bisheriger Untersuchungen

Polymere besitzen über den gesamten Infrarot-Spektralbereich ausgeprägte Schwingungsbanden, wozu *Bower* et al. einen umfassenden Überblick geben [179]. Bei Terahertz-Frequenzen weisen polymere Moleküle teils ausgeprägte spektrale Besonderheiten auf, wie z. B. Skelettschwingungen oder Taumelbewegungen ganzer Seitengruppen [180, 181]. Diese Schwingungen sind häufig stark mit intermolekularen Bindungen gekoppelt, deren Identifizierung als Ursache meist keine einfache Aufgabe ist. In kristallinen Polymeren können außerdem phononenartige Gitterschwingungen ausgemacht werden [179, 182]. Damit kann die Terahertz-Spektroskopie nicht nur Aussagen zum Aufbau der Molekülkette, sondern auch über deren Anordnung in einer übergeordneten Struktur liefern. *Wietzke* et al. und *Jansen* et al. bieten einen groben Überblick über die Schwingungszustände verschiedener Polymere im Terahertz-Spektralbereich [63, 64].

Bershtein et al. fasst alle wichtigen Untersuchungen im fernen Infrarot für Polymere bis zum Beginn der 1990er Jahre zusammen [181]. Wie zu dieser Zeit üblich, sind vorwiegend Absorptionsspektren und kaum Aussagen zur komplexen Permittivität bzw. dem Brechungsindex auffindbar. Dennoch wird bereits auf die Dispersion von Polyethylen eingegangen.

Frank et al. präsentierten 1979 erste Terahertz-Spektren verschiedener Polyamide mittels FTIR-Spektroskopie [183]. Sie interpretierten viele Absorptionsbanden als Schwingung der Amidgruppe zwischen zwei Wasserstoffbrückenbindungen benachbarter Molekülketten. Um die charakteristische Absorptionsbande bei etwa 3 THz zu beschreiben, führten sie ein einfaches harmonisches Oszillatormodell ein, das sowohl die inter- als auch intramolekularen Bindungskräfte berücksichtigt. Die Terahertz-Spektren verschiedener Amide fassen *Maklakov* et al. zusammen [184]. Daraus kann auch entnommen werden, dass die typische Absorptionsbande um 3 THz auch bei niedermolekularen Amidverbindungen auftritt.

Erste schmalbandige Untersuchungen an Polyamiden mit Terahertz-Zeitbereichsspektrometern sind vor gut zehn Jahren publiziert worden [185–187]. Aufgrund der geringen spektralen Bandbreite früher Messsysteme gehen die Spektren bis maximal 2 THz. Breitbandigere Untersuchungen bis etwa 20 THz wurden rund 10 Jahre später veröffentlicht. *D'Angelo* et al. fassen für Polyamid 6 die bisherigen Untersuchungen inklusive der aufgeklärten Schwingungsmoden zusammen [188, 189]. Dabei wird die Absorptionsbande um 3 THz den Wasserstoffbrückenbindungen und weitere Banden um 6,6, 8,8 und 9,5 THz den Skelettschwingungen zugeordnet. *D'Angelo* et al. stellen auch die ersten breitbandigen Untersuchungen mit gemeinsamer Aufnahme des Absorptionskoeffizienten und des Brechungsindex vor. *Suzuki* et al. widmen sich ähnlichen Experimenten und differenzieren hierbei zwischen α- und γ-Polyamid 6 [180, 190]. *Hoshina* et al. untersuchten daneben auch noch α-Polyamid 11 und γ-Polyamid 12 [191].

Temperaturabhängige Untersuchungen sind in der Literatur weit rarer gesät. Frühe Untersuchungen an Polyurethanen, deren Urethangruppen eine große Ähnlichkeit mit den Amidgruppen in Polyamiden hinsichtlich der Wasserstoffbrückenkopplung aufweisen, zeigten bereits Veränderungen des Spektrums in Abhängigkeiten der

Temperatur [192]. Die Rotverschiebung und Verbreiterung der charakteristischen Amidbande um 3 THz mit steigender Temperatur wird mit schwächeren Bindungskräften der Wasserstoffbrücke argumentiert, was die Schwingungsfrequenz im Oszillatormodell reduziert. Unabhängig davon konnten *Garcia* et al. und *Schroeder* et al. zeigen, dass sich die Wasserstoffbrückenbindungen von Polyamiden mit zunehmender Temperatur abschwächen [92, 93, 97, 193]. Diese Feststellung war u. a. aufgrund einer Analyse von Absorptionsbanden im nahen und mittleren Infrarot möglich.

Die erste bekannte Veröffentlichungen, wo das Terahertz-Spektrum von Polyamiden über eine große Frequenzbandbreite und in Abhängigkeit der Temperatur von (-90 bis 230 °C) untersucht wird, ist neueren Datums von *Suzuki* et al. [180]. Die Untersuchungen wurden an α- und γ-Polyamid 6 in Transmission durchgeführt, sodass direkt auf die absolute Absorption geschlossen werden konnte. Dabei wurde das ähnliche Verhalten wie bei Polyurethanen beobachtet.

6.2 Niederfrequente dielektrische Eigenschaften

Zur Untersuchung der dielektrischen Eigenschaften im unteren Terahertz-Spektralbereich wurde ein Terahertz-Zeitbereichsspektrometer eingesetzt. Dieses besitzt zwar nur eine limitierte Bandbreite, ermöglicht jedoch die gleichzeitige Bestimmung von Brechungsindex und Absorptionskoeffizient der Polyamidproben. Nachfolgend werden diese Untersuchungen und deren Schlussfolgerungen vorgestellt.

6.2.1 Bestimmung der optischen Eigenschaften

Der Brechungsindex und Absorptionskoeffizient verschiedener aliphatischer Homopolyamide wurde mit einem gepulsten Terahertz-Zeitbereichsspektrometer (Menlo Tera K8) ermittelt. Dieses System arbeitet im Freistrahlaufbau und besitzt einen Femtosekundenlaser mit zentraler Wellenlänge von 780 nm. Die Terahertz-Antennen wurden mit einer bipolaren Rechteckspannung von 35 V als Trigger für einen Lock-In-Verstärker betrieben.

Die Probenbeschreibungen sind Anhang A.2 zu entnehmen. Polyamid 11 und Polyamid 410 wurden fokussiert in Transmission gemessen, da hier nur schmale Zugstäbe bzw. ein flach gepresstes Granulatkorn verfügbar waren. Die anderen Proben konnten kollimiert gemessen werden. Die Probendicke wurde mit einer Bügelmessschraube bestimmt.

Zur Datenauswertung kam die Software *TeraLyzer* zum Einsatz [167, 194, 195]. Damit können aus den Zeitbereichsdaten die kompletten dielektrischen Eigenschaften extrahiert werden. Zugleich kann die Probendicke exakt bestimmt werden und ermöglicht damit eine präzisere Bestimmung der optischen Eigenschaften. Je nach vorliegender Dicke und Absorption der jeweiligen Probe konnte die komplexe Permittivität aufgrund des limitierenden Signal-Rausch-Verhältnisses des Messsystems meist bis etwa 1,5 THz und in einigen Fällen bis zu 3 THz bestimmt werden.

Abbildung 6.1 zeigt den Absorptionskoeffizienten und Brechungsindex im vertrauenswürdigen Bereich für verschiedene aliphatische Homopolyamide. Für alle

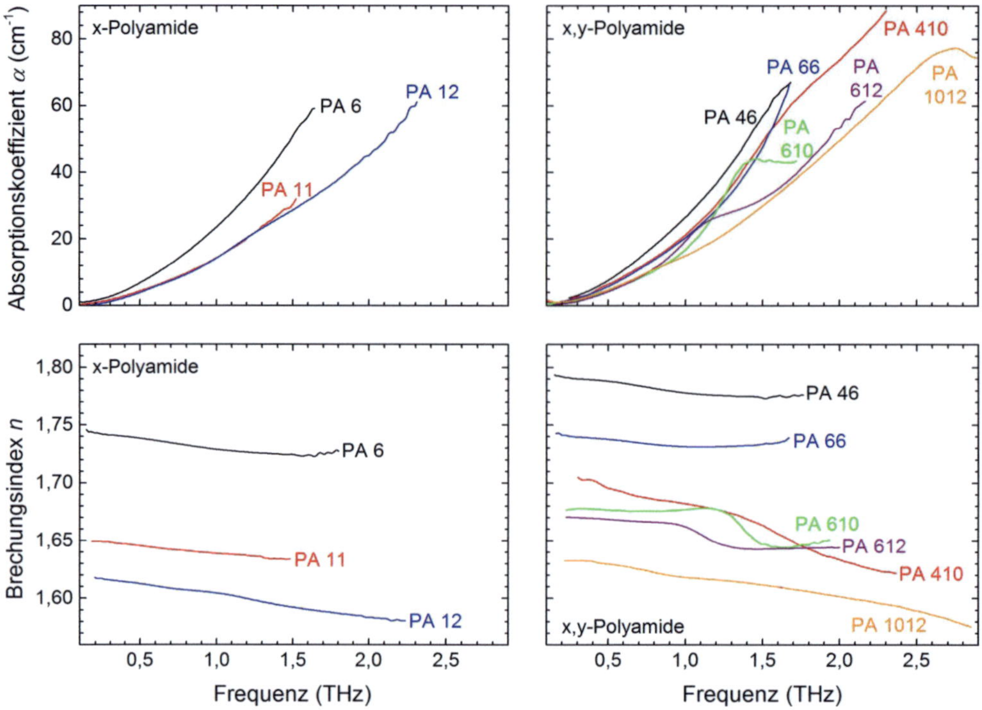

Abbildung 6.1: Absorptionskoeffizient (oben) und Brechungsindex (unten) für verschiedene aliphatische Homopolyamide: Die Werte sind jeweils im vertrauenswürdigen Wertebereich aufgetrennt nach x-Polyamiden (links) und x,y-Polyamiden (rechts) dargestellt.

untersuchten Polyamide steigt der Absorptionskoeffizient im untersuchten Frequenzbereich mit zunehmender Frequenz stark an. Der Brechungsindex weist durchgängig eine abnormale Dispersion auf. Für die x,y-Polyamide sind teilweise Wendepunkte oder Maxima (je nach Ausprägung) zu erkennen, die auf Absorptionsbanden in diesem Bereich hinweisen. Polyamid 610, 612 und 1012 zeigen hier die deutlichste Ausprägung bei Frequenzen um 1,35, 1,15 bzw. 2,7 THz. Auch beim Brechungsindex ist dies bei der Dispersion durch Wendepunkte erkennbar. Polyamid 410 weist ebenfalls bei etwa 1,7 THz eine leichte Bande auf. Polyamid 46 könnte um 1,6 THz eine Absorptionsbande besitzen, was jedoch aufgrund der Wertebereichsgrenze in diesem Segment nicht eindeutig erkennbar ist.

6.2.2 Abhängigkeiten des niederfrequenten Brechungsindex

Wie sich in den nachfolgenden Abschnitten noch zeigen wird, ist der Frequenzbereich oberhalb 1 THz von den Absorptionsbanden verschiedener Molekülschwingungen dominiert. Abhängigkeiten abseits dieser Molekülschwingungen lassen sich daher primär im unteren Spektralbereich ableiten. Abbildung 6.2 zeigt den Brechungsindex verschiedener aliphatischer Homopolyamide in Abhängigkeit der Materialdichte bei 0,3 THz. Hier ist eine lineare Abhängigkeit beider Parameter zu erken-

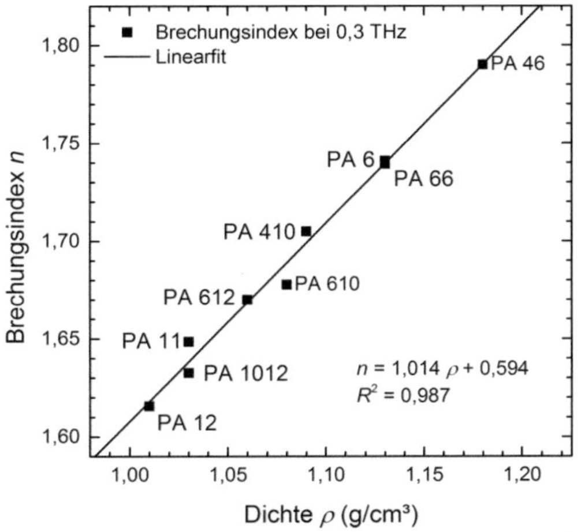

Abbildung 6.2: Brechungsindex bei 0,3 THz in Abhängigkeit der Materialdichte verschiedener aliphatischer Homopolyamide mit linearer Regression und einem Bestimmtheitsmaß von 0,987.

nen. Die ermittelte Korrelationsgleichung ist mit einer Brechungsindexabweichung von nur 0,03 auch für Polyethylen hoher Dichte[30] ($\rho_{PE-HD} = 0,95$, $n_{PE-HD} = 1,53$) gültig. Polyethylen entspricht quasi einem Polyamid ohne Amidgruppen. Auch im Kontext thermischer und kristalliner Eigenschaften wurde Polyethylen bereits als besonderer Grenzfall eines Polyamids mit unendlich geringer Amiddichte angesehen [98].

Eine ähnliche Abhängigkeit des Brechungsindex konnte bereits bei den Schmelzeuntersuchungen an Polypropylen in Abschnitt 5.3.1 beobachtet werden. Hier resultierten die verschiedenen Dichten aus unterschiedlichen Temperaturen und nicht – wie im Fall von Polyamid – durch unterschiedliche Repetiereinheiten innerhalb des Moleküls. Letztlich scheint jedoch der niederfrequente Brechungsindex innerhalb eines Polymertyps stark an seine Dichte gekoppelt zu sein.

Zudem kann eine klare Abhängigkeit zwischen dem Brechungsindex und der Amiddichte σ im Polyamidmolekül festgestellt werden. Abbildung 6.3 zeigt eine lineare Korrelation zwischen beiden Werten verschiedener aliphatischer Homopolyamide. Eine Amiddichte von Null entspräche bei ansonsten identischem Molekülaufbau wieder dem Grenzfall eines unverzweigten Polyethylens (d. h. mit sehr hoher Dichte). Der Geradenschnittpunkt mit der Y-Achse mit einer korrespondierenden Amiddichte von $\sigma = 0$ ergibt einen Brechungsindex von 1,53, was exakt den Literaturwerten für Polyethylen hoher Dichte entspricht [63].

Gemeinsam mit der Brechungsindexabhängigkeit von der Dichte aus Abbildung 6.2 ergibt sich letztlich auch eine Abhängigkeit der Materialdichte von der Amiddichte im Molekül für aliphatische Homopolyamide, dessen Zusammenhang auch bereits durch die Packungsdichte in den kristallinen Bereichen von *Jones* et al. diskutiert wurde [196]. Die Amiddichte bestimmt auch das Wasseraufnahmevermögen

30 Werte entstammen der Literatur [63, 90]

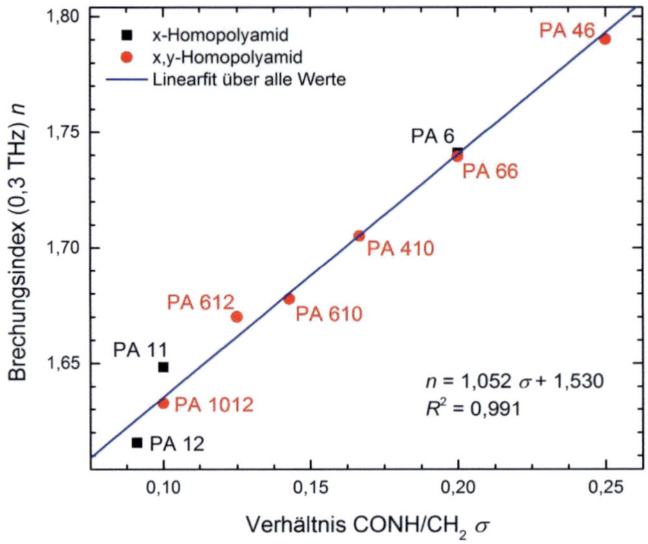

Abbildung 6.3: Brechungsindex n bei 0,3 THz verschiedener x- und x,y-Homopolyamide in Abhängigkeit des Verhältnisses von Amidgruppen pro Methylgruppe einer Einheitszelle σ.

von Polyamiden, das mit größerer Amiddichte ansteigt und zu einer Zunahme der Absorption führt [177, 197–201].

Der Zusammenhang zwischen Material- und Amiddichte wird in Abbildung 6.4 aufgezeigt. Dort ist erkennbar, dass für teilaromatische Polyamide ein anderer Zusammenhang gilt. Durch die Aromaten ist offensichtlich keine so hohe Packungsdichte möglich. Außerdem weichen die Werte für Copolyamide von dem Zusammenhang der Homopolyamide ab. Für das Copolyamid 6/6T ergibt sich annähernd die Mischungsdichte der beiden zugehörigen Homopolyamide. Polyamid 6/12 weist jedoch einen höheren Dichtewert gegenüber der Mischungsdichte seiner Homopolyamide auf. Dies dürfte durch die unterschiedliche Statistik der Repetiereinheiten und damit resultierenden übergeordneten Struktur begründet sein.

Das niederfrequente Terahertz-Spektrum ist bei Polyamiden noch von vergleichsweise geringer Absorption geprägt. Demzufolge kann der Realteil der relativen Permittivität gemäß Gleichung 2.13 zu $\epsilon_1 = n^2$ angenähert werden. Berücksichtigt man dabei Gleichung 2.20 und legt zugrunde, dass die Lorentzoszillatoren der Molekülschwingungen bei diesen geringen Frequenzen keinen Einfluss mehr haben, so kann die statische Suszeptibilität für niedrige Frequenzen χ_0 wie folgt abgeschätzt werden:

$$\chi_0 = n_0^2 - 1\,. \tag{6.1}$$

Dabei entspricht n_0 dem Brechungsindex bei sehr niedrigen Frequenzen, der nicht durch Absorptionsbanden bei höheren Frequenzen beeinflusst ist. In Abbildung 6.3 kann dieser Wert bei einer Amiddichte $\sigma = 0$, d. h. ohne Wechselwirkung polarer

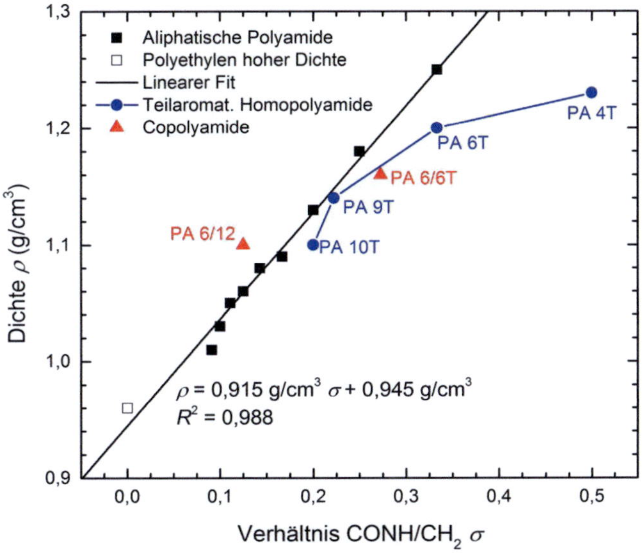

Abbildung 6.4: Dichte der untersuchten Polyamide in Abhängigkeit des Verhältnis von Amidgruppen pro Methylgruppe einer Einheitszelle σ: Neben den aliphatischen Homopolyamiden (schwarz) und dem Wert für Polyethylen hoher Dichte sind zudem die teilaromatischen Homopolyamide (blau) und Copolyamide (rot) ergänzt.

Gruppen, mit $n_0 = 1,53$ entnommen werden. Wie bereits erwähnt, entspricht dies dem Brechungsindex von Polyethylen.

Eine weitere Auswertung in Abbildung 6.5 stützt diese These. Darin sind die Brechungsindexgradienten der Temperatur aus den Untersuchungen in Abschnitt 5.3.1 für die unterschiedlichen Polyamide in Abhängigkeit ihrer Amiddichte σ aufgetragen. Es scheint hier eine lineare Korrelation zu existieren. Die Extrapolation zeigt, dass ein nahezu exakter Nulldurchgang erzielt wird. Dies ist gleichbedeutend mit fehlenden polaren Gruppen im Molekül. Demzufolge existiert hier auch keine Temperaturabhängigkeit von polaren Gruppen, was physikalisch nachvollziehbar und plausibel ist. Zudem weisen die linearen Korrelationen des Brechungsindex mit der absoluten Temperatur in Abbildung 5.12 beim absoluten Nullpunkt einen ähnlichen Brechungsindex um $1,53 \pm 0,02$ auf, was ebenfalls dem bereits beschriebenen Brechungsindex n_0 ohne Einwirkung polarer Gruppen bei niedrigen Frequenzen entspricht. Dies erscheint plausibel, da bei extrem niedrigen Temperaturen die Absorptionsbanden und damit deren Ausdehnung sehr schmal sind und daher die untersten Frequenzen nicht oder kaum beeinflussen.

Dies legt nahe, den Brechungsindex n polarer Polymere aus zwei Komponenten zusammenzusetzen:

$$n = n_0 + n_{pol} \,, \tag{6.2}$$

wobei hier n_{pol} den polaren Anteil des Brechungsindex abbildet. Eine solche Aufteilung des Brechungsindex wurde bereits in einer früheren Veröffentlichung vermutet, konnte jedoch damals noch nicht nachgewiesen werden [171]. Beide Komponenten

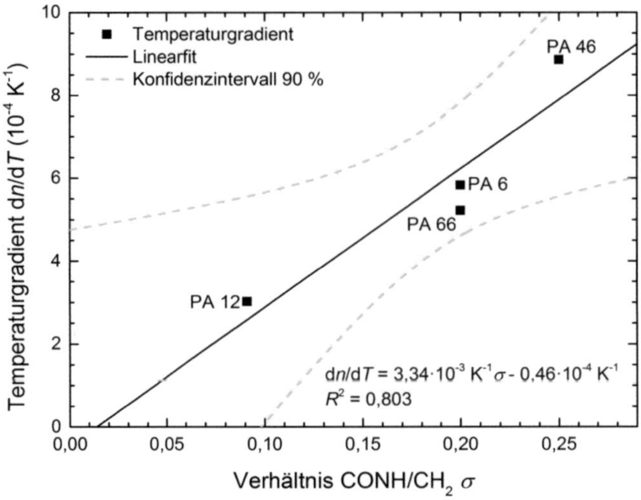

Abbildung 6.5: Brechungsindexgradient der Temperatur $\mathrm{d}n/\mathrm{d}T$ in Abhängigkeit der Amidgruppendichte σ aus den Untersuchungen in Abbildung 5.12: Dargestellt ist außerdem das Konfidenzintervall des Linearfits für 90 %.

n_0 und n_{pol} können eine Temperaturabhängigkeit aufweisen, die jedoch unterschiedlicher Natur sind. Der Brechungsindex n_0 wird im wesentlichen durch die Dichte infolge der Temperatur beeinflusst, wie dies bereits in Abschnitt 5.3.1 für unpolare Polymere beschrieben wurde. Dieser Brechungsindexanteil ist daher ein Offset und im betrachteten Spektralbereich frequenzunabhängig. Der polare Anteil n_{pol} weist eine Abhängigkeit infolge der Ausdehnung und Position der Absorptionsbanden auf, die thermisch beeinflusst werden. Setzt man nun für den unpolaren Anteil des Brechungsindex den experimentell ermittelten Wert $n_0 = 1{,}53$ an, so ergibt sich gemäß Gleichung 6.1 eine Suszeptibilität $\chi_0 = 1{,}34$.

6.3 Aufnahme breitbandiger Terahertz-Spektren

Für die Aufnahme breitbandiger Terahertz-Spektren von Polyamiden wurde ein FTIR-Spektrometer (Bruker Vertex 70v) eingesetzt. Das Gerät ist mit einem DTGS[31]-Detektor und Silizium-Strahlteiler ausgestattet. Die Scanfrequenz des Interferometer-Spiegels lag bei 2,5 kHz. Die spektrale Auflösung betrug 4 cm^{-1} und die Apertur 4 mm. Die Messungen wurden jeweils mit 100 Scans durchgeführt, was einer Messzeit von rund 5 Minuten entspricht. Zur Auswertung der Rohdaten wurde das Programm *OPUS* benutzt. Für die ATR-Messungen wurde eine Hochdruck-ATR-Einheit verwendet, womit der erforderliche Anpressdruck für die harten Polymerproben aufgebracht werden konnte. Die Messungen erfolgten mit einem Diamanten (Platinum ATR A225/QHP) bei Raumtemperatur. Sofern nicht anders erwähnt, werden alle ATR-Spektren aufgrund der besseren Anschaulichkeit mit der einfachen, frequenznormierten ATR-Korrektur gemäß Gleichung 2.22 aufgetragen.

[31] deuteriertes Triglycinsulfat

6.3.1 Vergleich von Transmissions- und ATR-Messungen

Absolute Absorptionsvergleiche bei ATR-Messungen sind sehr vorsichtig zu interpretieren. Die Untersuchungen wurden mit Diamant als ATR-Kristall durchgeführt. Dieser besitzt im Terahertz-Frequenzbereich einen nahezu konstant niedrigen Brechungsindex von etwa $n_1 = 2{,}4$ [85]. Polyamide haben einen vergleichsweise hohen Brechungsindex n_2 zwischen 1,6 und 1,8 bei etwa 1 THz, wie in Abschnitt 6.2.1 festgestellt wurde. Damit ist der Brechungsindexunterschied n_{21} zwischen beiden Medien sehr gering, sodass keine Totalreflexion mehr erfolgt und weitere Aspekte in die Interpretation einbezogen werden müssen (vgl. Abschnitt 2.4). Neben der unterschiedlichen Dichte der verschiedenen Polyamide beeinflusst v. a. auch die in Abschnitt 2.4 beschriebene Dispersionsrelation den Brechungsindex signifikant im Bereich starker Absorptionsbanden und kann nicht mehr vernachlässigt werden. *Milosevic* und *Colthup* et al. diskutierten diesen Einfluss bereits [59, 87]. Daher sind absolute Absorptionsaussagen zwischen verschiedenen Proben auf Basis von reinen ATR-Messungen kaum möglich.

Abbildung 6.6 stellt für einen Vergleich die Spektren von ATR- und Transmissionsmessungen am Beispiel von Polyamid 6 und Polyamid 12 gegenüber. Der absolute Absorptionskoeffizient wurde dabei im unteren Frequenzbereich mit der Terahertz-Zeitbereichsspektroskopie gemäß Abschnitt 6.2 in Transmission ermittelt. Im oberen Frequenzbereich wurden die Messungen mit dem FTIR-Spektrometer und jeweils 50 Scans durchgeführt, wie es in Abschnitt 6.4.1 beschrieben wird. Die Transmissionsmessungen wurden aufgrund der starken Absorption an Folienproben (vgl. Anhang A.2) durchgeführt. Der absolute Absorptionskoeffizient wurde mit der Probendicke gemäß Gleichung 2.6 berechnet. Die ATR-Absorbanz wurde gemäß Kapitel 2 in die frequenznormierte Absorbanz umgerechnet. Deren Achsenskalierung wurde so gewählt, dass ein möglichst guter Vergleich zwischen Transmissions- und ATR-Spektrum möglich ist.

Die Spektren beider Messgeometrien in Abbildung 6.6 zeigen eine gute qualitative Übereinstimmung zueinander und zu bereits publizierten Spektren von Polyamid 6 [180, 188–190]. Polyamid 6 weist im Schnitt eine weit höhere Absorption als Polyamid 12 auf. Der quantitative Abgleich zwischen absolutem Absorptionskoeffizienten und der frequenznormierten Absorbanz zeigt allerdings große Unterschiede. Infolge der starken Dispersion im Bereich intensiver Absorptionsbanden ist v. a. bei Polyamid 6 – jedoch in geringerer Ausprägung auch bei Polyamid 12 – eine Rotverschiebung der ATR-Absorptionsbanden zu erkennen. Diese liegt in der Größenordnung von etwa 0,5 THz bzw. 20 cm^{-1}. Dieser dichtebedingte Einfluss wird auch nochmals in Abschnitt 6.4.2 zu temperaturabhängigen Messungen diskutiert.

6.3.2 Modellierung von ATR-Spektren

Der enge Zusammenhang zwischen Brechungsindex und Absorption (vgl. Abschnitt 2.3) macht sich bei ATR-Messungen stark bemerkbar. Hier ist die resultierende Absorbanz auch vom Brechungsindex signifikant beeinflusst (vgl. Abschnitt 2.4).

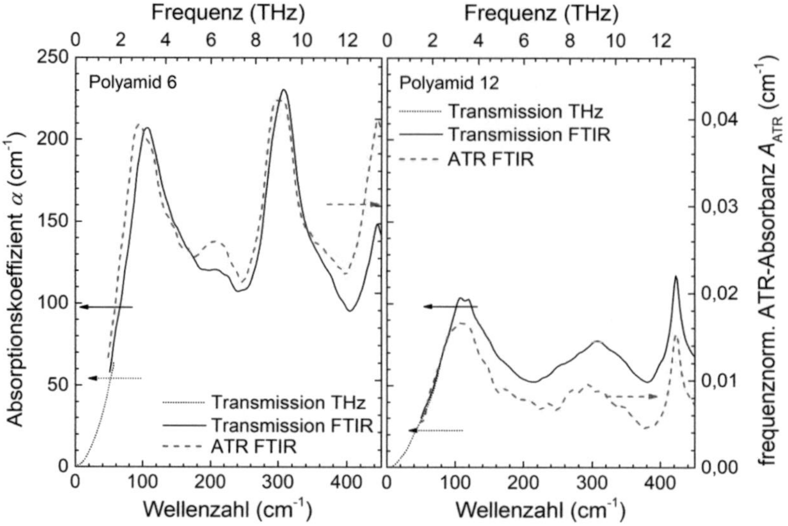

Abbildung 6.6: Vergleich der Absorptionsspektren zwischen Transmissions- und ATR-Messung anhand von Polyamid 6 (links) und Polyamid 12 (rechts): Der absolute Absorptionskoeffizient wurde im unteren Frequenzbereich mit einem Terahertz-Zeitbereichsspektrometer und anschließend mit einem FTIR-Spektrometer ermittelt. Die Skalierung der rechten Y-Achse wurde so gewählt, dass ein möglichst guter Vergleich zwischen den beiden Anordnungen Transmission und ATR möglich ist.

Um einen Eindruck dieser Abhängigkeiten zu erhalten, wurden die absoluten Absorptionsspektren in Transmission aus Abschnitt 6.3.1 mit verschiedenen überlagerten Lorentz-Oszillatoren angefittet. Die kumulierte komplexe Permittivität $\widetilde{\epsilon}_r$ dieses Modells ergibt sich gemäß Gleichung 2.20, woraus sich wiederum der komplexe Brechungsindex $\widetilde{n}$ bzw. Absorptionskoeffizient α aus Abschnitt 2.2 ableiten. Damit sind relative Änderungen der optischen Kenngrößen sehr gut abzuschätzen.

Um realistische Absolutwerte für den realen Brechungsindex n bzw. den Realteil der Permittivität ϵ_1 zu erhalten, wurde eine Stützstelle bei niedriger Frequenz für die komplexe Permittivität eingeführt, die sich aus den experimentellen Daten in Abschnitt 6.2 rekrutiert. Deren Werte sind in Tabelle 6.1 aufgelistet. Damit werden mit diesem Verfahren die Lorentz-Oszillatoren nahezu ausschließlich aus den Absorptionsdaten berechnet. Die so ermittelte komplexe Permittivität ist wiederum die Eingangsgröße für die Berechnung der effektiven Pfadlänge und des resultierenden ATR-Absorbanz-Spektrums gemäß Abschnitt 2.4.

Abbildung 6.7 zeigt das Modellierungsergebnis für Polyamid 6. Für den ATR-Kristall aus Diamant wurde ein Einfallswinkel von $\varphi = 45°$ und konstanter Brechungsindex von 2,38 angesetzt [85]. Die Modellierung zeigt mit einem linearen Bestimmtheitsmaß von $R^2 = 0,996$ eine gute Übereinstimmung für den Absorptionskoeffizienten mit den experimentellen Daten. Die Parameter der einzelnen Lorentz-Oszillatoren können Tabelle 6.2 entnommen werden. Der Brechungsindex konnte bislang nur im unteren Terahertz-Spektralbereich mittels Zeitbereichsspektroskopie ermittelt werden. Dieser stimmt mit dem modellierten Brechungsindex gut überein.

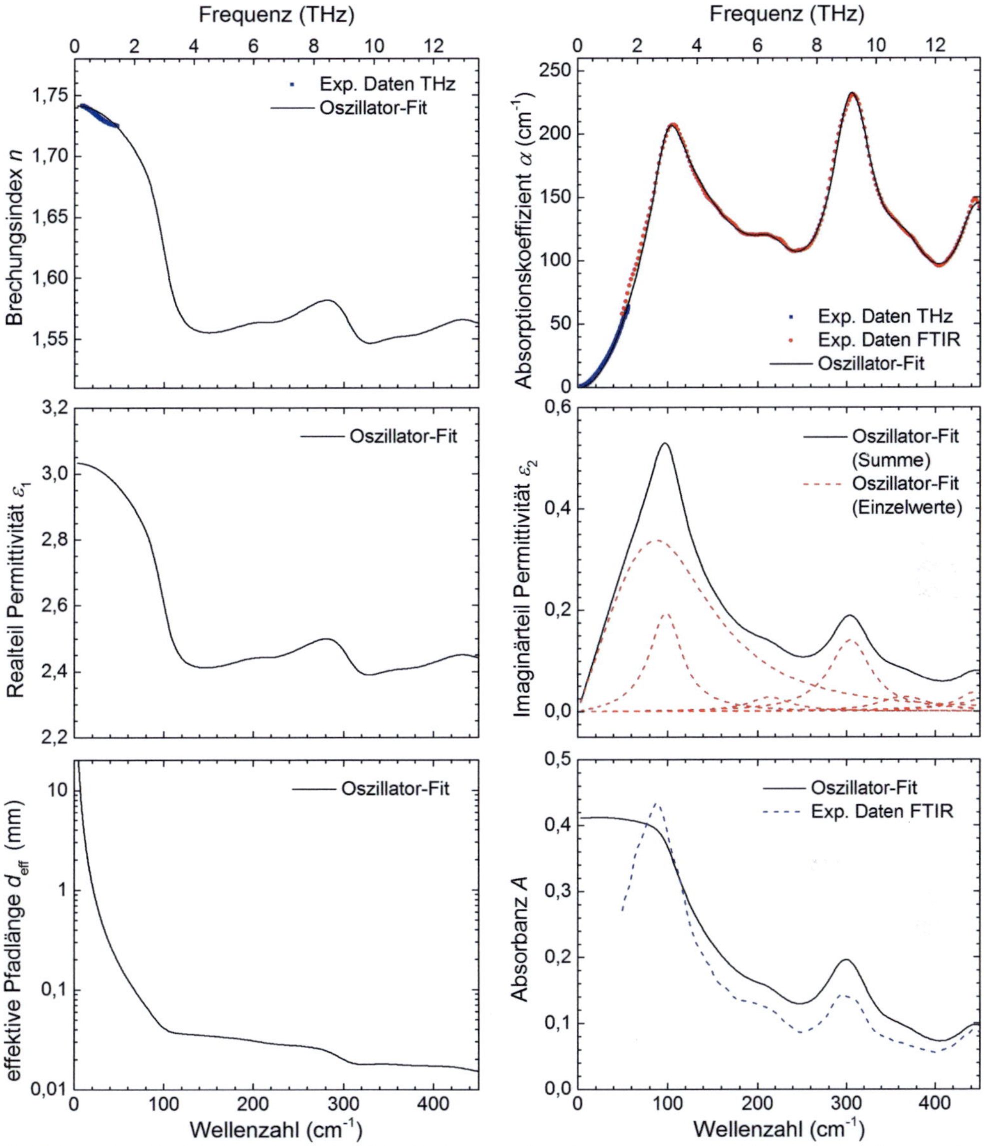

Abbildung 6.7: Modellierung des Polyamid 6-Spektrums mit mehreren Lorentz-Oszillatoren mit Auftragung der optischen Kennwerte (Brechungsindex, Absorptionskoeffizient, Real-/Imaginärteil der relativen Permittivität): Beim Imaginärteil der Permittivität sind zudem die Werte für jeden einzelnen Lorentz-Oszillator ergänzt (rot, Mitte rechts). Die Übereinstimmung der experimentellen und modellierten Absorptionsdaten ist dem Diagramm rechts oben zu entnehmen. Effektive Pfadlänge und resultierendes ATR-Spektrum aus der modellierten Permittivität können unten mit den experimentellen Daten abgeglichen werden.

Tabelle 6.1: Stützstellen für die Modellierung der Lorentz-Oszillatoren für Polyamid 6 und Polyamid 12 bei einer Referenzfrequenz von 0,3 THz: Die relative Permittivität ging direkt als Stützstelle in die Modellierung ein. Die resultierenden optischen Kennwerte sind informativ ergänzt.

Parameter	Polyamid 6	Polyamid 12
Realteil relative Permittivität ϵ_1	3,0305	2,6103
Imaginärteil relative Permittivität ϵ_2	0,0757	0,0293
Brechungsindex $n_{0,3}$	1,7410	1,6157
Extinktionskoeffizient $\kappa_{0,3}$	0,0217	0,0091
Absorptionskoeffizient $\alpha_{0,3}$ (cm^{-1})	2,73	1,14

Tabelle 6.2: Parameter der einzelnen Oszillatoren j aus der Modellierung des Terahertz-Spektrums von Polyamid 6 und Polyamid 12 mit der Resonanzfrequenz $\omega_j = 2\pi f$, der phänomenologischen Oszilatorstärke $F_j = N_j q_j^2/(m_j \epsilon_0)$ und der Dämpfung γ_j gemäß Gleichung 2.20.

j	Polyamid 6			Polyamid 12		
	ω_j ($10^{13}\mathrm{s}^{-1}$)	F_j ($10^{25}\mathrm{s}^{-2}$)	γ_j ($10^{13}\mathrm{s}^{-1}$)	ω_j ($10^{13}\mathrm{s}^{-1}$)	F_j ($10^{25}\mathrm{s}^{-2}$)	γ_j ($10^{13}\mathrm{s}^{-1}$)
1	1,90	3,07	0,84	1,01	0,86	1,33
2	2,20	20,6	3,19	2,08	6,95	1,63
3	4,06	1,23	1,07	3,31	1,15	1,64
4	5,76	8,83	1,09	4,80	1,87	1,75
5	6,92	2,58	1,29	5,85	3,77	1,81
6	8,37	2,85	0,92	6,67	1,00	1,41
7	9,77	14,8	1,36	7,53	0,27	0,47
8	–	–	–	7,96	1,31	0,42
9	–	–	–	8,70	2,91	1,37
χ_0		1,46			1,33	

Eine neuere Veröffentlichung von *D'Angelo* et al. modellierte ebenfalls Terahertz-Spektren von Polyamid 6 mittels Lorentz-Oszillatoren [188, 189]. Allerdings stand hier der Brechungsindex und Absorptionskoeffizient über die gesamte Bandbreite und nicht nur an einer Stützstelle bei niedriger Frequenz zur Verfügung. *D'Angelo* et al. setzten sechs Lorentz-Oszillatoren ein, deren Resonanzfrequenzen mit den Ergebnissen in Tabelle 6.2 vergleichbar sind. Allerdings ergeben sich durch die unterschiedliche Oszillatoranzahl teils erheblich andere Werte für Dämpfung und Amplitude. Der Brechungsindexverlauf der eigenen Modellierung mit reduzierten Eingangsdaten in Abbildung 6.7 gleicht sehr den gemessenen und modellierten Werten aus *D'Angelo* et al. Damit ist die entwickelte Methode gut zur Abschätzung des Brechungsindexverlaufs geeignet, um dessen Einfluss auf die ATR-Messergebnisse abzuschätzen.

Die Modellierung zeigt erhebliche Schwankungen des Brechungsindex und demzufolge auch der effektiven Pfadlänge. Durch die exponentielle Abhängigkeit gemäß Gleichung 2.6 wirken sie sich sehr stark auf den absoluten Absorptionskoeffizienten aus. Deshalb ist ein Absolutvergleich zwischen ATR- und Transmissionsmessungen ohne korrekte Ermittlung des frequenzabhängigen Brechungsindex der Probe über den gesamten untersuchten Spektralbereich nicht darstellbar. Der Verlauf des modellierten ATR-Spektrums entspricht – bis auf den untersten Frequenzbereich bis etwa 2 THz – ebenfalls gut den experimentellen Werten.

Eine identische Modellierung wurde für Polyamid 12 durchgeführt. Die Resultate in gleicher Auftragung sind Abbildung 6.8 und Tabelle 6.2 zu entnehmen. Das lineare Bestimmtheitsmaß für die Übereinstimmung des Absorptionsspektrums liegt ebenfalls mit $R^2 = 0,999$ sehr hoch. Im Vergleich zur Modellierung von Polyamid 6 wurden hier zwei Lorentz-Oszillatoren mehr eingesetzt, um eine gute Übereinstimmung zu erzielen. Das modellierte ATR-Spektrum stimmt bis auf einen konstanten Offset von etwa 0,04 ebenfalls sehr gut mit dem experimentellen Spektrum überein.

Bei der Modellierung wurden primär die phänomenologischen Absorptionswerte zugrunde gelegt, weshalb ein direkter Abgleich mit den theoretischen Oszillatorparametern und die Zuordnung einzelner Schwingungsbanden nicht erfolgt. Zudem treten Randeffekte umso stärker in Erscheinung, je näher man sich an den obersten Rand des modellierten Spektrums begibt. In dem Parameter der Suszeptibilität kann auch ein Betrag aufgrund des limitierten Spektralbereichs von außerhalb liegenden Oszillatoren eingehen.

Die Modellierungen zeigen zusammengefasst ein ähnliches Resultat wie der experimentelle Abgleich in Abschnitt 6.3.1: Die ATR-Spektren weisen hinsichtlich ihrer Absorptionsbanden eine leichte Rotverschiebung auf. Dies ergibt sich daraus, dass die ATR-Spektren eher dem Verlauf des Imaginärteils der relativen Permittivität ϵ_2 als dem Extinktionskoeffizient κ folgen. Diese Frequenzverschiebung zwischen ϵ_2 und κ konnte bereits in Abschnitt 2.3 demonstriert werden. Die modellierte Suszeptibilität $\chi_0 \approx 1,40 \pm 0,09$ für beide Polyamide (vgl. Tabelle 6.2) stimmt gut mit dem ermittelten Wert aus Abschnitt 6.2.2 überein. Vergleichbare Untersuchungen von *D'Angelo* brachten für Polyamid 6 eine leicht höhere modellierte Suszeptibilität [188, 189]. Die modellierten Werte sind jedoch auch abhängig von den Grenzen des modellierten Spektralbereichs. In der Realität beeinflussen auch außerhalb des Messbereichs liegende Oszillatoren noch die Permittivität, was in der begrenzten Modellierung in erster Näherung durch einen Offset der Suszeptibilität kompensiert wird.

6.3.3 Terahertz-Spektren von Polyamiden

Abbildung 6.9 zeigt die gemessenen ATR-Spektren von verschiedenen x-Homopolyamiden (4, 6, 11, 12) sowie des Copolyamids 6/12. Die Spektren sind aufgrund der besseren Vergleichbarkeit im betrachteten Spektralbereich zwischen 0 und 1 normiert. Alle Polyamide weisen um 3 THz eine signifikante Absorptionsbande auf. Diese ist seit langem bekannt und tritt auch bei niedermolekularen Amidverbindungen auf [184].

Die vorgenommene Intensitätsnormierung soll nicht darüber hinwegtäuschen, dass eine starke Abhängigkeit der Gesamtabsorption von der Amidgruppendichte σ zu beobachten ist. Abbildung 6.10 zeigt eine steigende Absorption der absoluten frequenznormierten Absorbanzwerte um 3 THz mit zunehmender Amiddichte. Dies scheint auch plausibel, da eine höhere Dichte von Amidgruppen und damit auch

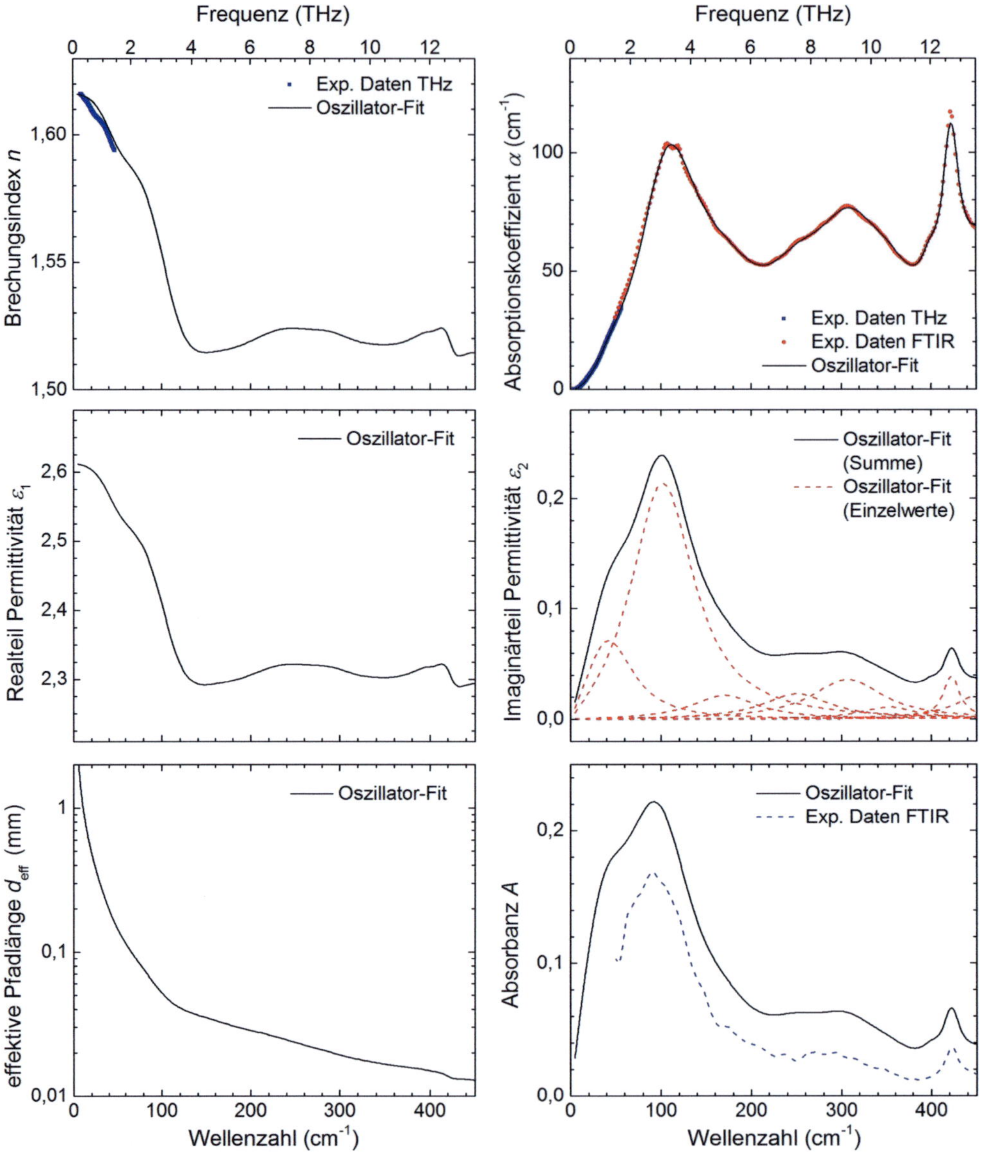

Abbildung 6.8: Modellierung des Polyamid 12-Absorptionsspektrums mit mehreren Lorentz-Oszillatoren: Die Auftragung erfolgte analog zu Abbildung 6.7.

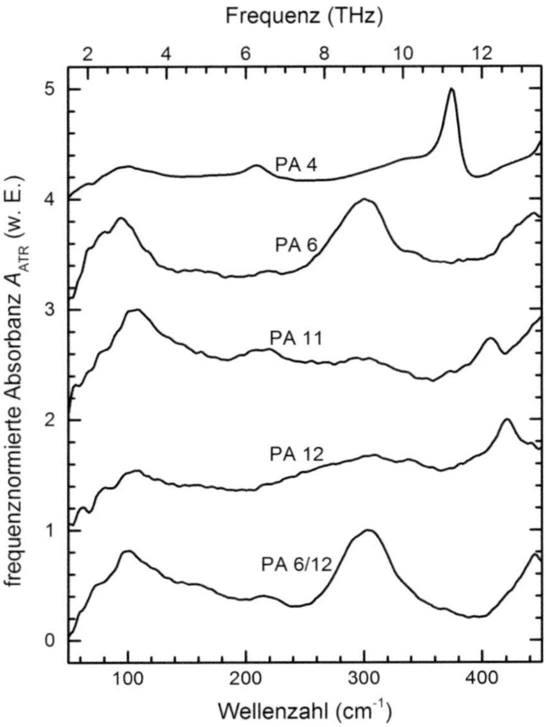

Abbildung 6.9: Terahertz-ATR-Spektren verschiedener x-Homopolyamide und dem Copolyamid 6/12: Zur besseren Darstellung wurden die Spektren jeweils mit einem Absorbanz-Versatz von 1 versehen und im dargestellten Spektralbereich zwischen 0 und 1 normiert.

möglicher Wasserstoffbrückenbindungen (bezogen auf den Methylkettenrest) eine größere intermolekulare Wechselwirkung bedeuten. Trotz der hohen Streuung, welche durch die in Abschnitt 6.3.1 und 6.3.2 diskutierten Einflüsse durch die ATR-Methode nicht verwunderlich sind, kann die Tendenz eindeutig erkannt werden.

Die Spektren der aliphatischen x-Polyamide (Polyamid 6 und 12) besitzen eine gute Übereinstimmung ihrer Absorptionsbanden mit bereits publizierten Untersuchungen [180,183,184,188–191,202,203]. Polyamid 6 weist bei etwa 2,8 THz eine erste Hauptabsorptionsbande auf. In der Literatur ist diese Bande bei etwa 3,2 THz sowohl für die α- und γ-Form angesiedelt [180, 190]. Diese Rotverschiebung der ATR-Spektren wurde bereits in den vorausgegangenen Abschnitten diskutiert. Die Transmissionsspektren in Abbildung 6.6 zeigen hingegen eine exakte Überdeckung mit den Literaturwerten. Dies gilt auch für die zweite Hauptbande bei 9,0 THz.

α-Polyamid 6 weist zudem bei 5,8 und 6,5 THz weitere Nebenbanden auf, die in den Spektren in Abbildung 6.9 kaum und in Abbildung 6.6 leicht zu erkennen sind. Polyamid 6 weist kein klares Gleichgewicht für eine der beiden primären Konfigurationen α und γ auf (vgl. Kapitel 3), sodass es hier leicht zu Variationen zwischen den Proben kommen kann. Auch die Verbreiterung der Bande um 9 THz in Abbildung 6.6 weist auf ein gemeinsames Vorkommen der Banden beider Formen hin:

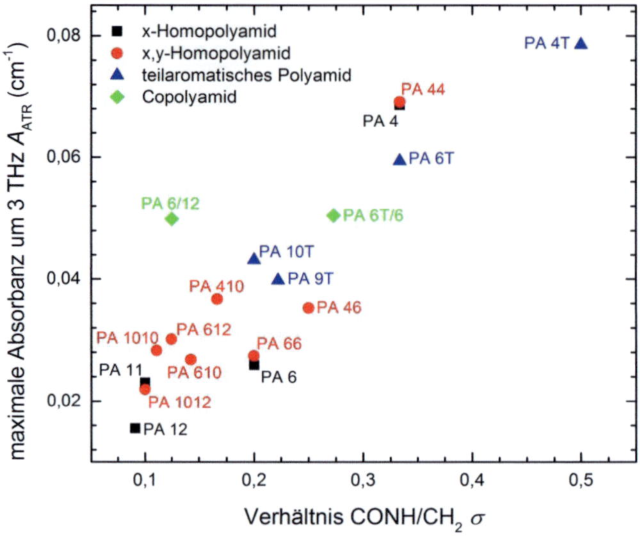

Abbildung 6.10: Absorbanz verschiedener Polyamide in Abhängigkeit der Amidgruppen pro Methylgruppe: Aufgetragen ist die frequenznormierte ATR-Absorbanz der Absorptionsbande um 3 THz.

Die Bande von γ-Polyamid 6 ist im Vergleich zur α-Form um etwa 0,5 THz zu höheren Frequenzen verschoben [180, 190]. Die geringere Anzahl an Absorptionsbanden im γ-Kristall wird damit begründet, dass hier einige optische Phononenmoden durch die veränderte Symmetrie unterdrückt werden.

Bei Polyamid 6 ist speziell bei der α-Form noch eine Absorptionsbande bei etwa 2 THz erkennbar, die meist eher in einer Stufe als einem Peak durch Bandenüberlagerungen ähnelt [191, 204, 205]. Auch inelastische Neutronenstreuexperimente weisen bei etwa 1,9 THz auf eine weitere Absorptionsbande hin, die dort v. a. bei bei der γ-Form in Erscheinung tritt und als Deformationsschwingung der Molekülkette aus der Ebene beschrieben wird [206]. Bereits bei den niederfrequenten Messungen mit dem Zeitbereichsspektrometer in Abschnitt 6.2.1 wurde auf die Existenz einer zusätzlichen niederfrequenten Bande hingewiesen, die ebenfalls in den Spektren in Abbildung 6.9 vermutet werden kann.

Die Schwingungen um 6,9 und 10,7 THz scheinen charakteristisch für die α-Kristallform zu sein und werden als Torsion der Amidgruppe bzw. Deformation des Molekülrückgrats im Bereich der Amidgruppe bezeichnet [184]. Für die γ-Form scheint sich die Frequenz von 6,9 auf 9,0 THz zu verschieben. Allgemein werden die Schwingungen für α-Polyamid 6 von 8,8 bis 11,1 THz und um 13 THz als Deformationsschwingung in der Ebene aller Kohlenstoffbindungen des Rückgrats bezeichnet. Des weiteren können die Banden um 3 THz und von 5,8 bis 7 THz als Torsion der Methylkette identifiziert werden.

Bei Polyamid 12 ist die Absorptionsbande um 6 THz, die dort üblicherweise nur in der α-Form oder unter mechanischer Belastung als Torsion des Molekülrückgrats beschrieben wird [181, 191], durch das primäre Vorliegen der γ-Form folglich nicht erkennbar (vgl. Kapitel 3).

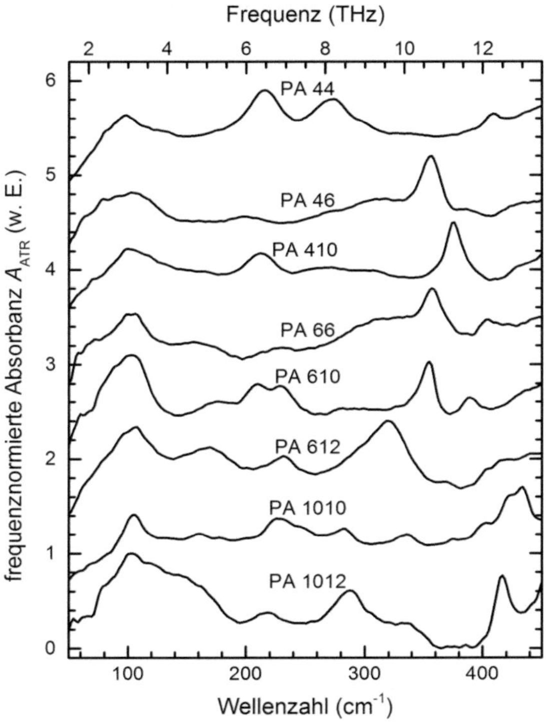

Abbildung 6.11: Terahertz-ATR-Spektren verschiedener x,y-Homopolyamide: Zur besseren Darstellung wurden die Spektren jeweils mit einem Absorbanz-Versatz von 0,7 versehen und im dargestellten Spektralbereich zwischen 0 und 1 normiert.

In Abbildung 6.11 sind die ATR-Spektren verschiedener x,y-Homopolyamide aufgetragen. Auch hier wurden die bereits beschriebenen Normierungen durchgeführt. Die erste Hauptbande um 3 THz ist hier ebenfalls durchgängig aufzufinden. Deren absolute ATR-Absorbanz ist Abbildung 6.10 zu entnehmen.

Das Spektrum von Polyamid 66 weist eine gute Übereinstimmung mit bereits veröffentlichten Spektren auf [203]. Auch hier ist eine Stufe um 2 THz zu erkennen, die auf eine weitere Absorptionsbande hindeutet. Durch orientierte Polarisation konnten die einzelnen Schwingungsbanden genauer identifiziert werden. Die Bande um 2,3 THz wird einer Deformationsschwingung der Methylkette in der Ebene und bei 3,2 und 4,9 THz einer Rotation der Methylkette zugewiesen. Deformationen der Methylketten in der Ebene finden bei 5,2, 9,7 und 12,1 THz statt. Deformationsschwingungen der CO–NH-Bindungen in der Ebene erfolgen bei 5,2 und 9,7 THz. Eine Deformation der gesamten Amidgruppe scheint bei 9,7 und 12,1 THz aufzutreten. Die Bande bei 7,0 THz entspricht einer Rotation der Amidgruppe. Dies stimmt in vielen Fällen auch mit den späteren Resultaten der quantenchemischen Simulationen in Abschnitt 7.4.2 überein. Der Bereich zwischen 4 und 8 THz ist weitgehend durch Nebenbanden durch die vorherrschende α-Konfiguration dieser x,y-Homopolyamide bestimmt (vgl. Kapitel 3).

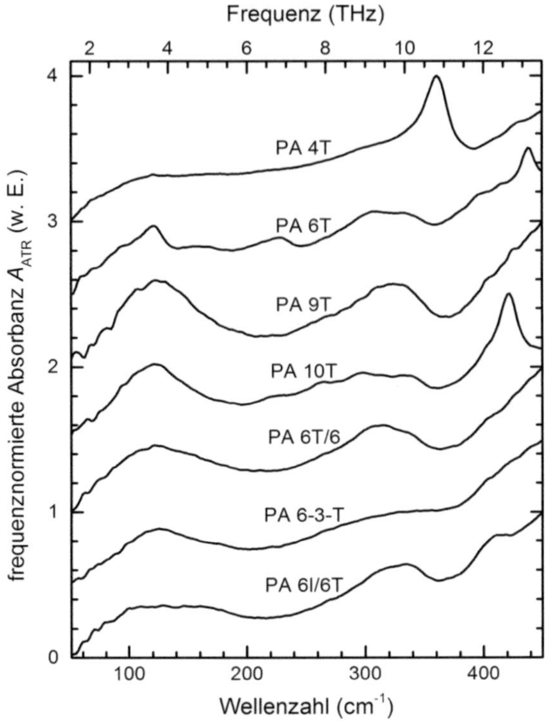

Abbildung 6.12: Terahertz-ATR-Spektren verschiedener teilaromatischer Homo- und Copolyamide: Zur besseren Darstellung wurden die Spektren jeweils mit einem Absorbanz-Versatz von 0,5 versehen und im dargestellten Spektralbereich zwischen 0 und 1 normiert.

Wie sich in Abschnitt 6.4 noch zeigen wird, scheint die Bande bei etwa 12 bis 13 THz vor allem bei Polyamid 12 und 66 sowie vermutlich auch für Polyamid 1012 prinzipiell charakteristisch für das Vorliegen einer geordneten Kristallstruktur zu sein. Ansonsten wurden bislang kaum weitere Spektren von xy-Polyamiden publiziert und deren Banden charakterisiert.

Abbildung 6.12 stellt die normierten Terahertz-ATR-Spektren von teilaromatischen Homo- und Copolyamiden gegenüber. Die absolute Absorbanz der ersten Hauptbande ist ebenfalls in Abbildung 6.10 ergänzt. Im Vergleich zu den Spektren vollaromatischer Polyamide (Aramide), die sehr scharfe Absorptionsbanden aufweisen [207], sind die Absorptionsbanden sehr breit und wenig spezifisch.

Neben der breiteren Ausführung der ersten Hauptbande um 3 THz finden sich im wesentlichen die bereits diskutierten Bandenstrukturen der Pendants der aliphatischen Polyamide im Vergleich zu den bislang diskutierten Polyamiden wieder. Das zeigt sich sehr schön an den Paarungen Polyamid 4 und 4T bzw. Polyamid 6 und 6T. Allerdings sind die beiden Nebenbanden um 6 und 10 THz, die charakteristisch für die α-Form sind, in der aromatischen Version stärker ausgeprägt, wohingegen dies bei Polyamid 4T nicht erkennbar ist. Polyamid 6 weist auch eine schärfere Bandenstruktur auf, was generell auf ein Vorliegen der α-Form bei Polyamid 6T hinweist.

Die Polyamide 6-3-T und 6I/6T weisen einen eher schwachen Verlauf auf und orientieren sich an ihren teilaromatischen Pendants. Die Hauptbanden sind breit und Nebenbanden nicht ausgeprägt, was auf eine weitgehend amorphe Struktur hinweisen dürfte, was bei dieser Polyamidgruppe in Anwendungen auch gewünscht ist. Weitere Veröffentlichungen mit Terahertz-Spektren von teilaromatischen Polyamiden und resultierenden Copolymeren sowie deren Interpretation sind bis dato nicht bekannt.

6.4 Temperaturabhängigkeit der Terahertz-Spektren

Temperaturabhängige Spektren bieten mit den theoretischen Simulationen aus Kapitel 7 eine weitere gute Grundlage zur Interpretation der einzelnen Schwingungsbanden. Einige Untersuchungen entstammen einer Diplomarbeit von *Murail* [208], die vom Verfasser betreut wurde.

6.4.1 Temperaturabhängige Terahertz-ATR-Spektroskopie

Die ersten Resultate zum temperaturabhängigen Verhalten der Polyamide wurden mit einem sehr schmalbandigen Terahertz-Spektrometer bis zu einer Frequenz von maximal 0,5 THz generiert und bereits in Abschnitt 5.1 vorgestellt. Aussagen über das spektrale Verhalten lassen sich in einem solch kleinen Frequenzfenster kaum erzielen.

Daher wurde wieder ein FTIR-Spektrometer (Bruker Tensor 37) mit einem pyroelektrischen DLaTGS[32]-Detektor (Bruker D201/B) eingesetzt. Damit ist ein Spektralbereich von etwa 0,8 bis 20 THz (30 bis 680 cm^{-1}) zugänglich. Die Strahlungsquelle ist ein Globar, der Strahlung ab etwa 1 THz emittiert. Der Strahlteiler besteht aus Silizium (Bruker T230/3) mit hoher Transmission zwischen 0,3 und 18 THz. Damit ergibt sich ein effektiver Spektralbereich zwischen 1 und 18 THz, wobei die Randbereiche ein wesentlich geringeres Signal-Rausch-Verhältnis als der zentrale Spektralbereich aufweisen. Im Gerät wurde ohne weitere Fenster und mit Trockenluft gearbeitet, um störende Absorptionen zu vermeiden. Die Messungen wurden mit der Software *OPUS* aufgenommen. Die Scanfrequenz des Interferometer-Spiegels lag bei 2,2 kHz im doppelseitigen Aufnahmemodus und einer spektralen Auflösung von 6 cm^{-1}. Die Apertur betrug 6 mm.

Da die Absorption von Polyamiden im Terahertz-Spektralbereich vergleichsweise hoch ist, wurden wiederum ATR-Messungen durchgeführt. Dazu kam eine Harrick MVP-Pro ATR-Einheit mit beheizbarer Diamant-Probenplatte zum Einsatz. Durch einen Temperaturregler (Watlow 989) konnte die Temperatur der Probenplatte eingestellt werden. Ein integriertes Thermoelement diente als Thermometer und als Sensor für die Regeleinheit. Aufgrund der hohen Wärmeleitfähigkeit von Diamant und des oberflächennahen Messvolumens der Probe bei der ATR-Anordnung kann als Probentemperatur die Temperatur der Probenplatte übernommen werden.

Die Messungen wurden bei Raumtemperatur (ca. 25 °C) gestartet und bis 220 °C fortgeführt. Die Schrittweite beträgt jeweils 20 K ab einer Temperatur von 40 °C. Ein-

[32] deuteriertes L-Alanin dotiertes Triglycinsulfat

flüsse aus einer thermischen Schädigung wurden minimiert, indem bei Messungen über 120 °C häufige Probenwechsel vorgenommen wurden. Außerdem verursachte der Druck auf die Probe eine Verformung der Probenaufnahmeplatte und damit eine leichte Dejustage des optischen Strahlengangs im Diamant. Dies konnte durch Referenzmessungen kompensiert werden, die ebenfalls bei belasteter Probenplatte mit offener Diamantoberfläche durchgeführt wurden. Da bei hohen Temperaturen die Proben teilweise stark erweichten, wurde mit Distanzringen versucht, den Druck auf die Platte konstant zu erhalten.

Um eine ausreichend hohe Messgenauigkeit mit dem beschriebenen Messsystem trotz seinem niedrigen Signal-Rausch-Verhältnis zu erreichen, wurden pro Probenmessung 400 Scans aufgenommen, was einer Messzeit von etwa 20 Minuten entspricht. Da die Wasserabsorptionslinien der Luftfeuchtigkeit im Terahertz-Frequenzbereich die Messungen stark beeinflussen können und die Drift des gesamten Versuchsaufbaus bei diesen Untersuchungen nicht mehr vernachlässigt werden kann, wurden vor und nach einer Probenmessung jeweils Referenzmessungen durchgeführt. Diese erfolgten mit offener Diamantoberfläche und 200 Scans. Zur Kompensation der Drifteffekte wurde jeweils die Referenzmessung vor und nach einer Probenmessung gemeinsam in die Auswertung einbezogen. Dieser Zyklus wurde für jede Temperatur dreimal wiederholt, sodass in die Auswertung eines Spektrums jeweils 1200 Probenscans und 1200 Referenzscans eingingen.

6.4.2 Einfluss temperaturinduzierter Dichteschwankungen

Wie bereits in Abschnitt 2.4 und 6.3.2 ausgeführt wurde, ist der Absorbanzverlauf von ATR-Spektren durch die zahlreichen Einflussfaktoren vielschichtig interpretierbar. Durch die Erwärmung wird sich die Materialdichte der Proben und infolgedessen auch der Brechungsindex verändern (vgl. Abschnitt 5.3.1). Dies wird sich wiederum auf die effektive Pfadlänge und das Reflexionsverhalten im ATR-Kristall auswirken und damit auch auf die beobachtete Absorbanz. Zusätzlich erhöht sich der Brechungsindex des ATR-Kristalls aus Diamant leicht mit der Temperatur [209]. Zur Abschätzung dieser Einflüsse wird wieder das Modell der Lorentz-Oszillatoren herangezogen. Analog zu Abschnitt 6.3.2 wird erneut eine Modellierung durchgeführt.

Dabei wird die elektrische Suszeptibilität χ_0 allerdings nicht als zu optimierender Parameter gewählt. Aufgrund der Erkenntnisse aus Abschnitt 6.2.2 wurde die Dichteänderung der Polyamidproben infolge der Temperaturerhöhung aus Materialkennwerten[33] ermittelt und gemäß Gleichung 5.2 die resultierende Brechungsindexänderung des unpolaren Anteils n_0 in Gleichung 6.2 bestimmt. Daraus ergibt sich für Polyamid 6 bzw. Polyamid 12 zwischen Raumtemperatur und 220 °C eine Dichteänderung $\Delta\rho$ von -0,12 bzw. -0,14 g/cm^3 und eine resultierende Brechungsindexänderung Δn_0 von 0,065 bzw. 0,073. Mit Gleichung 6.1 kann damit die statische Suszeptibilität χ_0 abgeschätzt werden. Diese ergibt sich demnach für 220 °C aus dem modellierten Wert bei Raumtemperatur (vgl. Tabelle 6.2) und der Brechungsin-

[33] Die Dichteänderung wurde aus der Änderung des spezifischen Volumens aufgrund der Datenverfügbarkeit aus vergleichbaren Materialien in der *CAMPUS*-Materialdatenbank ermittelt [210]: Polyamid 6 aus BASF Ultramid B3K und Polyamid 12 aus Evonik Vestamid L1723.

Tabelle 6.3: Stützstellen für die Modellierung der Lorentz-Oszillatoren für Polyamid 6 und Polyamid 12 bei einer Referenzfrequenz von 0,3 THz für eine Temperatur von 220 °C: Die relative Permittivität ging direkt als Stützstelle in die Modellierung ein. Die sich ergebenden optischen Kennwerte sind informativ ergänzt.

Parameter	Polyamid 6	Polyamid 12
Realteil relative Permittivität ϵ_1	3,260	2,804
Imaginärteil relative Permittivität ϵ_2	0,786	0,535
Statische Suszeptibilität χ_0	1,263	1,111

dexänderung Δn_0 des unpolaren Anteils. Die resultierenden Werte sowie Stützstellen aus den Auswertungen in Abschnitt 6.2 sind in Tabelle 6.3 aufgelistet. Für den ATR-Diamant wurde ein leicht höherer Brechungsindex von 2,39 bei 220 °C angenommen [209].

Abbildung 6.13 stellt die experimentellen Terahertz-ATR-Spektren den modellierten Spektren gegenüber. Da eine direkte Überdeckung zwischen modellierten und experimentellen Spektren sehr schwierig ist, wurden beide Varianten auf separate Y-Achsen aufgetragen. Dennoch ist eindeutig erkennbar, dass die starke Abnahme der Absorption mit höherer Temperatur in den ATR-Spektren wohl auf die Dichte- bzw. Brechungsindexänderung des unpolaren Anteils n_0 zurückzuführen ist. Die modellierten Spektren weisen bei Polyamid 6 und Polyamid 12 jeweils einen signifikante Rückgang der Absorption auf. Eine Ausnahme ist bei Polyamid 12 bei etwa 12,5 THz auszumachen: Dort ist die Absorptionsbande mit höherer Temperatur tatsächlich nicht mehr auffindbar, woraus sich ein direkter Einfluss der Temperatur aufgrund der Polarität ergibt, was sich in der Intensitätsänderung dieser speziellen Bande äußert.

Nie et al. haben ebenfalls das Oszillatormodell für sehr niederfrequente Schwingungen mit einer Temperaturabhängigkeit für Polyamid 6 angewandt [201][34], das erstmals an Hämoglobin und Polyanalin erprobt wurde [211]. Allerdings wurden hier sehr kleine Schwingungsfrequenzen von 0,05 bis 0,15 THz betrachtet, bei denen eine gute Übereinstimmung zwischen Experiment und Modell erzielt wurde. Die Extrapolation bis zur ersten Hauptbande bei etwa 3 THz ist damit bereits nicht mehr sinnvoll möglich. Die Schwingungsbande bei etwa 3 THz ist zwar noch im Modell enthalten, dient aber eher als Untergrund für die niederfrequenten temperaturabhängigen Bestandteile, sodass keine gute Übereinstimmung mehr mit der realen Hauptbande vorliegt. Der Schwerpunkt lag bei den Untersuchungen von *Nie* et al. auch eher auf der Abbildung einer starken Anomalie bei etwa 30 K über dem absoluten Nullpunkt.

Aufgrund der Erkenntnisse der neuerlichen Modellierung wird der temperaturbedingte Einfluss auf den Brechungsindex und die Dispersion und infolge dessen auf die ATR-Absorbanz als sehr stark eingeschätzt, was bei der folgenden Interpretation berücksichtigt wird. Diese Temperaturerhöhung dürfte eine signifikante Reduzierung in der ATR-Absorbanz bewirken.

[34] Bei der Rekonstruktion und Umsetzung der publizierten Modelle konnten einige Tippfehler in den Modellparametern entdeckt werden.

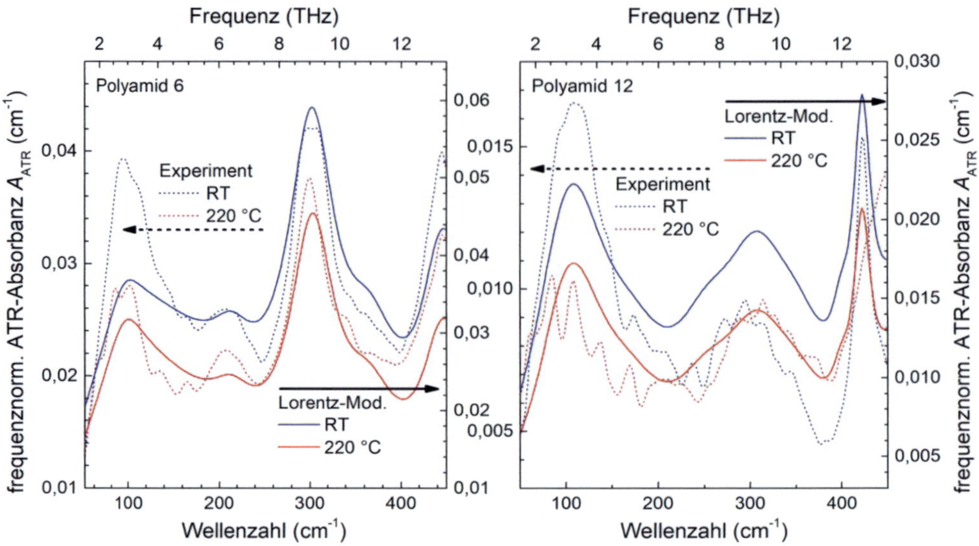

Abbildung 6.13: Gegenüberstellung modellierter und experimenteller ATR-Spektren bei Raumtemperatur und 220 °C für Polyamid 6 (links) und Polymiad 12 (rechts): Aufgetragen ist jeweils die frequenznormierte ATR-Absorbanz. Bei der Modellierung wurde lediglich eine Änderung der Materialdichte infolge der Temperatur berücksichtigt. Auf die experimentellen Daten wird noch in Abschnitt 6.4.3 näher eingegangen.

6.4.3 Polyamidspektren in Abhängigkeit der Temperatur

Alle nachfolgenden ATR-Spektren sind hier ebenfalls mit einer einfachen frequenznormierten ATR-Korrektur gemäß Gleichung 2.22 versehen. Abbildung 6.14 zeigt die Veränderung des Terahertz-ATR-Spektrums von Polyamid 6. Mit zunehmender Temperatur wird die Gesamtabsorption im Spektralbereich von 50 bis 450 cm^{-1} geringer. Zudem ist zu erkennen, dass die breite Hauptbande um 2,7 THz mit steigender Temperatur niedriger wird und sich zunehmend in zwei Banden aufspaltet. Ein eher gegensätzliches Verhalten ist bei der Absorptionsbande um 9 THz zu erkennen. Die Bandenausdehnung wird mit zunehmender Temperatur schmäler und die Spektren nahe der Raumtemperatur lassen eine Bandensplittung vermuten. Abbildung 6.20 stellt nochmals die beiden Spektren bei Raumtemperatur und 220 °C gegenüber, wo dies ebenfalls gut zu erkennen ist.

Suzuki et al. führten ebenfalls temperaturabhängige Untersuchungen an Polyamid 6 durch [180]. Sie beobachteten, dass die beiden Hauptabsorptionsbanden um 3 bzw. 9 THz sich mit zunehmender Temperatur verbreitern und sich die Anzahl der Nebenpeaks reduziert [180, 190]. Die Bandenverbreiterung wird hier eher auf eine phononenartige als auf eine intramolekulare Schwingung zurückgeführt [180, 212]. Die erste Bande verschiebt sich zudem mit zunehmender Temperatur (von 1 bis 227 °C) um etwa 0,7 THz zu niedrigeren Frequenzen. Zudem reduziert sich die Bandenintensität um rund 10 %. Die Bande um 9 THz ist vergleichsweise scharf ausgeprägt – v. a. bei sehr tiefen Temperaturen. Die Nebenbanden beim α-Kristall verschwinden nahezu bis in der Schmelzezustand. Die Hauptbande bei 8,7 THz er-

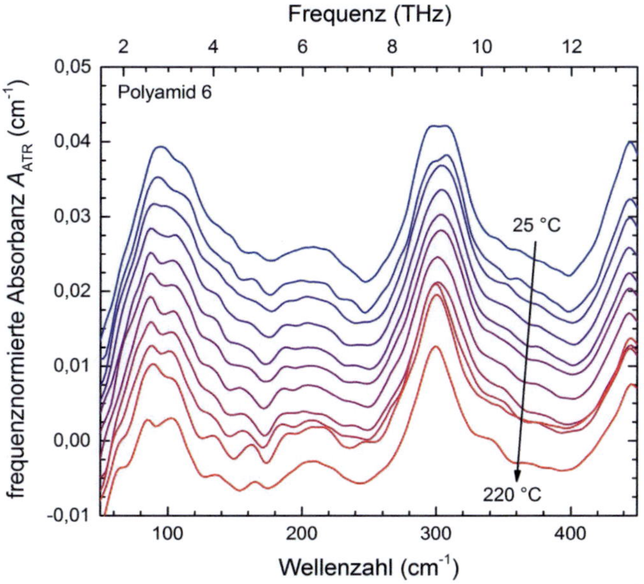

Abbildung 6.14: Terahertz-ATR-Spektren von Polyamid 6 bei Temperaturen von 25 bis 220 °C: Zur besseren Darstellung wurden die Spektren jeweils mit einem Absorbanz-Versatz von $-2{,}5\cdot10^{-3}$ ausgehend vom Spektrum bei Raumtemperatur versehen.

fährt eine starke Frequenzverschiebung um rund 0,4 THz zu höheren Frequenzen sowie eine Verbreiterung. Die verschiedenen Nebenbanden verschwinden nahezu vollständig. Durch eine Auftragung der Bandenintensität um 6 bis 7 THz in Abhängigkeit der Temperatur kann anhand der Wendepunkte der Glas- und sogenannte Brill-Übergang [96, 213–215] gut erkannt werden.

Betrachtet man die Frequenzposition der ersten ausgeprägten Absorptionsbande um 2,7 THz näher, so erkennt man in Abbildung 6.15 ein Frequenzminimum bei etwa 150 °C. Dies könnte dem Brill-Übergang entsprechen [96, 180, 213–215]. *Suzuki* et al. hatten bereits ähnliches beobachtet, wobei hier die Banden um 6 THz ausgewertet wurden [180, 190]. Wie bereits diskutiert wurde, sind ATR-Spektren auch z. B. vom Brechungsindex bzw. der ihn beeinflussenden Dichte abhängig. Daher kann es sich bei diesen Frequenzen durchaus um einen kombinierten Effekt handeln, der sich zwar in einem anderen Verlauf äußert, dem jedoch die gleiche Ursache eines Brill-Übergangs zugrunde liegt.

γ-Polyamid 6 weist eine geringere Abhängigkeit aufgrund der geringeren Bandendichte von der Temperatur auf [180]. Die Intensitäten beider Hauptbanden um 3 THz bzw. 9,5 THz werden ebenfalls leicht geringer (ca. 10 %) und erfahren eine leichte Verschiebung zu niedrigeren Frequenzen mit höherer Temperatur. In beiden Kristallformen ist durch die Bandenverschiebung und -verbreiterung eine Absorptionserhöhung bei höheren Temperaturen zu identifizieren. Die generelle Absorptionsabnahme mit zunehmender Temperatur ist eher auf die abnehmende Dichte und dem damit gekoppelten Brechungsindex zurückzuführen, wie bereits in Abschnitt 6.4.2 demonstriert werden konnte.

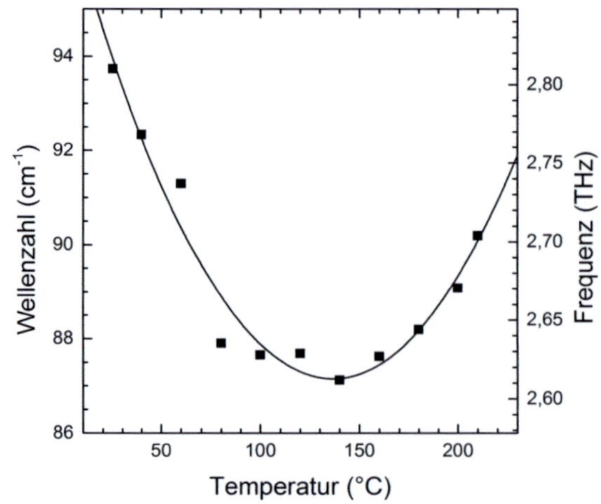

Abbildung 6.15: Frequenzposition der ersten ausgeprägten Absorptionsbande um 2,7 THz von Polyamid 6 in Abhängigkeit der Temperatur: Die durchgezogene Linie ist ein Polynomfit zweiter Ordnung.

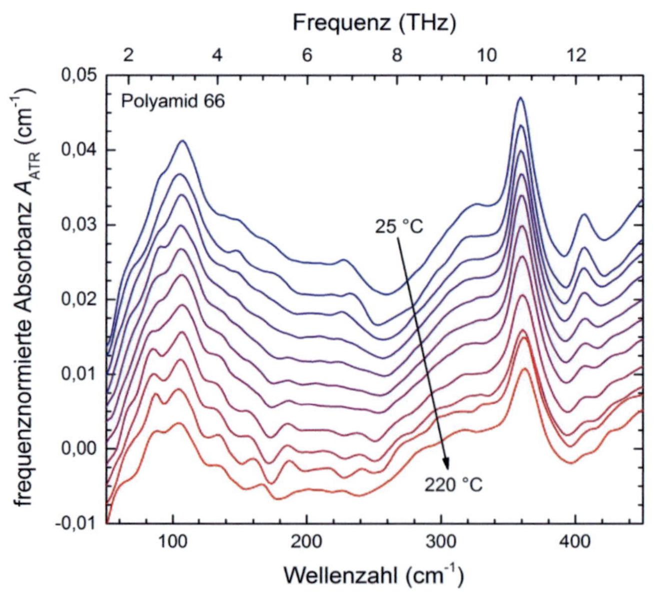

Abbildung 6.16: Terahertz-ATR-Spektren von Polyamid 66 bei Temperaturen von 25 bis 220 °C: Zur besseren Darstellung wurden die Spektren jeweils mit einem Absorbanz-Versatz von $-2{,}5\cdot 10^{-3}$ ausgehend vom Spektrum bei Raumtemperatur versehen.

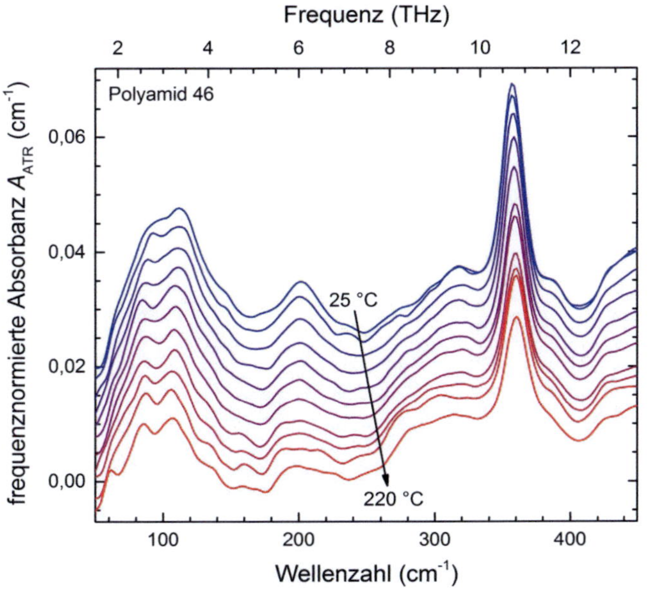

Abbildung 6.17: Terahertz-ATR-Spektren von Polyamid 46 bei Temperaturen von 25 bis 220 °C: Zur besseren Darstellung wurden die Spektren jeweils mit einem Absorbanz-Versatz von $-2{,}5\cdot10^{-3}$ ausgehend vom Spektrum bei Raumtemperatur versehen.

Ein ähnliches Verhalten zeigt auch Polyamid 66 in Abbildung 6.16. Neben der tendenziellen Abnahme der Absorption mit zunehmender Temperatur kann hier ebenfalls eine Separierung der ersten Hauptbande bei etwa 3,2 THz in zwei Einzelbanden beobachtet werden. Zudem ist eine leichte Verschiebung der Bande bei 1,1 THz zu 0,1 THz höheren Frequenzen mit steigender Temperatur zu beobachten. Die Bande bei 12,2 THz verschwindet bei einer Temperatur von 220 °C vollständig (vgl. Abbildung 6.20). Die Stufe um 6 THz wird ebenfalls bei hohen Temperaturen nahezu unsichtbar, was auf das Auflösen der α-Form schließen lässt.

Von den untersuchten Polyamiden weist Polyamid 46 in Abbildung 6.17 die höchste Gesamtabsorption im untersuchten Spektralbereich auf. Ansonsten ähnelt das Spektrum sehr dem von Polyamid 66 (vgl. Abbildung 6.20). Die breite Bande bei 3,6 THz spaltet sich mit zunehmender Temperatur ebenfalls in zwei Teilbanden auf. Die Bande bei 357 cm^{-1} verschiebt sich mit höherer Temperatur zu 10,8 THz. Außerdem ist noch eine Absorptionsbande bei 6,1 THz erkennbar, die sich mit zunehmender Temperatur reduziert und verbreitert.

Polyamid 11 und Polyamid 12 zeigen weniger Absorptionsbanden als die bislang betrachteten Polyamide und ähneln sich sehr (vgl. Abbildung 6.20). Sie liegen auch im Niveau der Gesamtabsorbanz etwa halb so hoch wie die vorgenannten Polyamide. Die temperaturabhängigen Einzelspektren von Polyamid 11 und Polyamid 12 sind in Abbildung 6.18 bzw. 6.19 aufgetragen.

Bei beiden Polyamiden ist bei einer Frequenz von jeweils 3,3 THz eine breite Absorptionsbande erkennbar, die sich mit zunehmender Temperatur abschwächt und

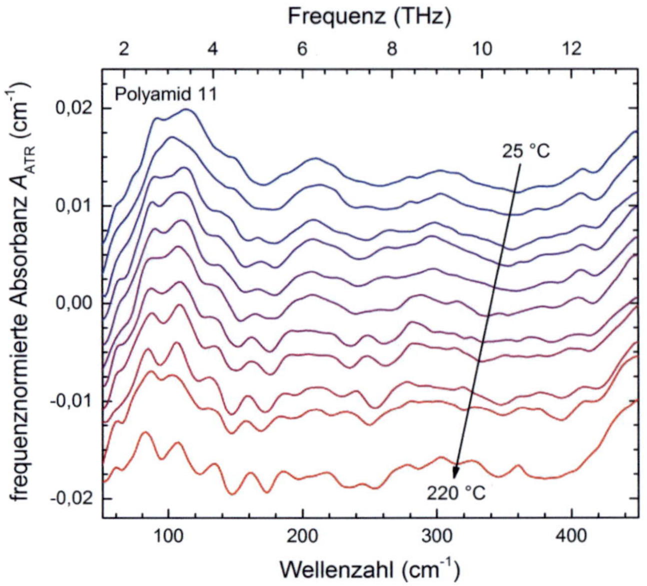

Abbildung 6.18: Terahertz-ATR-Spektren von Polyamid 11 bei Temperaturen von 25 bis 220 °C: Zur besseren Darstellung wurden die Spektren jeweils mit einem Absorbanz-Versatz von $-2{,}5\cdot10^{-3}$ ausgehend vom Spektrum bei Raumtemperatur versehen.

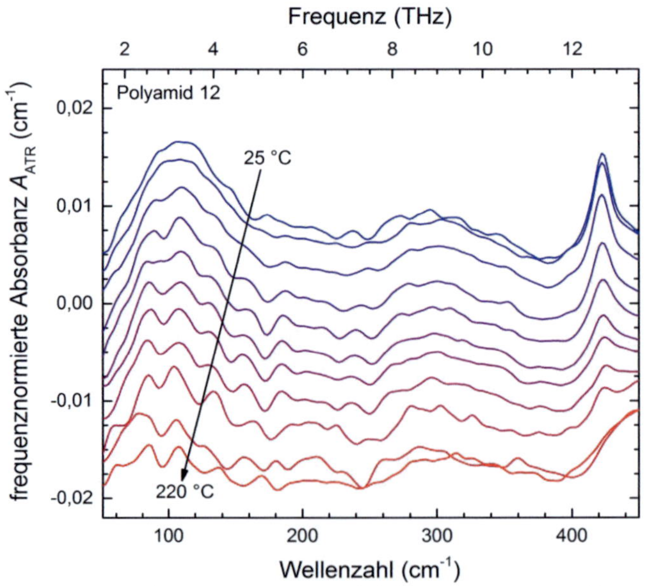

Abbildung 6.19: Terahertz-ATR-Spektren von Polyamid 12 bei Temperaturen von 25 bis 220 °C: Zur besseren Darstellung wurden die Spektren jeweils mit einem Absorbanz-Versatz von $-2{,}5\cdot10^{-3}$ ausgehend vom Spektrum bei Raumtemperatur versehen.

möglicherweise in Einzelbanden aufspaltet. Da die Absorption dieser Polyamide allerdings gering ist und dies in dieser ATR-Anordnung bereits zu einem geringen Signal-Rausch-Verhältnis führt, ist diese Interpretation unter Vorbehalt zu treffen.

Eindeutig erkennbar ist allerdings bei Polyamid 12 die Bande bei 12,6 THz, die bei einer Temperatur von 220 °C verschwunden ist. Dies ist eine Auffälligkeit, wie sie auch bei Polyamid 66 bei etwas geringerer Frequenz beobachtet wurde. Es scheint, als sei dies mit Schwingungszuständen direkt in einem Kristallgitter verbunden. Die quantenchemischen Berechnungen in Abschnitt 7.4.2 werden noch zeigen, dass es sich hierbei um eine Schwingung der Amidgruppe mit longitudinaler Ausgleichsbewegung der Methylgruppen entlang der Kette handelt, die anscheinend eng an die Existenz einer starken Wasserstoffbrückenbindung gekoppelt ist. Dies wird auch durch das Fehlen der Bande im Copolyamid 6/12 gestützt (vgl. Abbildung 6.9), wo durch die Stochastik der Polymerkette sich nicht so leicht regelmäßige Kristallgitter ausbilden können.

Abbildung 6.20 fasst nochmals alle Spektren bei Raumtemperatur und 220 °C zusammen. Insgesamt ist die signifikante Abnahme der Absorbanz mit zunehmender Temperatur eher auf messmethodische Einflüsse zurückzuführen, indem z. B. die Änderung der Dichte, respektive des Brechungsindex einen Einfluss auf die ATR-Absorbanz haben. Eine Rotverschiebung oder Bandenverbreiterung, wie in der Literatur berichtet, kann damit allerdings nicht eindeutig nachgewiesen werden. Allerdings sind auch einige spektrale Änderungen erkennbar, wie z. B. die Aufspaltung der ersten Hauptbande um 3 THz oder die Banden zwischen 12 und 13 THz bei Polyamid 66 und Polyamid 12.

6.5 Einfluss der Verstreckung von Polyamid

Hoshina et al. haben Proben aus dem Biopolymer Polyhydroxybuttersäure verstreckt und konnten mit polarisierter Terahertz-Strahlung eine Intensitätsänderung in der Absorptionsbande um 3 THz in Abhängigkeit des Einfallswinkels erkennen [191]. Damit konnten Rückschlüsse auf die Kristallinität des Polymers und den Ursprung der Absorptionsbande gezogen werden. In selbiger Veröffentlichung werden noch Terahertz-Untersuchungen an Polyamid 6 vorgestellt. Allerdings sind daran keine Untersuchungen an verstreckten Proben vorzufinden, was angesichts des Kontext naheliegen würde.

Daher wurde diese Veröffentlichung zum Anlass genommen, auch bei verschiedenen Polyamidproben den Einfluss der Verstreckung auf die Terahertz-Spektren zu untersuchen. Dabei wurde wieder das FTIR-Spektrometer (Bruker Tensor 37) mit ATR-Messaufbau eingesetzt, wie in Abschnitt 6.4.1 beschrieben. Jedoch wurde auf eine Temperierung des ATR-Diamants verzichtet und ausschließlich bei Raumtemperatur gemessen. Ein Spektrum wurde mit 300 Scans aufgenommen, das mit einer ebenso umfangreichen Referenzleermessung mit belasteter Probenplatte verrechnet wurde.

Als Proben kamen spritzgegossene oder aus Platten geschnittene Zugstäbe aus Polyamid 6, 66 und 46 sowie Folienstreifen aus Polyamid 6 und 12 zum Einsatz.

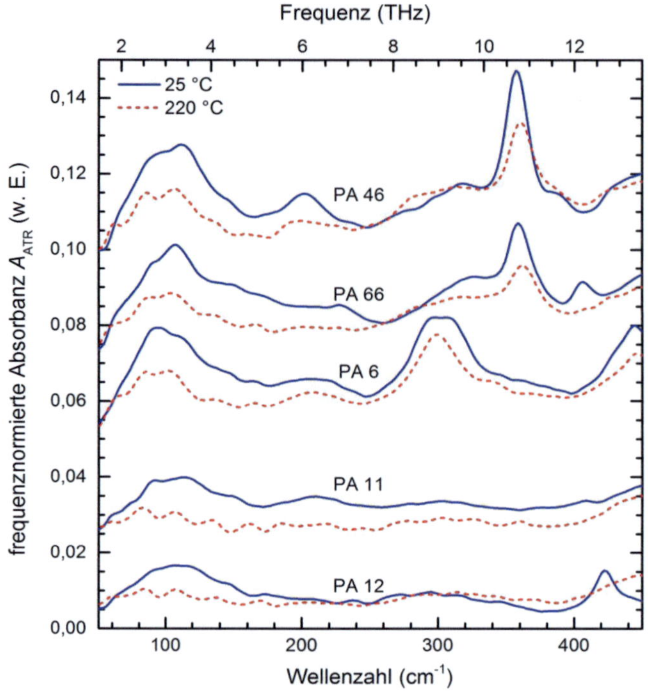

Abbildung 6.20: Terahertz-ATR-Spektren bei Raumtemperatur und 220 °C von Polyamid 46, 66, 6, 11 und 12: Zur besseren Darstellung wurden die Spektren der verschiedenen Polyamide mit einem Absorbanz-Versatz von jeweils $20 \cdot 10^{-3}$ ausgehend vom Spektrum für Polyamid 12 versehen.

Einzelheiten können dem Anhang A.2 entnommen werden. Die Zugstäbe wurden auf einer Zugprüfmaschine mit einer Traversengeschwindigkeit von 50 mm/min gestreckt. Die resultierenden Verstreckungsgrade lagen bei 17 bis 22 %, bis teilweise der Bruch erfolgte. Die Folienproben konnten per Hand über 100 % verstreckt werden.

Die ATR-Messungen erfolgten jeweils in Bereichen, in denen keine Verstreckung erfolgte bzw. die Verstreckung wirksam war. Die Gegenüberstellung der Spektren von verstreckten und unverstreckten Proben ist in Abbildung 6.21 mit der einfachen ATR-Korrektur (vgl. Gleichung 2.22) zu sehen. Im Rahmen der gegebenen Signalauflösung infolge der Gerätedrift und dem Signalrauschen können keine Änderungen durch die Verstreckung festgestellt werden. Lediglich bei der Polyamid 6-Folie kann bei der verstreckten Probe eine zusätzliche kleine Absorptionsbande bei 5,4 THz ausgemacht werden, die aufgrund ihrer geringen Intensität jedoch durch vorgenannte Messfehler kritisch beurteilt werden muss.

Die angestellten Versuche wurden unter vereinfachten Bedingungen durchgeführt. Für genauere Aussagen müsste das Signal-Rausch-Verhältnis der Messungen verbessert werden. *Hoshina* et al. verwendeten zudem polarisierte Terahertz-Wellen mit unterschiedlichen Einfallswinkeln [191], was die Messung sehr sensitiv für eine Änderung in der Molekülkettenorientierung durch das Verstrecken macht. Die durch-

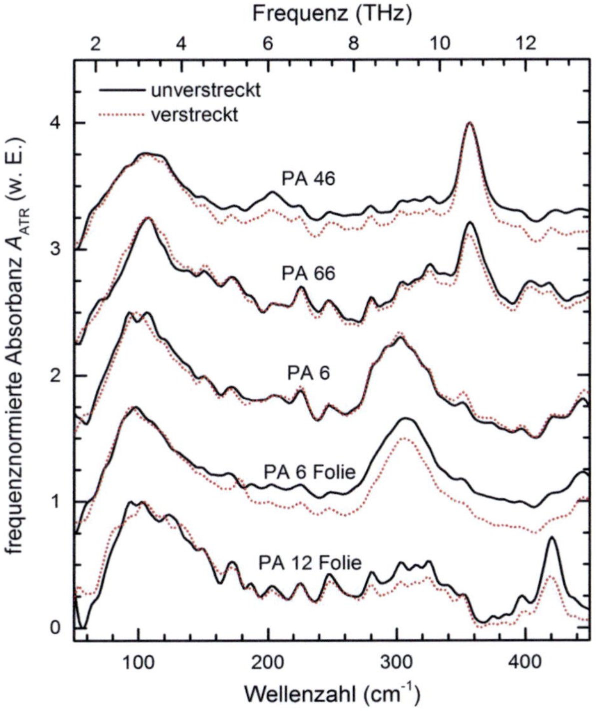

Abbildung 6.21: Gegenüberstellung der ATR-Spektren unterschiedlicher Polyamid-Proben im Terahertz-Spektralbereich: Die schwarz durchgezogenen Linien zeigen das Spektrum der Original-Probe bzw. die rot gestrichelten Linien die jeweils gestreckten Probenbereiche. Zur besseren Darstellung wurden die Spektren verschiedener Polyamide jeweils mit einem Absorbanz-Versatz von 0,75 versehen und jedes Spektrum im betrachteten Spektralbereich in seiner Amplitude zwischen 0 und 1 normiert.

geführten ATR-Messungen sind nur sensitiv für Konzentrationsänderungen, deren Einfluss wesentlich geringer als die der Orientierung ausfällt. Solche Untersuchungen sind mit einem ATR-Aufbau mit gewöhnlichem FTIR-Spektrometer schwer realisierbar. Änderungen im Kristallinitätsgrad dürften durch die Verstreckung vermutlich nicht stattgefunden haben. In Rücksprache mit den Autoren der entsprechenden Veröffentlichung wurde auch betont, dass deren Probenpräparation für auswertbare Messresultate sehr aufwändig war [212]. Nach dem Verstrecken wird eine Wärmenachbehandlung zur Nachkristallisation empfohlen. Dies konnte bei den vorgenannten Untersuchungen nicht berücksichtigt werden, weshalb die Schlussfolgerungen vorsichtig zu formulieren sind.

Kapitel 7

Schwingungsanalyse an Polyamiden mit ab-initio Simulationen

Schwingungsspektren aus Experimenten können durch Simulationen besser aufgeklärt und verifiziert werden, sofern experimentelle Erfahrungswerte noch rar sind [182]. In diesem Kapitel werden ab-initio[35] Methoden eingesetzt, um die Terahertz-Spektren bzw. die Absorptionsbanden von Polyamiden besser zu verstehen. Die Simulationen wurden im Rahmen einer Diplomarbeit von *Murail* durchgeführt [208], die vom Verfasser betreut wurde.

7.1 Grundlagen der Computerchemie

Die Computerchemie bietet verschiedene Methoden, um unterschiedliche Eigenschaften von Molekülen zu berechnen. Die exakte analytische Beschreibung chemischer Strukturen ist nur für Einelektronensysteme möglich. Strukturen und Eigenschaften von Molekülen können mit molekular-mechanischen, quantenmechanischen ab-initio oder semiempirischen Methoden angenähert werden. Die Einordnung der verschiedenen Verfahren erleichtert das Schema in Abbildung 7.1. *Meier*, *Young*, *Cook* und *Hehre* et al. bieten einen guten Überblick und weitere Details zu den gängigen Methoden [216–219].

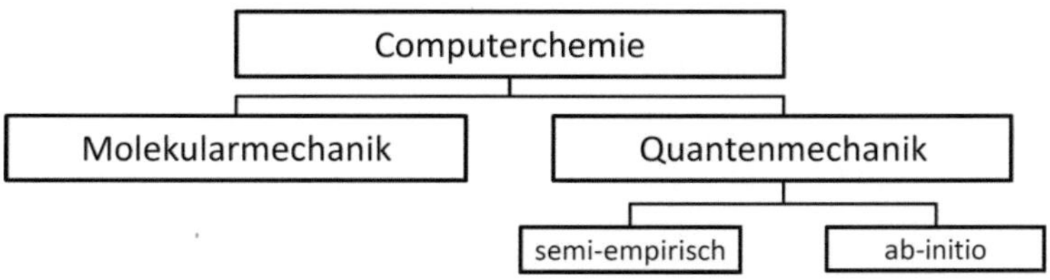

Abbildung 7.1: Einordnung der verschiedenen Methoden in der Computerchemie.

Molekular-mechanische Berechnungen nutzen die klassischen physikalischen Gesetze, wobei Moleküle hier als über Bindungen gekoppelte Atome in einem Kraftfeld betrachtet werden. Diese Berechnungen vernachlässigen zunächst die Elektronen in einem Molekül und behandeln nur die Wechselwirkungen der Atomkerne. Die

[35] lateinisch für „von Anfang an“

Parametrisierung der Kraftfelder ermöglicht, den Einfluss der Elektronen zu berücksichtigen [220].

Quantenmechanische Berechnungen versuchen hingegen, die Vorgänge im Molekül mit der Bewegung der Elektronen mathematisch korrekt zu beschreiben, um daraus auf die physikalischen und chemischen Eigenschaften des Moleküls zu schließen. In der Theorie könnten quantenmechanische Simulationen alle Moleküleigenschaften genau vorhersagen. In der Praxis müssen die Gleichungssysteme jedoch gelöst werden, was nur für Einelektronensysteme möglich ist. Mehrelektronensysteme müssen mittels unterschiedlicher Verfahren angenähert und anschließend gelöst werden.

Die zentrale Grundlage für quantenchemische Berechnungen ist die allgemeine Schrödingergleichung mit

$$i\hbar\frac{\partial}{\partial t}\left|\Psi(t)\right\rangle = \mathcal{H}\left|\Psi(t)\right\rangle \tag{7.1}$$

und dem reduzierten Planck'schen Wirkungsquantum $\hbar$, dem Hamiltonoperator $\mathcal{H}$ und dem Zustandsvektor der Wellenfunktion $|\Psi(t)\rangle$. Für die Energie besteht der Zusammenhang $\hat{E} = i\hbar\,\partial/\partial t$. Zur Lösung dieser Schrödingergleichung werden in der Computerchemie verschiedene Näherungsverfahren verwendet, die sich wiederum in semi-empirische und ab-inito Methoden untergliedern lassen [216].

Semi-empirische Methoden benötigen experimentelle Daten, die geeignete Startwerte für die Berechnungen liefern. Bei ab-initio Methoden wird auf experimentelle Daten vollständig verzichtet. Es werden ausschließlich quantenmechanische Gesetze und Naturkonstanten verwendet. Das hat den Vorteil, dass keine geeigneten experimentellen Daten vorhanden sein müssen, führt allerdings zu einem weit höheren Rechenaufwand. Die folgenden Untersuchungen wurden mittels ab-initio Simulationen durchgeführt, weshalb nachfolgend darauf näher eingegangen wird.

7.1.1 Ab-initio Methoden

Die Hartree-Fock-Methode ist eines der häufigsten genutzten ab-initio Verfahren in der theoretischen Chemie. Dazu sind keinerlei empirische Daten erforderlich. Das Grundprinzip dieser quantenmechanischen Betrachtung ist die Aufteilung eines Mehrteilchenproblems in mehrere Einteilchenprobleme [221]. Die Hartree-Fock-Gleichung

$$\hat{F}\left|\phi_i\right\rangle = \epsilon_i\left|\phi_i\right\rangle \tag{7.2}$$

liefert als Lösungen die Orbitalenergien ϵ_i und Einelektronenwellenfunktion $|\phi_i\rangle$ aller Elektronen i. Der Fock-Operator $\hat{F}$ beschreibt hierbei die kinetische Energie, die Abstoßung der Elektronen im gemittelten Feld der anderen Elektronen sowie die Kern-Anziehung. Die Lösung wird für jedes Elektron eines Moleküls einzeln berechnet. Die gesamte Wellenfunktion wird durch eine Linearkombination (LCAO[36]) der Einelektronenwellenfunktionen gebildet und beschreibt damit eine Näherung

[36] engl. linear combination of atomic orbitals (Quantensuperposition)

der Schrödingergleichung 7.1. In Iterationen werden die einzelnen Parameter der Hartree-Fock-Gleichung 7.2 variiert, bis sich ein selbst-konsistentes Feld[37] ergibt, das sich nicht mehr ändert (d. h. stabil ist). Dabei werden allerdings die coulombschen Wechselwirkungen der Elektronen vernachlässigt, die lediglich als Durchschnittseffekt berücksichtigt werden. In der Realität ist jedoch die Aufenthaltswahrscheinlichkeit abhängig von der Wechselwirkung der einzelnen Elektronen.

Korrelierte Methoden versuchen dieses Defizit teilweise zu eliminieren. Diese nutzen zunächst eine Hartree-Fock-Rechnung, die dann mit Korrekturbeiträgen aus einer anschließenden korrelierten Rechnung verfeinert wird. Die MPn[38]-, CC[39]-, MCSCF[40]- und CI[41]-Methoden sind dafür gängige Verfahren [221]. Korrelationsrechnungen sind sehr wichtig, um die Qualität der kalkulierten Modelle zu verbessern.

Tomerini et al. bieten einen sehr schönen Überblick speziell über Berechnungsmethoden im Terahertz-Spektralbereich für die Ermittlung von Schwingungszuständen in kristallinen Materialien [222]. *Jepsen* et al. demonstrieren diese Methoden der Computerchemie an den Beispielmolekülen von Sacharose, Benzoesäure und Thymin [223].

7.1.2 Dichtefunktionaltheorie

In den letzten Jahren ist die Bedeutung der Dichtefunktionaltheorie zur quantenmechanischen Berechnung von Vielelektronensystemen stark gewachsen. Sie liefert in vielen Fällen genauere Ergebnisse bei vergleichbaren oder kürzeren Rechenzeiten. Die Grundlage ist dazu das Hohenberg-Kohn-Theorem. Dabei wird die Energie eines uniformen Elektronengases über die ortsabhängige Elektronendichte anstatt über die Elektronenwellenfunktion bestimmt [224, 225]. Hieraus können die übrigen Eigenschaften abgeleitet werden. Die Elektronendichte liefert eine Aussage, mit welcher Wahrscheinlichkeit ein Elektron an einer bestimmten Stelle im Raum aufzufinden ist. Sie hängt somit nur von der Raumkoordinate ab und ist damit wesentlich einfacher als eine Wellenfunktion zu handhaben. Die vollständige Schrödingergleichung muss für das Vielelektronensystem nicht gelöst werden, was zu einer vergleichsweise geringen Rechenzeit führt.

Die Elektronendichten werden hier analog zu den Einelektronenwellenfunktionen der Hartree-Fock-Methode in einer Linearkombination zusammengefasst. Die resultierende Determinante – das sogenannte Kohn-Sham-Orbital – wird dann zur Lösung der Energien genutzt, die wiederum Funktionale der Dichte sind. Das Dichtefunktional, d. h. die Funktion der Elektronendichte, ist per se nicht bekannt. Sie kann quantenchemisch entwickelt oder in Anlehnung an Experimente parametrisiert werden. Daher existieren sowohl reine ab-initio und semi-empirische Dichtefunktionaltheorie-Verfahren [216].

37 engl. self consistent field (SCF)

38 Møller-Plesset-Störungstheorie, wobei „n“ für die Ordnung der Korrektur steht. Bekannt sind vor allem MP2-Berechnungen.

39 engl. coupled-cluster

40 engl. multi-configurational self-consistent field

41 engl. configuration interaction

Das einfachste Dichtefunktional ist die Xα-Methode. Sie berücksichtigt einen Elektronenaustausch, vernachlässigt allerdings die Elektronenkorrelation. Ihre Genauigkeit entspricht etwa der Hartree-Fock-Methode. Die einfachste Näherung für Elektronenaustausch und -korrelation ist die lokale Dichtenäherung (LDA[42]). Sie basiert auf dem genauen Energieaustausch und der Korrelationsenergie eines uniformen Elektronengases, wobei die kinetische Energie bekannt ist. Allerdings wird der Austausch- und Korrelationsbeitrag angenähert. In der Realität ist das Elektronengas jedoch nicht uniform und die Elektronendichte ortsabhängig. Daher wird bei der Gradientennäherung (GGA[43]) die Ortsabhängigkeit durch einen Gradienten berücksichtigt. Eine pauschale Antwort, welches Dichtefunktional am geeignetsten ist, kann nicht gegeben werden. Häufig liefern hybride Verfahren, wie z B. B3LYP[44] als bekanntester Vertreter, die besten Ergebnisse. Sie nutzen mittels Gewichtung sowohl die Wellenfunktion als auch die Elektronendichte.

7.1.3 Basissätze

Für die ab-initio Berechnungen werden Basissätze benötigt, um die Form der Atomorbitale, d. h. die Wellenfunktion $|\Psi(t)\rangle$ zu beschreiben. Diese werden durch eine Linearkombination von Basisfunktionen gebildet und können unendlich groß werden. Daher muss für eine effiziente Rechnung der Basissatz geschickt ausgewählt werden. Je kleiner die Basis ist, desto ungenauer ist die Nachbildung der realen Wellenfunktion und damit das Ergebnis [216]. Je besser der Basissatz die reale Wellenfunktion beschreibt, desto höher wird allerdings der Rechenaufwand.

Die wichtigsten Orbitaltypen sind die Gauß- und Slater-Orbitale (GTO[45] bzw. STO[46]). Abbildung 7.2 stellt den Realzustand der potenziellen Energie eines 1s-Atomorbitals den beiden Näherungen gegenüber. Die GTO-Näherung weist große Abweichungen in Kernnähe und im mittlerem Abstand zum realen Verlauf auf. Daher sind reine GTO nicht für die Beschreibung von Eigenschaften geeignet, deren Effekte in diesen Bereichen maßgeblich sind, wie z. B. für NMR[47]-Spektren in Kernnähe oder Wasserstoffbrückenbindungen im mittleren Radienbereich. Diese Defizite werden durch die Linearkombination mehrerer Gauß-Funktionen verringert. Für einfache Wasserstoffatome bieten STO häufig ausreichend genaue Ergebnisse. Da sich Gauß-Funktionen mathematisch einfach beschreiben und in Computerrechnungen sehr effizient verarbeiten lassen, wird häufig auf eine Linearkombination mehrerer Gaußfunktionen zurückgegriffen.

Im Rahmen dieser Arbeit sollen Polymere mit Molekülsystemen aus 70 bis 560 Atomen angenähert werden. Daher muss ein gleichermaßen ausreichender als auch möglichst kleiner Basissatz verwendet werden, um die Rechenzeit in einem realis-

42 engl. local density approximation
43 engl. generalized gradient approximation
44 engl. Abkürzung für Becke, 3 mixing parameter, Lee-Yang-Parr
45 engl. Gaussian type orbitals
46 engl. Slater type orbitals
47 Kernspinresonanzspektroskopie, aus engl. nuclear magnetic resonance

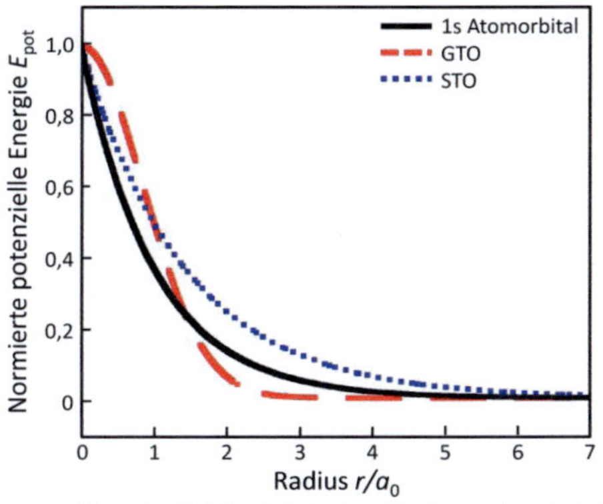

Abbildung 7.2: Potenzielle Energie E_{pot} in Abhängigkeit des Radius r/a_0 (mit Bohr'schen Radius a_0) für ein reales 1s-Atomorbital sowie die STO- und GTO-Näherung (nach [226]).

tischen Rahmen zu halten. Dazu bietet sich der Basissatz 3-21G an, der zwischen Atomen im inneren und im Valenzband unterscheidet.

An diesem Basissatz 3-21G wird die Nomenklatur für deren Bezeichnung kurz erläutert:

- **3**: Anzahl der Gauß-Funktionen für den inneren Bereich
  Beschreibung durch eine zusammengezogene Gauß-Funktion, die aus einer Linearkombination dreier primitiver GTO besteht.
- **21**: Anzahl der Gauß-Funktionen für die Valenzschale
  Beschreibung durch eine zusammengezogene Gauß-Funktion (die wiederum aus zwei primitiven GTO besteht) und einer ausgedehnten Gauß-Funktion (die wiederum nur aus einer primitiven GTO besteht).
- **G**: Gesamter Basissatz besteht aus Gauß-Funktionen.

7.2 Übersicht bisheriger Arbeiten zu ab-initio Berechnungen

Bislang sind nur wenige Arbeiten mit ab-inito Berechnungen zu den Schwingungszuständen im Terahertz-Spektralbereich von Polyamiden bekannt. Häufig handelt es sich um Berechnungen im mittleren oder nahen Infrarotbereich. *Galimberti* et al. führten z. B. umfangreiche Berechnungen für Polyamid 66 mit *CRYSTAL* durch, wobei hier keine Ergebnisse für Terahertz-Spektren vorliegen [227]. Analoge Arbeiten liegen für Polyamid 6 von *Quarti* et al. vor [102]. *Takahashi* bietet einen allgemeinen Überblick über Schwingungszustände in Kristallen aus Wasserstoffbrücken-Netzwerken im Terahertz-Spektralbereich und geht auch auf entsprechende Berechnungen mit ab-initio Methoden ein [228].

Im Terahertz-Spektralbereich liegen von *Shukla* et al. Schwingungszustände für α- und γ-Polyamid 6 vor [229, 230]. Hierbei wurden allerdings molekular-mechanische Kraftfeldmethoden nach Urey-Bradley eingesetzt. Sehr frühe Untersuchungen mit Kraftfeldmethoden zeigten ebenfalls bereits im Terahertz-Spektralbereich von γ-Polyamid 6 zahlreiche Schwingungsmoden [231]. Diese wurden allerdings nur sehr allgemein mit „Skelettdeformation/-torsion“ bezeichnet. *Tadokoro* et al. untersuchte kurz davor mit selbiger Methodik bereits verschiedene α-Polyamide, wo auch die Schwingungszustände im Terahertz-Spektralbereich dezidierter benannt sind [202].

Papanek et al. präsentieren zu ihren Berechnungen auch einen Abgleich mit experimentellen Ergebnissen mit inelastischer Neutronenstreuung an Polyamid 6-Fasern [206]. Diese ersten quantenmechanischen Simulationsrechnungen wurden mittels Dichtefunktionaltheorie und dem B3LYP-Funktional durchgeführt. *Arabnejad* et al. führten umfangreiche Berechnungen der Schwingungszustände mit unterschiedlichen Defekten in der Kristallstruktur von α- und γ-Polyamid 6 durch [106]. Dort konnte gezeigt werden, dass die Zustandsdichte in Abhängigkeit der Frequenz nur gering von Störstellen beeinflusst wird. Erste ab-initio Berechnungen an einem anderen Polyamidtyp wurden in einer Veröffentlichung des Verfassers präsentiert [171], die mit den hier vorgestellten Arbeiten eng verknüpft ist. Diese ersten Untersuchungen an γ-Polyamid 66 führten zu den hier präsentierten erweiterten Arbeiten.

7.3 Schwingungssimulation unterschiedlicher Polyamidstrukturen

Hier werden ab-initio Berechnungen zu Terahertz-Spektren von Polyamid 46 und 66 vorgestellt. Dazu sind bis dato keine weiteren Arbeiten bekannt. Außerdem wird eine spezielle Methodik angewandt, die zur Aufklärung der temperaturabhängigen Spektren im Terahertz-Spektralbereich dienen soll. Die folgenden Abschnitte erläutern das gewählte Vorgehen.

7.3.1 Simulationsmethodik

Die Polymereigenschaften weisen eine große Temperaturabhängigkeit auf. Dies zeigen z. B. die durchgeführten Untersuchungen mit Terahertz-Wellen an Polymerschmelzen in Kapitel 5. Polyamide weisen in kristallinen Bereichen eine hohe Rate aktiver Wasserstoffbrückenbindungen zwischen den Amidgruppen auf [232]. Mit steigender Temperatur wird diese Wechselwirkung geringer.

Da u. a. das spektrale Temperaturverhalten von Polyamiden untersucht werden soll und temperaturabhängige quantenchemische Berechnungen nach wie vor eine große Herausforderung darstellen, wird das nachfolgend beschriebene Vorgehen gewählt. Bei teilkristallinen Polymeren ist primär die vollständig amorphe Phase ohne jegliche intermolekulare Bindungen sowie die vollständig kristalline Phase als die beiden idealisierten Extremfälle für die Simulation interessant. Für die Simulationen werden daher folgende zwei Fälle betrachtet:

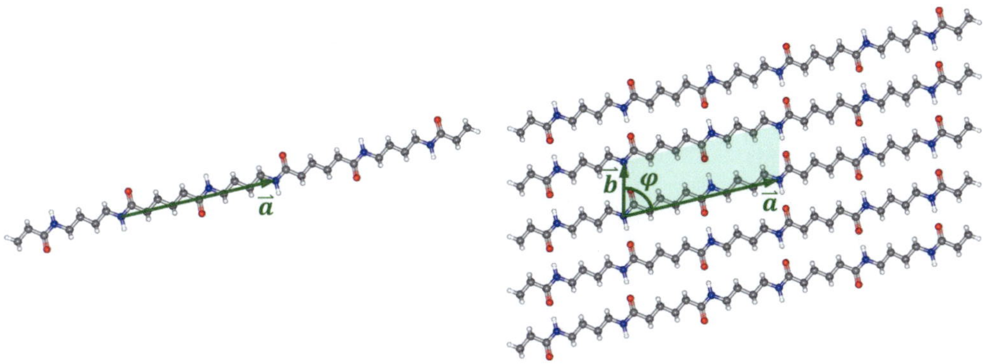

Abbildung 7.3: Beide Ausgangssituationen für die ab-inito Berechnung der Molekülspektren ohne intermolekulare Wechselwirkungen mit einer Einzelkette (links) und einem Molekülcluster (rechts) am Beispiel von α-Polyamid 46: Die Verschiebungsvektoren (grün) kennzeichnen die Translation im Falle der Berechnung mit Elementarzellen.

- **Vollständig amorphe Phase:**
  einzelne Molekülkette ohne intermolekulare Wechselwirkung
- **Vollständig kristalline Phase:**
  geordnete intermolekulare Struktur (z. B. Wasserstoffbrückenbindungen)

In der Umsetzung wird im Fall der vollständig amorphen Phase ohne intermolekulare Wechselwirkung eine einzelne Polyamidkette mit drei Repetiereinheiten verwendet. Bei der kristallinen Phase werden Molekülcluster mit fünf parallelen Molekülketten gebildet, die ebenfalls jeweils aus drei Repetiereinheiten bestehen und gegenseitig über Wasserstoffbrücken gekoppelt sind. Ein Beispiel für diese beiden Betrachtungsweisen ist für α-Polyamid 46 in Abbildung 7.3 gezeigt.

Damit die Berechnung korrekt durchgeführt wird, werden die Kettenenden mit gesättigten Kohlenstoffeinheiten abgeschlossen. Die Verhältnisse von Kettenlängen bzw. Clustergrößen zur Anzahl der Kettenenden sind bei realen Polymerstrukturen wesentlich größer. Allerdings muss ein Kompromiss zu den zur Verfügung stehenden Rechenkapazitäten gefunden werden, da die Rechenzeit überproportional mit der Clustergröße bzw. Anzahl der Atome ansteigt. Dennoch ist mit diesem Vorgehen bereits gewährleistet, dass zwischen beiden Molekülkonfigurationen ein signifikanter Unterschied in der intermolekularen Wechselwirkung besteht, sodass durch diese Methodik die Extremwerte für eine vollständig amorphe bzw. kristalline Phase für den Festkörper- bzw. Schmelzezustand angenähert werden kann. In einigen Fällen wurde auch eine molekulare Elementarzelle verwendet, die dann durch Translationsvektoren in einer (einzelne Molekülkette) oder zwei Dimensionen (Kettencluster in einer Ebene) rechnerisch dupliziert wurden und damit eine unendlich ausgedehnte Struktur ergeben.

Diese Methode ist für vergleichbare Zielsetzungen ein gängiges Verfahren [222, 223]. Nach den Arbeiten von *Arabnejad* et al. [106] zu Störstellen behafteten Polymerkristallen sollte diese Näherung auch ausreichend robust für Aussagen zur Aufklärung der experimentellen Spektren sein (vgl. Abschnitt 7.2).

Für die Berechnung wird zunächst die Molekülstruktur und deren intermolekulare Anordnung vorgegeben. Mittels geeigneter Methoden erfolgt anschließend eine Geometrieoptimierung. Mit dieser optimierten Geometrie erfolgt im Anschluss die Berechnung der Schwingungszustände des Moleküls (vgl. Abschnitt 7.3.2). Die entsprechenden Details werden nachfolgend ausgeführt.

7.3.2 Eingesetzte Berechnungsprogramme

Die Geometrievorgabe und erste Voroptimierung auf ein lokales Energieminimum der Moleküle erfolgte in *Avogadro 1.0.2* mittels molekular-mechanischer Methoden [233]. Die finale Geometrie wurde je nach Eignung mit unterschiedlichen Programmen optimiert. Das Programm *Gaussian 09* ist primär für quantenchemische Berechnungen in der Gasphase und kaum für Festkörper geeignet [220, 234, 235]. Die Ergebnisse der Geometrieoptimierung wichen daher oft stark von der real vorliegenden Geometrie ab. Deswegen wurde auch auch die Software *BAND* eingesetzt, die speziell für Festkörper ausgelegt ist [236, 237].

In *BAND* müssen nur eine Elementarzelle und Basisgittervektoren angegeben werden. Allerdings können bei der Berechnung der Schwingungsspektren in *BAND* nur die Frequenzen und nicht Intensitäten der Absorptionsbanden kalkuliert werden. *Gaussian* ist diesbezüglich nicht limitiert. Aus Vorberechnungen des Anbieters erwies sich allerdings eine Kopplung von *BAND/ADF* bei den angestrebten Untersuchungen als erfolgversprechend. Dabei erfolgte die Geometrieoptimierung in *BAND* und eine anschließende Spektrenberechnung in *ADF*. Das ist eine Berechnungsumgebung, die analog zu *Gaussian* für Gasmoleküle ausgelegt ist. Am vielversprechendsten war der Einsatz von Hesse-Matrizen, womit eine Näherung einer mehrdimensionalen Funktion mittels Taylor-Entwicklung erfolgt. Diese Methode wird häufig zur Beschreibung von Übergangszuständen verwendet. Die komplette Lösung eines vorgegebenen Molekülsystems erfordert allerdings eine große Rechenzeit, sodass nur eine partielle Hesse-Matrix[48] eingesetzt wurde [238]. Dabei wird nur eine einzelne Elementarzelle quantenmechanisch betrachtet. Die Umgebung wird molekular-mechanisch angenähert, was ausreichend genaue Ergebnisse liefert.

Abbildung 7.4 vergleicht für γ-Polyamid 66 die Spektren von Beispielrechnungen mit den verschiedenen Programmen und dem experimentellen Befund. Die Geometrieoptimierung konnte mit *BAND/ADF* besser als mit *Gaussian* realisiert werden, was aufgrund der gezielten Auslegung von *BAND* für Festkörper zu erwarten war. Die Resultate der Frequenzberechnungen von *Gaussian* stimmen gut mit dem Experiment (FTIR-Messung an Polyamid 66 bei Raumtemperatur) überein. Die Kopplung *BAND/ADF* liefert für hohe Frequenzen ab einer Wellenzahl von $230\,\mathrm{cm}^{-1}$ ebenfalls gute Resultate. Allerdings ist die Absorptionsbande bei einer Wellenzahl von etwa $110\,\mathrm{cm}^{-1}$ nicht sichtbar. Dies dürfte an der unzureichenden Abbildung intermolekularer Wechselwirkungen durch das molekular-mechanische Modell liegen.

Mit *CRYSTAL09* wurden ebenfalls einige Simulationen mit den Basissätzen 3-21G und 6-21G im hybriden Verfahren B3LYP sowie dem PBEPBE-Funktional er-

[48] engl. partial Hessian

probt [239, 240]. *CRYSTAL09* hat den Vorteil, dass es speziell für Festkörper und Kristallstrukturen ausgelegt ist sowie zusätzlich die dielektrischen Eigenschaften modellieren kann. Dennoch konnten mit dem vorgestellten Vorgehen mit *Gaussian* die besseren und schnelleren Resultate für die Absorptionseigenschaften erreicht werden.

Da für die geschilderte Zielsetzung primär der niedrige Frequenzbereich und die intermolekulare Kopplung interessant sind, wurde in Summe trotz der Einschränkungen bei Festkörpern vorwiegend mit *Gaussian* gearbeitet.

7.3.3 Simulationsparameter und Datenaufbereitung

Die Schwingungsspektren für die Polyamide wurden in *Gaussian* mittels der Dichtefunktionaltheorie und dem PBE[49]-Funktional simuliert [241, 242]. PBE ist eine Gradientennäherung (GGA) und berücksichtigt den Dichtegradienten und die lokale Elektronendichte. Sie wird häufig für Berechnungen in Kristallen auch im Terahertz-Spektralbereich eingesetzt [222, 228]. Außerdem wurde die Elektronendichte-Fitfunktion (DenFit) aktiviert und der Basissatz 3-21G verwendet. Daher wurde in *Gaussian* mit PBEPBE/3-21G gerechnet. Die Berechnung nach der Dichtefunktionaltheorie erfolgt für eine Temperatur von 0 K [171, 223]. Die kompletten Eingabedatensätze für die Frequenzrechnungen sind im Anhang B aufgeführt.

Die berechneten Absorptionsfrequenzen wurden mit dem zugehörigen Faktor 0,991 für das PBEPBE-Funktional und den 3-21G-Basissatz skaliert [243]. Die Absorptionsbanden wurden aus den Frequenzen und Intensitäten durch Lorentz-Funktionen mit einer Halbwertbreite von $15\,\mathrm{cm}^{-1}$ angenähert. Die Bandenbreite kann mittels Simulationsrechnung nur sehr schwer berechnet werden und ist primär durch die Doppler- und Lebensdauerverbreiterung bestimmt (vgl. auch Abschnitt 2.3) [76]. In der Praxis wird in der Regel eine Halbwertsbreite angenommen, die am ehesten einen Vergleich mit den experimentellen Daten erlaubt.

Damit die Absorptionsspektren visuell und quantitativ besser vergleichbar sind, wurden die Intensitäten der Spektren mit Einzelketten nach dem Lambert-Beer'schen Gesetz mit dem Faktor 5 multipliziert. Damit werden die Molekülkonzentrationen der jeweiligen Berechnungen (einzelne Molekülkette bzw. mehrere Molekülketten in einem Cluster) einander angepasst.

Tabelle 7.1 listet die Gittervektoren der Repetiereinheiten für Polyamid 46 und Polyamid 66 auf, die der Frequenzrechnung zugrunde liegen. Die Länge einer Repetiereinheit entlang der Basiskette entspricht $|\vec{a}|$. Der Vektor $\vec{b}$ steht auf dieser Molekülhauptachse mit dem Winkel φ (vgl. Abbildung 7.3). Diese Gittervektoren resultieren, wie bereits erwähnt, entweder aus den Vorgaben der molekular-mechanischen oder quantenmechanischen Geometrieoptimierung. Für die Kristallgitter sind zudem die Abstände d der Molekülketten in der Ebene ergänzt, die senkrecht auf dem Vektor der Repetiereinheit $\vec{a}$ stehen. Sofern nicht per se mit Elementarzellen gearbeitet wurde, können sich leichte Abweichungen dieser Werte innerhalb der Struktur ergeben. In diesem Fall sind Mittelwerte angegeben.

[49] benannt nach den Physikern John P. Perdew., Kiron Burke und Matthias Ernzerhof [241, 242]

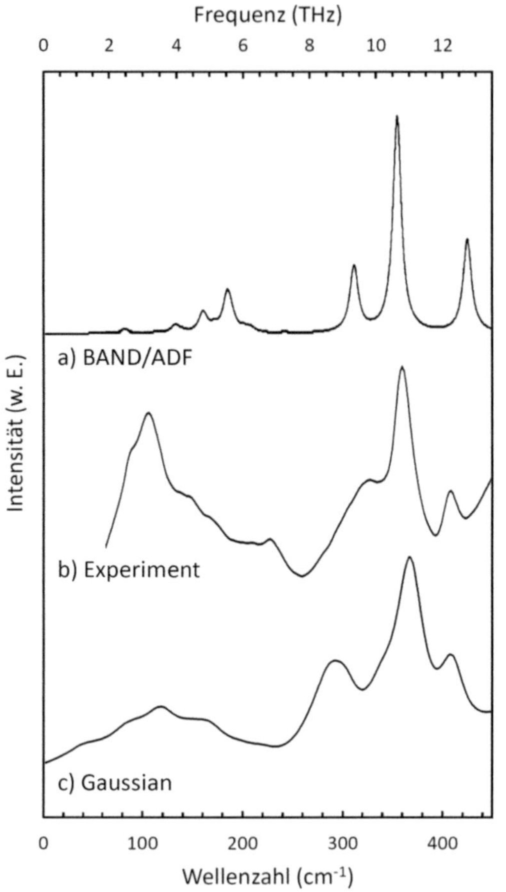

Abbildung 7.4: Gegenüberstellung von gemessenen mit simulierten Spektren zum Abgleich der Berechnungsmethoden: a) Simuliertes Spektrum eines γ-Polyamid 66-Clusters mit partieller Hesse-Matrix in *BAND/ADF*; b) Gemessene Absorbanz mittel FTIR-ATR-Spektroskopie an Polyamid 66 bei Raumtemperatur (ATR-Intensitäten wurden auf Transmissionswerte normiert); c) Simuliertes Spektrum eines γ-Polyamid 66-Clusters mit der Dichtefunktionaltheorie mit PBEPBE-Funktional und Basissatz 3-21G in *Gaussian*. Für die Spektraldarstellung wurden aus den simulierten Intensitäten und Frequenzen entsprechende Lorentz-Funktionen mit einer Halbwertsbreite von 10 cm^{-1} berechnet.

Tabelle 7.1: Translationsvektoren der Repetiereinheiten für Einzelketten und Kristalle, auf deren Basis die verschiedenen Frequenzrechnungen durchgeführt wurden: Für Kristalle sind zudem die Molekülkettenabstände ergänzt.

Polyamidtyp	Form	Berechnung	$\|\vec{a}\|$ (Å)	$\|\vec{b}\|$ (Å)	φ	d (Å)
Polyamid 46	α	Einzelkette	14,9	–	–	–
	γ	Einzelkette	14,6	–	–	–
	α	Cluster	14,8	5,1	70,1°	4,8
Polyamid 66	γ	Einzelkette	17,0	–	–	–
	γ	Cluster	17,2	5,0	73,0°	4,7
	γ	Elementarzelle	15,3	4,7	78,9°	4,6
	α	Elementarzelle	17,1	4,7	83,8°	4,7

7.4 Simulationsergebnisse für Polyamide

Nachfolgend werden die Ergebnisse der berechneten Schwingungsmoden vorgestellt und kategorisiert. Vor der Diskussion der Simulationsergebnisse muss allerdings die Qualität und Aussagefähigkeit der Berechnungen beurteilt werden, weshalb zunächst auf diesen Aspekt eingegangen wird. Die kompletten Ausgaben für die berechneten Frequenzen und Intensitäten sind Anhang C zu entnehmen.

7.4.1 Berechnungsqualität

Die Qualität einer Berechnung kann, neben dem Abgleich mit den experimentellen Daten z. B. aus Kapitel 6, auch über die Simulationsergebnisse selbst bewertet werden. Die Moleküle befinden sich in einem lokalen Minimum und sind stabil, wenn alle Frequenzen reelle Zahlenwerte annehmen [244]. Komplexwertige Frequenzen weisen auf Übergangszustände hin. Treten eine oder mehrere komplexe Frequenzen auf, ist das Molekül nicht stabil. Allgemein kann gesagt werden, je mehr komplexe Frequenzen auftreten, desto schlechter ist die Qualität der Berechnungsergebnisse.

Die Geometrieoptimierung für α-Polyamid 46 erfolgte in *BAND* mit dem PBE/SZ-Funktional. Die Frequenzrechnung wurde mit *Gaussian* durchgeführt. Das Berechnungsergebnis des Clusters weist nur 12 bzw. für die Einzelkette keine komplexen Frequenzen auf. Die Strukturen können daher als nahezu stabil betrachtet werden. Das ist akzeptabel – auch vor dem Hintergrund, dass eine eigentlich lange Polymerkette als kurzer Teilabschnitt bzw. kleines Cluster in den Simulationen angenähert wird.

Die Geometrieoptimierung für γ-Polyamid 46 erfolgte mittels Molekularmechanik in *Avogadro* und die Frequenzrechnung in *Gaussian*. Das Ergebnis für das Cluster weist 169 komplexe Frequenzen auf. Die typischen Absorptionsbanden bei ca. $100\,\mathrm{cm}^{-1}$ fehlen, sodass die Qualität kritisch bewertet werden muss. Durch die Limitierung der Rechenkapazitäten konnte die Geometrie nicht anderweitg optimiert und untersucht werden. Aufgrund dessen werden die Resultate des γ-Polyamid 46-Clusters nicht weiter diskutiert. Die Berechnung für die Einzelkette lief indessen stabil.

Für α-Polyamid 66 wurden analoge Berechnungen wie für γ-Polyamid 46 durchgeführt. Für das α-Polyamid 66-Cluster konnten mit 107 komplexen Frequenzen ebenfalls keine zuverlässigen Ergebnisse erzielt werden. Die Simulation der Einzelkette lieferte hingegen vertrauenswürdige Resultate. Die Geometrien von γ-Polyamid 66 als Einzelkette und im Cluster konnten hingegen in *Gaussian* optimiert werden. Die anschließende Frequenzrechnung ergab bei der Einzelkette keine und beim Cluster nur drei komplexe Frequenzen, sodass die Resultate als vertrauenswürdig eingestuft werden können. Für Polyamid 66 in kristalliner α- und γ-Form wurden außerdem die Schwingungszustände mit einer einzelnen Elementarzelle berechnet. Der Kristall wurde durch die Translationsvektoren mit zweidimensionale Ausdehnung definiert.

Naturgemäß sind in quantenchemischen Berechnungen für Intensitäten genaue Resultate schwieriger als für Schwingungsfrequenzen zu erzielen. Die Größe des Basissatzes bestimmt in erster Näherung gleichermaßen Rechenaufwand und -genauigkeit (vgl. Abschnitt 7.1.3). Die Schwingungsfrequenzen ergeben sich aus der Ableitung der Energie und die Intensitäten aus der Ableitung des Dipolmoments. Die Energie konvergiert mit größer werdendem Basissatz schneller als das Dipolmoment. Die sinnvolle Größe des Basissatz ergibt sich in der Praxis, wenn sich die Frequenz- und Intensitätswerte mit größeren Basissätzen nicht mehr ändern. In den angestellten Untersuchungen wurde wegen der großen Atomanzahl mit einem vergleichsweise kleinen Basissatz gearbeitet, sodass die Resultate für die Intensitäten kritisch beurteilt werden sollten. Die Frequenzen weisen allerdings eine hohe Güte auf.

7.4.2 Beschreibung der Schwingungsmoden

Die Berechnungen wurden mit der Zielsetzung durchgeführt, ein besseres Verständnis der Schwingungen im Terahertz-Frequenzbereich zu erlangen. In diesem Spektralbereich werden hauptsächlich intermolekulare und Gerüstschwingungen angeregt [60]. Damit diese vergleichsweise komplexen Schwingungszustände symbolisch besser und präziser als in der Vergangenheit beschrieben werden können, wird für die Polyamide zunächst eine formale Substitution eingeführt. Damit können viele Schwingungszustände mit der etablierten Symbolik (vgl. Abbildung 7.6) beschrieben werden.

Der generelle Aufbau von Polyamiden ist in Kapitel 3 beschrieben. Mit der formalen Substitution für die Amidgruppe $A = HN{-}CO$ und den Kohlenstoffketten mit den Methylgruppen $X = (CH_2)_x$ und $Y = (CH_2)_y$ folgt daraus der vereinfachte Aufbau eines x,y-Polyamids zu:

$$\left[X - A - Y - A \right]_n$$

Ein x-Polyamid kann damit ebenfalls folgendermaßen dargestellt werden:

$$\left[X - A \right]_n$$

Die Schwingungen im Terahertz-Spektralbereich sind meist sehr komplex, mit umfangreichen Gegenbewegungen verbunden und erstreckten sich über die gesamte Polyamidkette oder das Cluster. Die Strukturen sind zudem durch die beschriebene Methodik aus Abschnitt 7.3.1 angenähert. Daher splitten sich v. a. bei den Simulationen mit einer Einzelkette und einem Kettencluster einige Schwingungszustände auf mehrere nahe beieinanderliegende Frequenzen auf.

Dies zeigt sehr schön die Gegenüberstellung der berechneten Schwingungszustände von einem γ-Polamid 66-Kettencluster mit denen einer zweidimensional ausgedehnten Elementarzelle in Abbildung 7.5. Die beiden Berechnungsmethoden liefern vergleichbare Spektren, wobei bei der Clusterrechnung signifikant mehr

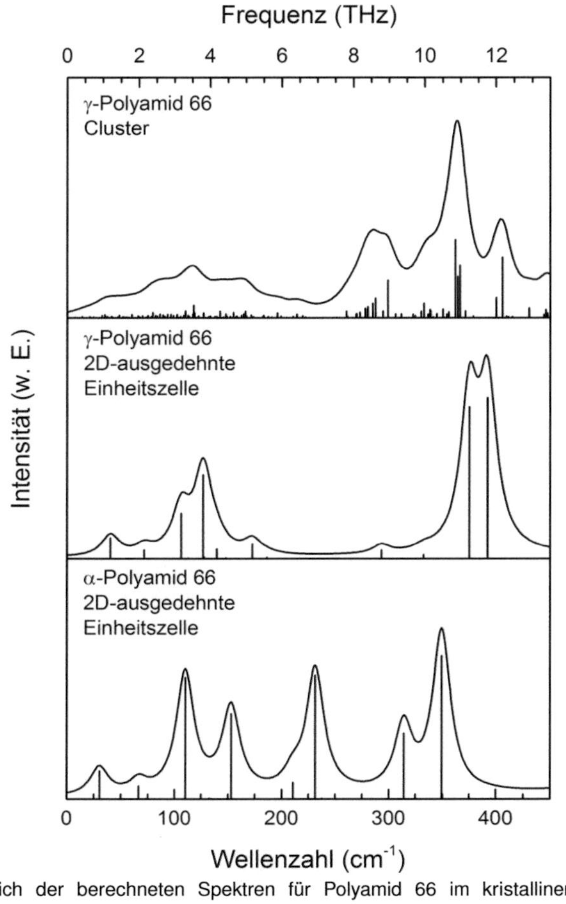

Abbildung 7.5: Vergleich der berechneten Spektren für Polyamid 66 im kristallinen Zustand für eine γ-Clusterberechnung und Einsatz einer Elementarzelle mit Translationsvektoren in der α- und γ-Form mit entsprechender Zuordnung des Schwingungszustands im Terahertz-Frequenzbereich: Die Symbolik der Schwingungszustände entspricht ebenfalls jener in Abbildung 7.6. Neben den diskreten Schwingungszuständen wurden diese zudem mit Lorentz-Funktionen mit einer Halbwertsbreite von 10 cm^{-1} gefittet.

Schwingungszustände als bei Einsatz einer Elementarzelle auftreten. Vor allem die kombinierte Deformations- und longitudinale akustische Schwingung der Cluster-Berechnung bei 8,75 THz tritt bei der Methode mit zweidimensional repetierenden Elementarzellen bei 8,78 THz mit einer weit geringer Bandenintensität auf.

Ursachen für den Unterschied der beiden Berechnungsmethoden sind u. a. bei den Clusterrändern zu suchen. Deren Schwingungszustände können in einer unendlich zweidimensional ausgedehnten Repetition der Elementarzelle nicht auftreten. Zusätzlich ist die Symmetrie eines Clusters durch die Ränder nicht so hoch, wie die einer unendlich repetierte Elementarzelle. Dadurch kann eine Aufspaltung eines einzelnen Kristallschwingungszustands in mehrere leicht frequenzverschobene Schwingungszustände beobachtet werden, die letztlich jedoch der gleichen Bewegung zuzuordnen sind.

Die Kategorisierung der Schwingungszustände erfolgte daher auf Basis der primär auftretenden Hauptbewegungen und fasst oft mehrere Frequenzen mit ähnlichem Schwingungsverhalten zusammen. Die Frequenzen wurden aus den Absorptionsmaxima mit Lorentz-Fitfunktionen aus Abbildung 7.7 und 7.8 ermittelt. Die einzelnen Frequenzen der Kalkulationen mit den Elementarzellen konnten direkt aus den Simulationen skaliert übernommen werden, da hier meist nur wenige und diskrete Schwingungsmoden vertreten waren. Diese Bewegungsanalyse wurde mit Hilfe des Programms *Gabedit* durchgeführt [245].

Die zugehörige Symbolik in Anlehnung an *Lorenz, Günzler* und *Klöpffer* et al. [58, 182, 246] ist in Abbildung 7.6 anhand einer α-Polyamid 46-Molekülkette nochmals visualisiert. Die phonenartigen Schwingungen der Molekülkette entsprechen den gezeigten Zuständen (a) bis (e). Eine transversale akustische Schwingung (TA) mit kleiner Wellenlänge (z. B. $\leq n/2$) könnte auch bereits als transversale optische Mode (TO) bezeichnet werden, da insbesondere bei einer hohen Amiddichte σ bereits nahezu jedes benachbarte Kettenatom gegenläufig schwingt. Rotationsschwingungen des Molekülrückgrats (τ(bb[50])) mit geringer Wellenlänge könnten in einigen Fällen auch als eine komplexe Kombination aus phononenartigen Transversalwellen in und aus der Ebene beschrieben werden. Da bei diesen Bewegungen eine Auflösung in zueinander orthogonale Einzelschwingungen sehr schwierig ist, werden solche Schwingungen einfach als τ(bb) bezeichnet. Die Bezeichnung optisches oder akustisches Phonon bezieht sich hierbei eher auf eine Analogbewegung, wie sie in einem Kristallgitter mit zwei Atomsorten auftreten würde, wenn jedes Atom einem zentralen Atom des Rückgrats (Kohlenstoff und Stickstoff) entspräche [247].

Schwingungsformen für Polyamid 46

Tabelle 7.2 bietet eine Übersicht der berechneten Molekülschwingungen im Terahertz-Frequenzbereich für Polyamid 46. Die Werte wurden für eine Einzelkette in α- und γ-Form sowie für ein Kettencluster in Kristallen in α-Form berechnet. Die spektrale Darstellung findet sich in Abbildung 7.7 wieder.

Die Hauptschwingungen zwischen etwa 10 und 12 THz sind mit mit einer longitudinalen akustischen Mode des Rückgrats verbunden. In Reinform kommt diese im α-Kristall bei 12,0 THz vor. In Verbindung mit weiteren Deformationsschwingungen in der Ebene ist sie auch bei der γ-Einzelkette bei 11,2 THz bzw. bei 11,12 THz in der α-Form aufzufinden. Bemerkenswert ist die seltene optische Transversalmode, die bei 11,8 THz bei der α-Einzelkette aus der Ebene schwingt.

Im α-Polyamid 46-Kristall liegen oberhalb von 7 THz keine Schwingungen aus der Ebene vor. Darunter folgen transversale akustische Moden bei 5,49 und 4,50 THz, wobei letztere noch mit einer akustischen Mode in der Ebene kombiniert ist. Unterhalb von 3,5 THz sind keine weiteren intensiven Kristallschwingungen mehr zu erkennen. Die γ-Polyamid 46-Einzelkette besitzt dagegen bei 2,07 THz noch einige Rotationsschwingungen und transversale akustische Moden in und aus der Ebene bei 1,08 THz. Die transversale akustische Schwingung aus der Ebene bei 5,49

[50] engl. für backbone

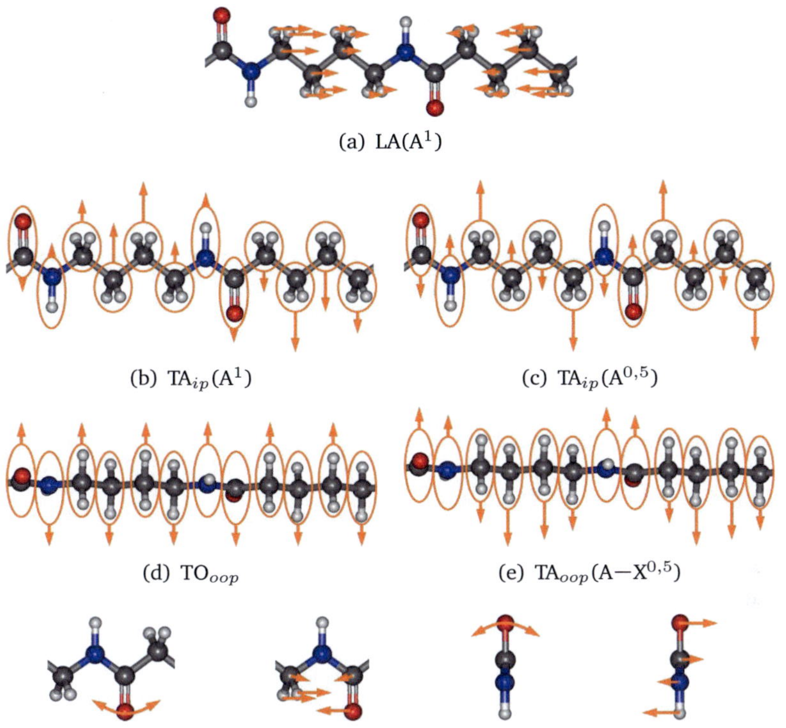

(a) LA(A^1)

(b) $TA_{ip}(A^1)$ (c) $TA_{ip}(A^{0,5})$

(d) TO_{oop} (e) $TA_{oop}(A{-}X^{0,5})$

(f) δ(C=O) (g) $\delta(CH_2{-}N{-}CO)$ (h) γ(C=O) (i) τ(C−CONH−C)

Abbildung 7.6: Visualisierung der Hauptbewegungen mit Vektorpfeilen (orange, überzeichnet) am Beispiel von α-Polyamid 46: δ = Deformationsschwingung in der Ebene; γ = Deformationsschwingung aus der Ebene; τ = Verdrehung; bb = Grundgerüst. Phononenartige Gitterschwingungen sind mit TA (transversal akustisch) und TO (transversal optisch) mit Indizes ip (in Ebene) und oop (aus der Ebene) sowie LA (longitudinal akustisch) bezeichnet. Die longitudinale Mode wird häufig auch als „Akkordeonschwingung" benannt. Ergänzungen in der Klammer geben die Schwingungsknoten und Wellenlänge als Vielfaches der Repetiereinheit n an. Definition der Ebene jeweils durch die zweidimensionale Ausdehnung des Polymerclusters (auch für einzelne Molekülketten gültig). Atomfarben: Kohlenstoff (grau), Stickstoff (blau), Wasserstoff (weiß) und Sauerstoff (rot). Zur besseren Veranschaulichung sind die Moleküle teilweise leicht aus der Hauptebene rotiert.

bzw. 5,43 THz tritt hingegen bei allen drei Konfigurationen (α-/γ-Einzelkette und α-Kristall) auf.

Die kombinierte Deformations- und transversale akustische Schwingung in der Ebene bei 7,70 bzw. 7,73 THz bei der α-Einzelkette bzw. beim α-Kristall können als identisch angesehen werden, nur dass die Deformationsschwingung der C=O-Einheit um das Stickstoffatom bei der Einzelkette wahrscheinlich freier und damit weiträumiger als bei Kopplung in einem Kristall erfolgen kann.

Eine seltene transversale optische Mode ist bei der Einzelkette von α-Polyamid 46 bei 11,8 THz erkennbar. Allerdings können aufgrund von nur vier Methylgruppen zwischen den Amidgruppen auch transversale akustische Schwingungen mit einer Wellenlänge ab $0{,}5n$ abwärts bereits als optische Transversalschwingung bezeichnet werden (vgl. Abschnitt 7.4.2). Solche quasi-optischen Transversalwellen sind mehr-

Tabelle 7.2: Übersicht der berechneten Molekülschwingungen im Terahertz-Frequenzbereich für Polyamid 46: Es sind die Werte für eine Einzelkette in α- und γ-Form sowie für ein Kettencluster in Kristallen in α-Form aufgelistet.

Hauptschwingungen[1]	Einzelkette[2]		Kristall[2]
	γ	α	α
LA(A/1)	–	–	401 (12,0)
δ(C=O) + LA(A^1) + TO_{oop}	–	393 (11,8)	–
δ(CH_2–N–CO) + LA(A^1)	373 (11,2)	–	–
δ(C=O) + LA(A^1)	–	371 (11,12)	324 (9,71)
δ(C=O)	–	–	344 (10,3)
δ(CH_2–N–CO) + TA_{ip}($A^{0,5}$)	–	323 (9,68)	–
δ(CH_2–N–CO) + LA(A^1)	278 (8,33)	–	–
δ(C=O) + TA_{ip}(A–$X^{0,5}$)	–	–	258 (7,73)
δ(CH_2–N–CO) + TA_{ip}(A–$X^{0,5}$)	–	257 (7,70)	–
TA_{oop}(A–$X^{0,5}$)	183 (5,49)	181 (5,43)	183 (5,49)
TA_{oop}(A–$X^{0,5}$)+ TA_{ip}(A^1)	–	–	150 (4,50)
τ(bb)	131 (3,93)	–	–
TA_{ip}(A^1)	–	122 (3,66)	–
TA_{ip}(A^1) + TA_{ip}($A^{0,5}$) + LA($A^{1.5}$)	–	–	120 (3,60)
τ(C–CONH–C) + τ(bb)	69 (2,07)	–	–
TA_{ip}(A^1) + TA_{oop}(A^1)	36 (1,08)	–	–

[1]Bezeichnung der Hauptbewegungen vgl. Abbildung 7.6.
[2]Die Frequenzen sind in cm^{-1} (THz) angegeben.

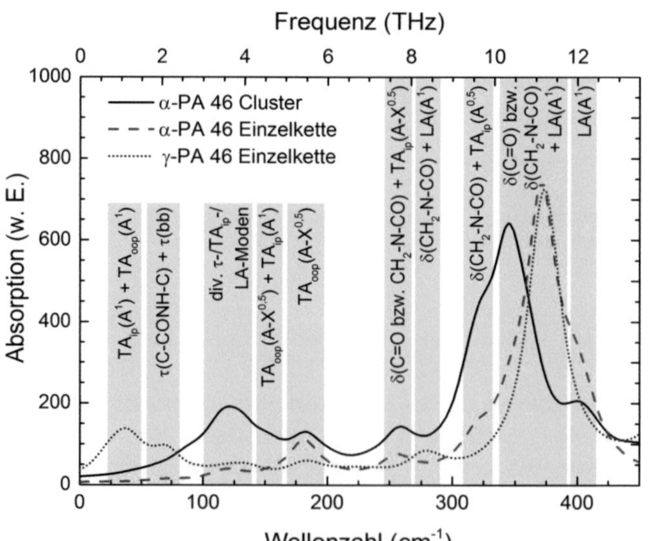

Abbildung 7.7: Berechnete Spektren für Polyamid 46 in der α- und γ-Form mit Zuordnung der vorherrschenden Schwingungszustände im Terahertz-Frequenzbereich: Details zu den Schwingungsmoden und der Symbolik der Schwingungszustände kann Tabelle 7.2 bzw. Abbildung 7.6 entnommen werden. Die Schwingungszustände wurden mit Lorentz-Funktionen mit einer Halbwertsbreite von 10 cm^{-1} gefittet.

Tabelle 7.3: Übersicht der berechneten Molekülschwingungen im Terahertz-Frequenzbereich für Polyamid 66: Es sind die Werte für eine γ-Polyamid 66-Einzelkette sowie für verschiedene Berechnungen in Kristallen für die α- und γ-Form mit einem Molekülkettencluster bzw. mit Elementarzellen aufgelistet.

Hauptschwingungen[1]	Einzel-kette[2]	Kristall[2]		
		Cluster	Elementarzelle	
	γ	γ	γ	α
$\delta(C{=}O) + LA(A^1)$	404 (12,1)	408 (12,2)	393 (11,8)	-
$\delta(CH_2{-}N{-}CO) + \tau(C{-}CONH{-}C) + LA(A^1)$	369 (11,1)	-	-	-
$\delta(CH_2{-}N{-}CO) + LA(A^1)$	-	367 (11,0)	375 (11,2)	349 (10,5)
$\delta(CH_2{-}N{-}CO) + LA(A^1)$	279 (8,36)	292 (8,75)	293 (8,78)	314 (9,41)
$\delta(C{=}O) + TA_{oop}(A\text{-}X^{0,5}) + \tau(bb)$	-	-	-	231 (6,93)
$\tau(bb)$	-	160 (4,80)	172 (5,16)	-
$\gamma(C{=}O) + TA_{ip}(A^1) + \tau(bb)$	-	-	-	153 (4,59)
$TA_{oop}(A\text{-}X^{0,5})$	134 (4,02)	-	-	-
$\tau(C\text{-}CONH\text{-}C)$	-	118 (3,54)	127 (3,81)	-
$\gamma(C{=}O) + TA_{oop}(A^1)$	-	-	-	110 (3,30)
$TA_{oop}(A^1)$	-	-	106 (3,18)	-
$\tau(C\text{-}CONH\text{-}C) + \tau(bb)$	54 (1,62)	-	-	-
$TA_{oop}(A^1)$	32 (0,96)	44 (1,32)	40 (1,20)	30 (0,90)

[1]Bezeichnung der Hauptbewegungen vgl. Abbildung 7.6.
[2]Die Frequenzen sind in 10 cm^{-1} (THz) angegeben.

fach zwischen 3 und 10 THz zu finden. Weitere Schwingungsmoden können der Tabelle 7.2 entnommen werden.

Die phononenartigen Schwingungen besitzen Wellenlängen, die sich bis zur Länge einer Elementarzelle (ca. 15 bis 17 Å) erstrecken, was Ausbreitungsgeschwindigkeiten im entsprechenden Frequenzbereich in der Größenordnung einiger 1000 m/s entspricht. Dies liegt im Bereich akustischer Wellen in polymeren Feststoffen, sodass durch die vorliegende Bewegung in einer ein- oder zweidimensionalen Gitterstruktur der Begriff einer phononenartigen Schwingung durchaus angebracht ist.

Schwingungsformen für Polyamid 66

Tabelle 7.3 fasst die wichtigsten Schwingungszustände im Terahertz-Frequenzbereich für Polyamid 66 zusammen. Darin sind die berechneten Molekülschwingungen im Terahertz-Frequenzbereich für eine γ-Polyamid 66-Einzelkette sowie für verschiedene Kristallkonfigurationen (α- und γ-Form) in einem Molekülkettencluster bzw. einer Elementarzelle zusammengefasst. Abbildung 7.8 visualisiert die resultierenden Spektren für die γ-Einzelkette und das γ-Cluster.

Der Vergleich identischer Schwingungszustände im γ-Polyamid 66-Kristall weist tendenziell etwas höhere Frequenzen bei der Methode der Elementarzelle im Vergleich zum Cluster auf. Dies gilt nicht für die Deformationsschwingung in Kombination mit einer longitudinalen Mode bei 12,2 bzw. 11,8 THz. Allerdings ist im Spektrum in Abbildung 7.5 gut zu erkennen, dass der gesamte Spektralbereich um 11,5 THz in der Cluster-Berechnung komplexer aufgespalten ist. Da die Absorptionsbanden

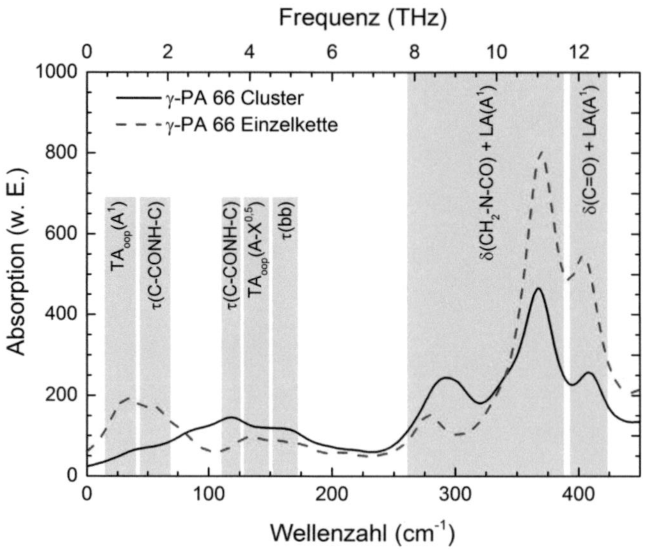

Abbildung 7.8: Berechnete Spektren für Polyamid 66 in der γ-Form (rechts) mit Zuordnung der vorherrschenden Schwingungszustände im Terahertz-Frequenzbereich: Details zu den Schwingungsmoden und der Symbolik der Schwingungszustände kann Tabelle 7.3 bzw. Abbildung 7.6 entnommen werden. Die Schwingungszustände wurden mit Lorentz-Funktionen mit einer Halbwertsbreite von 10 cm^{-1} gefittet.

im Terahertz-Spektralbereich in der Regel eher breit sind und legt man daher eine größere Halbwertsbreite für den Bandenfit zugrunde, stimmt die Mittenfrequenz der beiden Deformationshauptschwingungen bei 12,2 und 11,0 THz bzw. 11,8 und 11,2 THz mit denen für das Cluster bzw. repetierenden Elementarzelle bei 11,6 bzw. 11,5 THz sehr gut überein.

Alle Schwingungszustände treten beim γ-Polyamid-Kristall bei beiden Berechnungsmethoden (Cluster und Elementarzelle) auf – außer die transversale akustische Mode bei 3,18 THz. Diese Schwingung aus der Ebene tritt signifikant nur bei der Berechnung mit der Elementarzelle auf, da hierfür wahrscheinlich eine sehr hohe Symmetrie in der intermolekularen Wechselwirkung mit den Nachbarketten erforderlich ist.

Die kombinierte Schwingung des γ-Kristalls bei 11,0 bzw. 11,2 THz tritt bei der Einzelkette in ähnlicher Weise auf, allerdings zusätzlich zu einer ausgeprägten Rotation der Amidgruppe aus der Ebene bei 11,1 THz. Die Rotationsschwingungen des Rückgrats bei 4,80 bzw. 5,16 THz und die Rotation aus der Ebene der Amidgruppe bei 3,54 bzw. 3,81 THz im γ-Kristall sind bei der entsprechenden Einzelkette nicht zu beobachten, sodass die Vermutung nahe liegt, dass es sich hierbei um intermolekular gekoppelte Schwingungen infolge der Wasserstoffbrückenbindungen handelt. Hingegen tritt die transversale akustische Mode aus der Ebene bei 4,02 THz nicht im Kristall auf.

Selbiges trifft für die Rotationsbewegung bei 1,62 THz zu. Eine deutliche Frequenzverschiebung ist für die unterste transversale akustische Mode aus der Ebene im γ-Kristall bei 1,32 bzw. 1,20 THz festzustellen. Bei der γ-Einzelkette liegt diese bei 0,96 THz. Dies könnte durch die geringere Kopplung mit benachbarten Polyamidketten herrühren, die in einer Rotverschiebung resultieren würden. Generell kann für die γ-Form festgestellt werden, dass die Schwingungen oberhalb von etwa 5 THz ausschließlich in der Ebene erfolgen. Ein ähnliches Verhalten konnte bereits für Polyamid 46 festgestellt werden (vgl. Abschnitt 7.4.2). Unterhalb dieser Grenze sind vorwiegend Schwingungen aus der Ebene zu beobachten. Dies gilt sowohl für die Betrachtung einer einzelnen Molekülkette als auch im Kristall.

Die Berechnung des α-Polyamid 66-Kristalls weist im obersten betrachteten Frequenzbereich nicht die kombinierte longitudinale Mode und Deformationsschwingung der C=O-Gruppe in der Ebene auf. Hingegen tritt zusätzlich bei 6,93 THz eine kombinierte Schwingung mit transversaler akustischer Mode aus der Ebene auf. Dafür ist eine reine Rotationsbewegung des Rückgrats bei etwa 5 THz nicht erkennbar. Bei 4,59 THz tritt diese allerdings im α-Kristall mit einer transversalen akustischen Mode in der Ebene mit einer Deformationsschwingung der C=O-Gruppe aus der Ebene auf. Anstelle einer Rotation der Amidgruppe bei 2,54 bzw. 3,81 THz existiert eine Deformationsschwingung der C=O-Gruppe mit transversaler akustischer Mode aus der Ebene bei 3,30 THz. Eine deutliche Frequenzverschiebung ist zwischen der γ- und α-Form für die unterste transversale akustische Mode aus der Ebene erkennbar. Bei dem α-Kristall liegt diese rotverschoben bei 0,90 THz. Die Ursache dürften die längeren Repetiereinheiten in der α-Form darstellen, die bei einer transversalen Mode damit auch zu einer niedrigeren Frequenz führen.

Die Resultate und Interpretation für das γ-Polyamid 66-Cluster stimmen gut mit früheren Berechnungen von *Krumbholz* et al. überein [171]. Das Spektrum erscheint vergleichbar mit seinen zwei Hauptbanden bei etwa 3,5 und 8 THz. In *Krumbholz* et al. wurde eine Deformationsschwingung der C=O-Gruppe aus der Ebene bei etwa 3,5 THz beschrieben. Diese Schwingung stimmt in ihrer Hauptbewegung sehr gut mit der Rotation der Amidgruppe aus der Ebene der neuerdings durchgeführten Simulation bei 3,54 bzw. 3,81 THz für ein γ-Molekülcluster bzw. zweidimensional ausgedehnte γ-Elementarzelle überein. Auch die dort beschriebene Rotationsbewegung des Sauerstoff-Atoms in der Ebene bei etwa 8 THz stimmt in der Hauptbewegung mit der Deformationsschwingung der Amidgruppe bei 8,75 bzw. 8,78 THz für das γ-Molekülcluster bzw. die zweidimensional ausgedehnte γ-Elementarzelle überein.

Die Ergebnisse stimmen in weiten Teilen mit den bisherigen experimentellen Erkenntnissen und Erfahrungswerten für Polyamid 66 überein [203], wobei die Definition der Schwingungszustände immer einer gewissen Interpretationsfreiheit unterliegen. Die longitudinalen Moden wurden so allerdings in der Literatur noch nicht beschrieben, vielmehr ist meist von allgemeinen Deformationsschwingungen der Methylketten die Rede, was dem letztlich auch entspricht, jedoch nun präziser erfasst ist. Auch die Erkenntnis, dass Rotationsschwingungen vorwiegend bei Frequenzen unter 7 THz zu beobachten sind, konnte bestätigt werden.

7.5 Resümee der ab-initio Untersuchungen

Die vorstehend ausgeführten Berechnungen weisen eine gute Ergebnisqualität auf und sind einander in den wesentlichen Teilen konsistent. Den Simulationen bei Polyamid 46 und Polyamid 66 ist gemein, dass innerhalb des betrachteten Terahertz-Spektralbereichs oberhalb von etwa 6 THz vorwiegend Schwingungszustände in der Ebene und unterhalb dieser Grenze aus der Ebene existieren. Die longitudinalen akustischen Moden sind ebenfalls vorwiegend oberhalb dieser Grenze und Rotationsbewegungen des Rückgrats darunter zu finden.

Für die γ-Einzelkette scheinen sowohl für Polyamid 46 und Polyamid 66 die Rotationsschwingungen aus der Ebene bei 2,07 bzw. 1,62 THz und transversale akustische Mode bei 5,49 bzw. 4,02 THz charakteristisch zu sein, wobei letztere auch bei α-Polyamid 46 und dessen Kristall auftritt. Die Rotverschiebung dieser Moden mit zunehmender Länge der mittleren Repetiereinheit des Polyamidmoleküls erscheint hier absolut plausibel. Auch die Amid-Deformationsschwingung in Kombination mit einer longitudinalen akustischen Mode bei den beiden γ-Einzelketten zwischen 8,33 und 8,36 THz scheint charakteristisch zu sein. Sie tritt auch mit etwas höherer Frequenz beim Polyamid 66-Kristall der α- und γ-Form auf.

Die kombinierte Schwingung um 12 THz dürfte charakteristisch für γ-Kristalle sein, da diese bei α-Polyamid 46 und 66 nicht auftritt. Diese Annahme wird auch von den molekular-mechanischen Berechnungen von *Shukla* et al. gestützt, wo bei α- und γ-Polyamid 6 derselbe Effekt bei 12,1 THz zu beobachten ist [229,230]. Dort werden auch viele Schwingungen in Kombination mit einer Rotation des Rückgrats bezeichnet, die letztlich auch transversale Schwingungen darstellen können (vgl. Abschnitt 7.4.2). Deren Zuordnung ist jedoch aufgrund der unterschiedlichen Symbolik und des anderen Polyamidtyps schwierig.

Die Dichtefunktional-Berechnungen von *Papanek* et al. für Polyamid 6 weisen im Terahertz-Spektralbereich teils große Abweichungen zum Experiment auf [206]. Dies erschwert eine Zuordnung zu den eigenen Simulationen für Polyamid 46 und Polyamid 66. Viele phononenartige Schwingungen konnten von *Papanek* et al. nicht simuliert werden. Eine Zuordnung zu den Ergebnissen der Normalkoordinatenanalyse von *Jakes* et al. für Polyamid 6 ist nicht möglich, da hier zwar zahlreiche Moden unterhalb von 15 THz gefunden wurden, diese allerdings nur pauschal als „Skelettschwingungen und -rotationen" bezeichnet wurden [231]. Frühere Arbeiten von *Tadokoro* et al. bezeichnen die Schwingungsmoden selektiver, dennoch gestaltet sich eine Ableitung von deren Polyamid 6 auf die durchgeführten Berechnungen mit Polyamid 46 und Polyamid 66 schwierig [202]. Dennoch konnten auch hier im Terahertz-Spektralbereich zahlreiche longitudinale akustische Moden sowie Rotationsbewegungen der Molekülkette beobachtet werden.

Die transversalen akustischen Moden schwingen bei Polyamid 46 vorwiegend mit kürzeren Wellenlängen (bezogen auf die Schwingungsknoten) als bei Polyamid 66. Die Ursache dürfte die intensivere Kopplung aufgrund der geringeren Anzahl an Methylgruppen zwischen den Amidgruppen zu finden sein. Sogar eine phononenartige transversal optische Mode ist bei Polyamid 46 in der Einzelkette bei 11,8 THz aufzufinden, wobei auch weitere akustische Transversalschwingungen bei Polyamiden mit kurzen Repetiereinheiten eine optische Charakteristik aufweisen.

Bei beiden Polyamiden ist eine signifikante Zunahme der transversalen akustischen Moden bei Frequenzen unter 3 THz sowie Rotation der Amidgruppe aus der Ebene bei den Einzelketten festzustellen. Dies dürfte in den zunehmenden Freiheitsgraden der freien Polyamidketten liegen, wenn die intermolekulare Kopplung zu benachbarten Molekülketten ausbleibt. Dies gilt nicht für die α-Polyamid 46-Einzelkette.

Zusammengefasst konnten die ersten Ergebnisse aus ab-initio Kalkulationen für die Schwingungsspektren im Terahertz-Spektralbereich von Polyamid 46 und Polyamid 66 erzielt werden. Die phononenartigen Schwingungen wurden erstmals präzise charakterisiert. Bei den Simulationen der Einzelketten treten im niedrigeren Frequenzbereich vermehrt Schwingungen des Rückgrats in Form von phononenartigen transversalen akustischen Moden auf. Solch eine Struktur tritt vorwiegend bei höheren Temperaturen auf. Die Kristallform bzw. starke Kopplung der Wasserstoffbrückenbindung existiert vorwiegend bei tieferen Temperaturen, was ein wichtiger Hinweis für die Aufklärung des beobachteten starken Absorptionsanstiegs bei niedrigen Frequenzen (vgl. Abschnitt 5.3.1) im Terahertz-Spektralbereich darstellt.

Viele Schwingungsmoden konnten entsprechen den Erfahrungswerten aus bislang veröffentlichten und hier präsentierten Experimenten (vgl. Kapitel 6) verifiziert werden. Einige Schwingungsbanden konnten bislang aber nur sehr grob charakterisiert werden, wozu die vorliegenden Untersuchungen einen wesentlichen Beitrag zum Verständnis liefern. Insbesondere die phononenartigen Schwingungen, die sich häufig mit Wellenlängen über eine ganze Einheitszelle erstrecken, liegen tatsächlich bei Ausbreitungsgeschwindigkeiten im Bereich akustischer Wellen.

Kapitel 8

Zusammenfassung

Einführend wurde gezeigt, dass Untersuchungen im Terahertz-Spektralbereich per se keine neue Errungenschaft sind. Unter den Synonymen „Ferninfrarot" oder „Sub-Millimeter"-Wellen wurden bereits sehr früh Spektroskopie in diesem Spektralbereich betrieben. Dennoch kennzeichnet der Begriff „Terahertz" vor rund 25 Jahren den Startpunkt für einen neuen Entwicklungsauftrieb, der v. a. eng mit den Möglichkeiten einer kohärenten Detektion und eines Einsatzes fotoleitender Dipolantennen verbunden ist. Damit ist z. B. die komplexe Permittivität der untersuchten Materialien direkt zugänglich. Dieser Entwicklungsschub hält bis heute mit beachtlichen Steigerungsraten an. Stetig werden neue potenzielle Anwendungen identifiziert und versucht umzusetzen. Besonderes Augenmerk verdient die zunehmende Kommerzialisierung, die zu einem verstärkten Interesse der Industrie und einer besseren Technikverfügbarkeit führt.

Trotz dieser rasanten Entwicklung weisen heutige Terahertz-Systeme weiterhin Verbesserungspotenziale auf. Eine wesentliche Anforderung an Zeitbereichsspektrometer ist z. B. die Fähigkeit, zwei optische Pulszüge zeitlich gegeneinander zu verschieben, damit zeitaufgelöste Untersuchungen und die Abtastung eines Terahertz-Pulses möglich sind. Diese Funktionalität wird auch bei anderen Systemen wie z. B. Pump-Probe-Experimenten benötigt. Die bisherigen Methoden weisen meist Defizite in der Messgeschwindigkeit, Stabilität, dem Verzögerungsumfang oder Aufwand-Nutzen-Verhältnis auf.

Das neu entwickelte OSCAT-Verfahren bietet dazu eine vielversprechende Alternative. Das Prinzip und die Vorteile wurden in dieser Arbeit vorgestellt und herausgearbeitet. OSCAT macht sich die Möglichkeit vieler Ultrakurzpulslaser zunutze, dass deren Repetitionsrate und dadurch der Abstand zweier aufeinander folgender Pulse variiert werden kann. Entgegen den meisten bisherigen Zeitverzögerungsmethoden bei Pump-Probe-Versuchen wird beim OSCAT-Verfahren nicht derselbe Puls aufgespalten, sondern aufeinanderfolgende Pulse betrachtet.

In der Umsetzung ergeben sich dadurch insbesondere die Vorteile, dass ein sehr hoher Verzögerungsumfang mit nur einer Pulsquelle sehr schnell gescannt werden kann. Zudem kommt das Verfahren ohne externe und bewegliche mechanische Komponenten aus. Der gesamte Aufbau kann fasergekoppelt ausgeführt werden, was ein wesentlicher Zugewinn an Stabilität ist.

Neben dem Grundsatznachweis des Funktionsprinzips durch ein Kreuzkorrelationsexperiment konnte auch die Nutzung in einem Terahertz-Zeitbereichsspektrometer erfolgreich demonstriert werden. Arbeiten anderer Forschergruppen adaptierten das Verfahren auch bereits in zahlreiche weitere Anwendungen abseits der Terahertz-Spektroskopie, was die Vielseitigkeit und den Nutzen des Verfahrens bestätigen.

Abgesehen von der Verbesserung der Terahertz-Systemtechnik konnten auch die ersten Untersuchungen an heißen Polymerschmelzen während der Prozessierung realisiert werden. Dabei stellte sich heraus, dass sich der Brechungsindex unpolarer Polymere stark mit der Temperatur bzw. der Dichte ändert. Daneben haben insbesondere Füllstoffe einen starken Einfluss auf den Brechungsindex, sodass darüber auch eine Rezepturüberwachung bei zweikomponentigen Compounds möglich ist. Auch der Zerstörungsgrad eingebrachter Füllstoffe wie z. B. von Hohlglaskugeln kann darüber analysiert werden. Polyamide als polare Polymere sowie leitfähige Füllstoffe weisen eine hohe Absorption auf, die teils nur sehr geringe Schmelzefilmdicken bei den Transmissionsuntersuchungen zuließen.

Polyamide weisen eine extrem starke Temperaturabhängigkeit ihres Absorptionskoeffizienten auf. Dieser erhöht sich von Raumtemperatur bis in den Schmelzebereich bei niedrigen Terahertz-Frequenzen etwa um den Faktor 20. Diese Beobachtung war Ausgangspunkt für weitere Laboruntersuchungen zum Verhalten von Polyamiden im Terahertz-Spektralbereich.

Ergänzend zu den bislang bekannten Untersuchungen an Polyamiden im Terahertz-Spektrum wurden vielfältige Polyamidtypen einbezogen. Niederfrequente Terahertz-Messungen führten zu der Erkenntnis, dass sich der Brechungsindex polarer Polymere aus einem unpolaren Anteil und einem polaren Anteil zusammensetzen lässt.

Ersterer wird primär durch die Materialdichte beeinflusst, was auch das Temperaturverhalten unpolarer Polymere erklärt. Analog ist ein solches Verhalten für aliphatische Homopolyamide erkennbar. Hier korreliert der Brechungsindex ebenfalls mit der Materialdichte – unabhängig vom Polyamidtyp. Bei genauerer Betrachtung ist hier eine lineare Korrelation mit der Amidgruppendichte im Molekül erkennbar.

Der polare Anteil des Brechungsindex wird vielmehr durch das inter- und intramolekulare Schwingungsverhalten beeinflusst. Auch in Frequenzfenstern abseits einer Absorptionsbande konnte gezeigt werden, dass auch hier noch eine Beeinflussung des Brechungsindex durch die Schwingungsmode erfolgt. Mittels eines Lorentz-Oszillatormodells konnte dies veranschaulicht werden. Dieses Schwingungsverhalten ist ebenfalls temperaturabhängig und kann zu einer Änderung des polaren Anteils des Brechungsindex führen.

Die Aufnahme breitbandiger Terahertz-Spektren erschließt die Schwingungsbanden unterschiedlichster Polyamide. Durch die verwendete ATR-Methode sind hier jedoch eher qualitative Vergleiche der Schwingungsfrequenzen angebracht. Durch Simulationsrechnungen konnte gezeigt werden, dass die absoluten Intensitäten durch die hohe Absorption und den hohen Brechungsindex von Polyamiden bei ATR-Kristallen aus Diamant sehr vorsichtig zu beurteilen sind. Die starke Dispersion resultiert in einer starken Änderungen des Reflexionsverhaltens und Eindringtiefe, sodass quantitative Absolutvergleiche sehr schwierig sind.

Dennoch gelang es am Beispiel von Polyamid 6 und Polyamid 12, aus der reinen ATR-Absorbanz und einer Permittivitätsstützstelle bei niedriger Frequenz den Brechungsindexverlauf und die effektive ATR-Pfadlänge sehr genau durch die Modellierung mit mehreren Lorentzoszillatoren wiederzugeben. Trotzdem ist eher ein qualitativer Vergleich von ATR-Spektren unter diesen Randbedingungen ratsam. Aus den Untersuchungen und dem Abgleich mit Literaturerkenntnissen können bei Polyamiden verschiedenen Banden im Terahertz-Spektralbereich identifiziert werden, die z. B. verschiedene Kristallformen kennzeichnen. Vor allem die α- und γ-Form sind bei typischer Verarbeitung von Polyamiden vorherrschend.

Temperaturabhängige ATR-Untersuchungen zeigen eine stark abnehmende ATR-Absorbanz mit zunehmender Temperatur. Allerdings wurde auch hier gezeigt, dass die Hauptursache weniger spektraler Natur, sondern eher durch die temperaturbedingte Änderung der Dichte und damit des Brechungsindex bedingt ist. Dieser Einfluss auf die ATR-Methode konnte ebenfalls durch Simulationsrechnungen gut wiedergegeben werden. Allerdings konnten auch Absorptionsbanden identifiziert werden, deren Schwingungen eindeutig durch die Temperatur beeinflusst wurden. Die betrifft z. B. Polyamid 66 und Polyamid 12 zwischen 12 und 13 THz, deren Banden bei einer Temperatur von 220 °C komplett verschwunden sind.

Um die Schwingungsarten im Terahertz-Spektralbereich besser beschreiben zu können, wurden ab-initio Simulationen durchgeführt und mit den experimentellen Spektren verifiziert. Dazu wurden verschiedene Konfigurationen von Polyamid 46 und Polyamid 66 herangezogen. Als Extremfälle für den Temperatureinfluss wurden sowohl polymere Einzelketten als auch zweidimensional ausgedehnte Molekülcluster untersucht. Erstere stehen für einen Zustand ohne intermolekulare Wechselwirkungen, wie z. B. bei hohen Temperaturen. Cluster beinhalten hingegen eine starke intermolekulare Wechselwirkung, wie sie im Feststoffzustand vorkommt.

Die Ergebnisse dieser Dichtefunktional-Berechnungen zeigen, dass Schwingungszustände im Terahertz-Spektralbereich sehr komplex sind und sich meist über die komplette Molekülkette erstrecken. Verschiedene charakteristische Schwingungen in und aus der Ebene finden v. a. bei der Amidgruppe statt. Meist sind diese mit komplexen Ausgleichsbewegungen verbunden, die phononenartigen Charakter haben und sich über die gesamte Polymerkette ausdehnen.

Bislang wurden in der Literatur die Schwingungszustände im Terahertz-Spektralbereich nahezu ausschließlich pauschal als Skelett- oder Rotationsschwingungen bezeichnet. Die durchgeführten Untersuchungen liefern nun eine sehr präzise Beschreibung der unterschiedlichen Schwingungszustände. Außerdem ist erkennbar, dass v. a. bei sehr niedrigen Frequenzen unter 2 THz bei Einzelketten phononenartige Schwingungszustände möglich sind, die in Kristallstrukturen nicht auftreten. Dies ist eine Erklärung für die steigende Absorption mit höherer Temperatur in diesem Frequenzsegment, da hier die intermolekulare Wechselwirkung abnimmt. Dies ist auch in guter Übereinstimmung mit neueren experimentellen Arbeiten anderer Arbeitsgruppen.

In Summe konnte ein Beitrag zur Verbesserung von Terahertz-Zeitbereichsspektrometern durch das OSCAT-Verfahren geliefert werden. Die ersten Messungen an heißen Polymerschmelzen lieferten Hinweise auf das temperaturabhängige Verhalten. Auch die Möglichkeit, den Brechungsindex in einen polar- und unpolar beeinflussten Anteil aufzuteilen war durch diese Erkenntnisse möglich. Umfangreiche Untersuchungen an Polyamiden verifizierten dies. Deren Schwingungszustände konnten präzise formuliert werden.

Der zukünftige Einsatz der Terahertz-Spektroskopie dürfte sich aufgrund der aktuellen Systemeigenschaften und Analysemöglichkeiten weiterhin im Laborbereich wiederfinden. In der Prozessmesstechnik werden sich dort weitere Anwendungen abzeichnen, wo ein echter Mehrwert zu Wettbewerbstechnologien erkennbar ist.

Anhang A

Probenbeschreibung

A.1 Proben der Schmelzemessungen aus Kapitel 5

Tabelle A.1 bietet eine Übersicht über die untersuchten Proben der Schmelzemessungen mit Herkunfts- und Markenbezeichnung und Tabelle A.2 die verwendeten Füllstoffe.

Tabelle A.1: Probenübersicht der untersuchten Polymere im Schmelzezustand mit Typbezeichnung und Markenname.

Typ	Markenname
PP	LyondellBasell Moplen HP501M
PE-LD	Dow 150E
PA 6	BASF Ultramid B3
PA 12	Evonik Vestamid L1700
PA 46	DSM Stanyl TW441
PA 66	BASF Ultramid A3W

Tabelle A.2: Probenübersicht der Füllstoffe für die Compounds im Schmelzezustand mit Typbezeichnung und Markenname.

Material	Markenname
Kreide	Omya Hydrocarb 95T & Omyacarb 1-AV und 1T-AV
Titandioxid	Kronos 2020
Graphit	Luh UF 97/88
Glasfasern	PPG HP3660
Glaskugeln	SiLibeads Typ S 40-60 μm
Hohlglaskugeln	3M iM30K
Kohlenstofffasern	Tenax-A Type 219

A.2 Proben der Laboruntersuchungen aus Kapitel 6

Als Proben wurden vorzugsweise spritzgegossene Probekörper mit 2 bis 4 mm Dicke ohne Füllstoffe und Modifizierung eingesetzt. Allerdings standen diese nicht durchgängig zur Verfügung. Tabelle A.3 bietet eine Übersicht über die untersuchten Proben und ihre Herkunft.

Mit Ausnahme einiger Polyamide standen alle Proben als spritzgegossene Zugprüfstäbe oder Platten zur Verfügung. Die Copolyamide 6I/6T und 6/12 lagen als Folie vor. Polyamid 4, 44 und 1010 lagen als Pulver vor. Sie wurden teilweise direkt analysiert oder zu kleinen Schmelzefilmen präpariert. Polyamid 410, 4T und 6-3-T lagen als Granulate vor. Für eine plane Oberfläche wurden sie mit einem hydraulischen Presswerkzeug flachgedrückt.

Für Polyamid 6 und Polyamid 12 lagen außerdem Proben als Folie vor. Die in Tabelle A.3 angegeben Kennwerte sind auch für die Folienproben gültig. Die Polyamid 6- bzw. Polyamid 12-Folien bestehen aus dem Material EMS Grilon F47 mit einer Dicke von 185 μm bzw. aus EMS Grilamid L25 mit 550 μm. Sofern nichts anders erwähnt wird, beruhen die Ergebnisse auf Basis der Probekörper in Tabelle A.3.

Tabelle A.3: Probenübersicht der untersuchten Polyamide mit Typbezeichnung, Markenname, Stochastik, Dichte ρ, Brechungsindex $n_{0,3}$ bei 0,3 THz (vgl. Abschnitt 6.2) und der Amiddichte σ, die das Verhältnis der Anzahl von Amidgruppen zu Methylgruppen einer Polyamid-Elementarzelle bezeichnet.

Typ	Markenname	Stochastik	ρ[1] (g/cm^3)	$n_{0,3}$	σ
PA 4	Fraunhofer UMSICHT PA4[2]	x-Homo	1,25[3]		0,33
PA 6	BASF Ultramid B3601	x-Homo	1,13	1,741	0,20
PA 11	Arkema Rislan PA11-13MNO	x-Homo	1,03	1,648	0,10
PA 12	Evonik Vestamid L1700	x-Homo	1,01	1,616	0,09
PA 44	Fraunhofer UMSICHT PA44[2]	x,y-Homo			0,33
PA 410	DSM EcoPaXX Q150-D	x,y-Homo	1,09	1,705	0,17
PA 46	DSM Stanyl TW441	x,y-Homo	1,18	1,790	0,25
PA 66	BASF Ultramid A3	x,y-Homo	1,13	1,739	0,20
PA 610	Evonik Vestamid Terra HS16	x,y-Homo	1,08	1,678	0,14
PA 612	Evonik Vestamid D18, natur	x,y-Homo	1,06	1,670	0,13
PA 1010	Evonik Vestosint DS16	x,y-Homo	1,05		0,11
PA 1012	Evonik Vestamid Terra DD-G16	x,y-Homo	1,03	1,633	0,10
PA 4T[4]	DSM Stanyl ForTii F11	x-Homo	1,23[5]		0,50
PA 6T	Vestamid HTplus M1000	x-Homo	1,20		0,33
PA 9T	Kuraray Genestar N1000A-M42	x-Homo	1,14		0,22
PA 10T	Evonik HTplus M3000	x-Homo	1,10		0,20
PA 6-3-T	Evonik Trogamid T5000	Homo	1,12		
PA 6I/6T	EMS Grivory G21	Co	1,18		
PA 6/12	EMS Grilon GR8	Co	1,10		0,13
PA 6T/6	BASF Ultramid TKR4350	Co	1,16		0,27

[1]Quelle: Herstellerdatenblätter, sofern nicht anderweitig gekennzeichnet.
[2]Sondertype vom Fraunhofer UMSICHT Institut [248, 249]
[3]Quelle: *Fredericks* et al. [250]
[4]Probe mit 30 % Glasfasern
[5]Wert aus Compounddichte, Glasfaserdichte und -anteil berechnet.

Anhang B

Eingabedatensätze für *Gaussian*-Berechnungen

Nachfolgend sind die Original-Eingabedatensätze für die Frequenzrechnungen in *Gaussian* aus Kapitel 7 abgedruckt.

B.1 α-Polyamid 46 Einzelkette

```
%mem=16GB
%nproc=8
# pbepbe 3-21G symmetry=loose nopop freq=noraman DenFit

PA46 alpha 1 Kette Freq 3

O       1
C       0       8.55567       -0.89208       0.03033
C       0       9.83072       0.02156        0.03068
C       0       11.07208      -0.90134       0.03656
C       0       6.13882       -0.89493       0.00119
C       0       4.89374       0.03030        -0.00159
C       0       3.65687       -0.91396       0.00121
C       0       2.41084       0.01012        -0.00147
C       0       -0.00669      0.00449        0.00015
C       0       -1.28162      -0.91051       0.00308
C       0       -2.52547      0.00847        0.00573
O       0       8.57835       -2.25614       0.05416
O       0       -0.02709      1.36884        -0.02163
H       0       6.15022       -1.61111       -0.97887
H       0       9.80581       0.71314        -0.95824
H       0       4.89453       0.71677        -0.99028
H       0       4.90119       0.72195        0.98385
H       0       9.79563       0.72336        1.01247
H       0       3.65231       -1.60015       0.99011
H       0       3.65924       -1.60788       -0.98223
H       0       11.04303      -1.59151       1.02196
H       0       2.40720       0.72179        -0.98464
H       0       2.41514       0.72722        0.97800
H       0       1.15145       -1.98865       0.01662
H       0       11.04121      -1.61597       -0.92858
H       0       6.13720       -1.60420       0.98578
H       0       -1.27054      -1.60613       0.98890
H       0       -1.24410      -1.61206       -0.97922
H       0       7.40336       1.10404        -0.00695
H       0       -2.50957      0.70277        -0.97614
H       0       -2.49377      0.71922        0.97425
N       0       7.38973       -0.07301       0.00647
N       0       1.16065       -0.81255       0.00449
C       0       23.40435      -0.89208       0.03033
```

```
C        0        24.67940        0.02156        0.03068
C        0        25.92076       -0.90134        0.03656
C        0        20.98750       -0.89493        0.00119
C        0        19.74243        0.03030       -0.00159
C        0        18.50556       -0.91396        0.00121
C        0        17.25953        0.01012       -0.00147
C        0        14.84200        0.00449        0.00015
C        0        13.56706       -0.91051        0.00308
C        0        12.32322        0.00847        0.00573
O        0        23.42703       -2.25614        0.05416
O        0        14.82159        1.36884       -0.02163
H        0        20.99890       -1.61111       -0.97887
H        0        24.65450        0.71314       -0.95824
H        0        19.74321        0.71677       -0.99028
H        0        19.74987        0.72195        0.98385
H        0        24.64431        0.72336        1.01247
H        0        18.50100       -1.60015        0.99011
H        0        18.50792       -1.60788       -0.98223
H        0        25.89171       -1.59151        1.02196
H        0        17.25589        0.72179       -0.98464
H        0        17.26383        0.72722        0.97800
H        0        16.00013       -1.98865        0.01662
H        0        25.88990       -1.61597       -0.92858
H        0        20.98589       -1.60420        0.98578
H        0        13.57814       -1.60613        0.98890
H        0        13.60458       -1.61206       -0.97922
H        0        22.25204        1.10404       -0.00695
H        0        12.33911        0.70277       -0.97614
H        0        12.35492        0.71922        0.97425
N        0        22.23842       -0.07301        0.00647
N        0        16.00934       -0.81255        0.00449
C        0        38.25304       -0.89208        0.03033
C        0        39.52809        0.02156        0.03068
C        0        40.76944       -0.90134        0.03656
C        0        35.83619       -0.89493        0.00119
C        0        34.59111        0.03030       -0.00159
C        0        33.35424       -0.91396        0.00121
C        0        32.10821        0.01012       -0.00147
C        0        29.69068        0.00449        0.00015
C        0        28.41575       -0.91051        0.00308
C        0        27.17190        0.00847        0.00573
O        0        38.27572       -2.25614        0.05416
O        0        29.67028        1.36884       -0.02163
H        0        35.84759       -1.61111       -0.97887
H        0        39.50318        0.71314       -0.95824
H        0        34.59190        0.71677       -0.99028
H        0        34.59856        0.72195        0.98385
H        0        39.49300        0.72336        1.01247
H        0        33.34968       -1.60015        0.99011
H        0        33.35661       -1.60788       -0.98223
H        0        40.74040       -1.59151        1.02196
H        0        32.10457        0.72179       -0.98464
H        0        32.11251        0.72722        0.97800
H        0        30.84882       -1.98865        0.01662
H        0        40.73858       -1.61597       -0.92858
H        0        35.83457       -1.60420        0.98578
H        0        28.42683       -1.60613        0.98890
H        0        28.45327       -1.61206       -0.97922
H        0        37.10072        1.10404       -0.00695
H        0        27.18780        0.70277       -0.97614
H        0        27.20360        0.71922        0.97425
N        0        37.08710       -0.07301        0.00647
N        0        30.85802       -0.81255        0.00449
H        0        41.65798       -0.30530        0.02442
H        0        -3.40989       -0.59364        0.01852
```

B.2 γ-Polyamid 46 Einzelkette

```
%mem=16GB
%nproc=8
# pbepbe 3-21G symmetry=loose nopop freq=noraman DenFit

PA46 gamma 1 Kette freq

0     1
C     0     -1.204864     -0.305079     0.281120
C     0     0.174163      0.346180      0.058069
C     0     1.164217      -0.060086     1.168200
C     0     -8.428237     -0.262962     0.048586
C     0     -9.651205     0.601911      -0.306549
C     0     -10.943874    -0.197741     -0.099109
O     0     -11.009777    -1.445695     -0.223391
N     0     -12.037337    0.579399      0.210349
C     0     -13.352801    -0.042667     0.398081
C     0     -7.114122     0.343305      -0.465600
C     0     -5.892449     -0.524513     -0.113450
C     0     -4.596989     0.264557      -0.342275
O     0     -4.521782     1.514070      -0.239332
N     0     -3.510610     -0.522459     -0.656895
C     0     -2.183738     0.085047      -0.844145
H     0     -1.090726     -1.406835     0.315380
H     0     -1.629879     0.020130      1.249645
H     0     0.591252      0.030734      -0.917224
H     0     0.062968      1.448319      0.037091
H     0     0.762756      0.215433      2.160556
H     0     1.352010      -1.147156     1.131563
H     0     -8.376129     -0.390557     1.147696
H     0     -8.608092     -1.264919     -0.383075
H     0     -9.664308     1.534621      0.285932
H     0     -9.593419     0.886013      -1.378637
H     0     -11.934196    1.589122      0.315972
H     0     -14.086135    0.334517      -0.336151
H     0     -13.187467    -1.120724     0.239245
H     0     -13.737413    0.128655      1.418606
H     0     -7.167251     0.471093      -1.564618
H     0     -6.933161     1.345253      -0.034556
H     0     -5.941610     -0.799381     0.961503
H     0     -5.890231     -1.462348     -0.697886
H     0     -3.613698     -1.535643     -0.734930
H     0     -1.769015     -0.205932     -1.827065
H     0     -2.373612     1.172422      -0.830608
N     0     2.488089      0.552412      0.974506
H     0     2.599306      1.558967      1.108027
C     0     3.551659      -0.214437     0.550403
O     0     3.461038      -1.453239     0.364612
C     0     4.837959      0.586004      0.308861
H     0     4.891371      1.455834      0.988536
H     0     4.808160      0.976311      -0.730752
C     0     6.071821      -0.319296     0.470789
H     0     6.216298      -0.553942     1.543572
H     0     5.841991      -1.273799     -0.037575
C     0     7.345448      0.327580      -0.093460
H     0     7.577330      1.279898      0.418155
H     0     7.199234      0.565542      -1.165427
C     0     8.581581      -0.576252     0.063377
H     0     8.615090      -0.966148     1.102885
H     0     8.527898      -1.444925     -0.617453
C     0     9.862764      0.232387      -0.180250
O     0     9.956226      1.462510      0.056150
N     0     10.912541     -0.514891     -0.666232
H     0     10.794267     -1.513709     -0.844312
C     0     12.231603     0.103755      -0.879208
```

```
H       0       12.062907       1.176865        -0.685604
H       0       12.544950       -0.032144       -1.930481
C       0       13.286742       -0.472506       0.081336
H       0       12.979780       -0.299433       1.126733
H       0       14.263197       0.014057        -0.087395
H       0       13.413078       -1.559717       -0.072415
```

B.3 α-Polyamid 46 Cluster

```
%mem=16GB
%nproc=8
# pbepbe 3-21G symmetry=loose nopop freq=noraman DenFit

PA46 alpha 5 Ketten Freq 3

0       1
C       0       8.55567         -0.89208        0.03033
C       0       9.83072         0.02156         0.03068
C       0       11.07208        -0.90134        0.03656
C       0       6.13882         -0.89493        0.00119
C       0       4.89374         0.03030         -0.00159
C       0       3.65687         -0.91396        0.00121
C       0       2.41084         0.01012         -0.00147
C       0       -0.00669        0.00449         0.00015
C       0       -1.28162        -0.91051        0.00308
C       0       -2.52547        0.00847         0.00573
O       0       8.57835         -2.25614        0.05416
O       0       -0.02709        1.36884         -0.02163
H       0       6.15022         -1.61111        -0.97887
H       0       9.80581         0.71314         -0.95824
H       0       4.89453         0.71677         -0.99028
H       0       4.90119         0.72195         0.98385
H       0       9.79563         0.72336         1.01247
H       0       3.65231         -1.60015        0.99011
H       0       3.65924         -1.60788        -0.98223
H       0       11.04303        -1.59151        1.02196
H       0       2.40720         0.72179         -0.98464
H       0       2.41514         0.72722         0.97800
H       0       1.15145         -1.98865        0.01662
H       0       11.04121        -1.61597        -0.92858
H       0       6.13720         -1.60420        0.98578
H       0       -1.27054        -1.60613        0.98890
H       0       -1.24410        -1.61206        -0.97922
H       0       7.40336         1.10404         -0.00695
H       0       -2.50957        0.70277         -0.97614
H       0       -2.49377        0.71922         0.97425
N       0       7.38973         -0.07301        0.00647
N       0       1.16065         -0.81255        0.00449
C       0       23.40435        -0.89208        0.03033
C       0       24.67940        0.02156         0.03068
C       0       25.92076        -0.90134        0.03656
C       0       20.98750        -0.89493        0.00119
C       0       19.74243        0.03030         -0.00159
C       0       18.50556        -0.91396        0.00121
C       0       17.25953        0.01012         -0.00147
C       0       14.84200        0.00449         0.00015
C       0       13.56706        -0.91051        0.00308
C       0       12.32322        0.00847         0.00573
O       0       23.42703        -2.25614        0.05416
O       0       14.82159        1.36884         -0.02163
H       0       20.99890        -1.61111        -0.97887
H       0       24.65450        0.71314         -0.95824
H       0       19.74321        0.71677         -0.99028
H       0       19.74987        0.72195         0.98385
```

H	0	24.64431	0.72336	1.01247
H	0	18.50100	-1.60015	0.99011
H	0	18.50792	-1.60788	-0.98223
H	0	25.89171	-1.59151	1.02196
H	0	17.25589	0.72179	-0.98464
H	0	17.26383	0.72722	0.97800
H	0	16.00013	-1.98865	0.01662
H	0	25.88990	-1.61597	-0.92858
H	0	20.98589	-1.60420	0.98578
H	0	13.57814	-1.60613	0.98890
H	0	13.60458	-1.61206	-0.97922
H	0	22.25204	1.10404	-0.00695
H	0	12.33911	0.70277	-0.97614
H	0	12.35492	0.71922	0.97425
N	0	22.23842	-0.07301	0.00647
N	0	16.00934	-0.81255	0.00449
C	0	38.25304	-0.89208	0.03033
C	0	39.52809	0.02156	0.03068
C	0	40.76944	-0.90134	0.03656
C	0	35.83619	-0.89493	0.00119
C	0	34.59111	0.03030	-0.00159
C	0	33.35424	-0.91396	0.00121
C	0	32.10821	0.01012	-0.00147
C	0	29.69068	0.00449	0.00015
C	0	28.41575	-0.91051	0.00308
C	0	27.17190	0.00847	0.00573
O	0	38.27572	-2.25614	0.05416
O	0	29.67028	1.36884	-0.02163
H	0	35.84759	-1.61111	-0.97887
H	0	39.50318	0.71314	-0.95824
H	0	34.59190	0.71677	-0.99028
H	0	34.59856	0.72195	0.98385
H	0	39.49300	0.72336	1.01247
H	0	33.34968	-1.60015	0.99011
H	0	33.35661	-1.60788	-0.98223
H	0	40.74040	-1.59151	1.02196
H	0	32.10457	0.72179	-0.98464
H	0	32.11251	0.72722	0.97800
H	0	30.84882	-1.98865	0.01662
H	0	40.73858	-1.61597	-0.92858
H	0	35.83457	-1.60420	0.98578
H	0	28.42683	-1.60613	0.98890
H	0	28.45327	-1.61206	-0.97922
H	0	37.10072	1.10404	-0.00695
H	0	27.18780	0.70277	-0.97614
H	0	27.20360	0.71922	0.97425
N	0	37.08710	-0.07301	0.00647
N	0	30.85802	-0.81255	0.00449
C	0	7.39222	4.06799	0.03033
C	0	8.66727	4.98162	0.03068
C	0	9.90862	4.05872	0.03656
C	0	4.97537	4.06514	0.00119
C	0	3.73029	4.99037	-0.00159
C	0	2.49342	4.04610	0.00121
C	0	1.24739	4.97018	-0.00147
C	0	-1.17014	4.96456	0.00015
C	0	-2.44507	4.04955	0.00308
C	0	-3.68892	4.96853	0.00573
O	0	7.41490	2.70392	0.05416
O	0	-1.19054	6.32891	-0.02163
H	0	4.98676	3.34896	-0.97887
H	0	8.64236	5.67321	-0.95824
H	0	3.73107	5.67683	-0.99028
H	0	3.73774	5.68201	0.98385
H	0	8.63218	5.68343	1.01247
H	0	2.48886	3.35991	0.99011
H	0	2.49579	3.35218	-0.98223

```
H      0      9.87958      3.36856      1.02196
H      0      1.24375      5.68185      -0.98464
H      0      1.25169      5.68729      0.97800
H      0      -0.01201     2.97141      0.01662
H      0      9.87776      3.34409      -0.92858
H      0      4.97375      3.35587      0.98578
H      0      -2.43399     3.35393      0.98890
H      0      -2.40755     3.34801      -0.97922
H      0      6.23990      6.06410      -0.00695
H      0      -3.67303     5.66284      -0.97614
H      0      -3.65722     5.67929      0.97425
N      0      6.22628      4.88706      0.00647
N      0      -0.00280     4.14751      0.00449
C      0      22.24090     4.06799      0.03033
C      0      23.51595     4.98162      0.03068
C      0      24.75731     4.05872      0.03656
C      0      19.82405     4.06514      0.00119
C      0      18.57898     4.99037      -0.00159
C      0      17.34211     4.04610      0.00121
C      0      16.09607     4.97018      -0.00147
C      0      13.67855     4.96456      0.00015
C      0      12.40361     4.04955      0.00308
C      0      11.15977     4.96853      0.00573
O      0      22.26358     2.70392      0.05416
O      0      13.65814     6.32891      -0.02163
H      0      19.83545     3.34896      -0.97887
H      0      23.49104     5.67321      -0.95824
H      0      18.57976     5.67683      -0.99028
H      0      18.58642     5.68201      0.98385
H      0      23.48086     5.68343      1.01247
H      0      17.33754     3.35991      0.99011
H      0      17.34447     3.35218      -0.98223
H      0      24.72826     3.36856      1.02196
H      0      16.09243     5.68185      -0.98464
H      0      16.10037     5.68729      0.97800
H      0      14.83668     2.97141      0.01662
H      0      24.72645     3.34409      -0.92858
H      0      19.82244     3.35587      0.98578
H      0      12.41469     3.35393      0.98890
H      0      12.44113     3.34801      -0.97922
H      0      21.08859     6.06410      -0.00695
H      0      11.17566     5.66284      -0.97614
H      0      11.19147     5.67929      0.97425
N      0      21.07497     4.88706      0.00647
N      0      14.84589     4.14751      0.00449
C      0      37.08959     4.06799      0.03033
C      0      38.36464     4.98162      0.03068
C      0      39.60599     4.05872      0.03656
C      0      34.67274     4.06514      0.00119
C      0      33.42766     4.99037      -0.00159
C      0      32.19079     4.04610      0.00121
C      0      30.94476     4.97018      -0.00147
C      0      28.52723     4.96456      0.00015
C      0      27.25230     4.04955      0.00308
C      0      26.00845     4.96853      0.00573
O      0      37.11227     2.70392      0.05416
O      0      28.50683     6.32891      -0.02163
H      0      34.68413     3.34896      -0.97887
H      0      38.33973     5.67321      -0.95824
H      0      33.42844     5.67683      -0.99028
H      0      33.43511     5.68201      0.98385
H      0      38.32955     5.68343      1.01247
H      0      32.18623     3.35991      0.99011
H      0      32.19315     3.35218      -0.98223
H      0      39.57695     3.36856      1.02196
H      0      30.94112     5.68185      -0.98464
H      0      30.94906     5.68729      0.97800
```

H	0	29.68536	2.97141	0.01662
H	0	39.57513	3.34409	-0.92858
H	0	34.67112	3.35587	0.98578
H	0	27.26338	3.35393	0.98890
H	0	27.28982	3.34801	-0.97922
H	0	35.93727	6.06410	-0.00695
H	0	26.02435	5.66284	-0.97614
H	0	26.04015	5.67929	0.97425
N	0	35.92365	4.88706	0.00647
N	0	29.69457	4.14751	0.00449
C	0	6.22877	9.02805	0.03033
C	0	7.50381	9.94169	0.03068
C	0	8.74517	9.01879	0.03656
C	0	3.81192	9.02520	0.00119
C	0	2.56684	9.95043	-0.00159
C	0	1.32997	9.00617	0.00121
C	0	0.08394	9.93025	-0.00147
C	0	-2.33359	9.92462	0.00015
C	0	-3.60853	9.00962	0.00308
C	0	-4.85237	9.92860	0.00573
O	0	6.25145	7.66399	0.05416
O	0	-2.35400	11.28897	-0.02163
H	0	3.82331	8.30902	-0.97887
H	0	7.47891	10.63327	-0.95824
H	0	2.56762	10.63690	-0.99028
H	0	2.57429	10.64208	0.98385
H	0	7.46872	10.64349	1.01247
H	0	1.32541	8.31998	0.99011
H	0	1.33233	8.31225	-0.98223
H	0	8.71612	8.32862	1.02196
H	0	0.08030	10.64192	-0.98464
H	0	0.08824	10.64735	0.97800
H	0	-1.17546	7.93148	0.01662
H	0	8.71431	8.30416	-0.92858
H	0	3.81030	8.31593	0.98578
H	0	-3.59744	8.31400	0.98890
H	0	-3.57101	8.30807	-0.97922
H	0	5.07645	11.02417	-0.00695
H	0	-4.83648	10.62290	-0.97614
H	0	-4.82067	10.63935	0.97425
N	0	5.06283	9.84712	0.00647
N	0	-1.16625	9.10758	0.00449
C	0	21.07745	9.02805	0.03033
C	0	22.35250	9.94169	0.03068
C	0	23.59386	9.01879	0.03656
C	0	18.66060	9.02520	0.00119
C	0	17.41552	9.95043	-0.00159
C	0	16.17865	9.00617	0.00121
C	0	14.93262	9.93025	-0.00147
C	0	12.51510	9.92462	0.00015
C	0	11.24016	9.00962	0.00308
C	0	9.99632	9.92860	0.00573
O	0	21.10013	7.66399	0.05416
O	0	12.49469	11.28897	-0.02163
H	0	18.67200	8.30902	-0.97887
H	0	22.32759	10.63327	-0.95824
H	0	17.41631	10.63690	-0.99028
H	0	17.42297	10.64208	0.98385
H	0	22.31741	10.64349	1.01247
H	0	16.17409	8.31998	0.99011
H	0	16.18102	8.31225	-0.98223
H	0	23.56481	8.32862	1.02196
H	0	14.92898	10.64192	-0.98464
H	0	14.93692	10.64735	0.97800
H	0	13.67323	7.93148	0.01662
H	0	23.56300	8.30416	-0.92858
H	0	18.65899	8.31593	0.98578

```
H     0     11.25124     8.31400     0.98890
H     0     11.27768     8.30807     -0.97922
H     0     19.92514     11.02417    -0.00695
H     0     10.01221     10.62290    -0.97614
H     0     10.02801     10.63935    0.97425
N     0     19.91152     9.84712     0.00647
N     0     13.68243     9.10758     0.00449
C     0     35.92614     9.02805     0.03033
C     0     37.20118     9.94169     0.03068
C     0     38.44254     9.01879     0.03656
C     0     33.50929     9.02520     0.00119
C     0     32.26421     9.95043     -0.00159
C     0     31.02734     9.00617     0.00121
C     0     29.78131     9.93025     -0.00147
C     0     27.36378     9.92462     0.00015
C     0     26.08884     9.00962     0.00308
C     0     24.84500     9.92860     0.00573
O     0     35.94882     7.66399     0.05416
O     0     27.34337     11.28897    -0.02163
H     0     33.52068     8.30902     -0.97887
H     0     37.17628     10.63327    -0.95824
H     0     32.26499     10.63690    -0.99028
H     0     32.27166     10.64208    0.98385
H     0     37.16609     10.64349    1.01247
H     0     31.02278     8.31998     0.99011
H     0     31.02970     8.31225     -0.98223
H     0     38.41349     8.32862     1.02196
H     0     29.77767     10.64192    -0.98464
H     0     29.78561     10.64735    0.97800
H     0     28.52191     7.93148     0.01662
H     0     38.41168     8.30416     -0.92858
H     0     33.50767     8.31593     0.98578
H     0     26.09993     8.31400     0.98890
H     0     26.12636     8.30807     -0.97922
H     0     34.77382     11.02417    -0.00695
H     0     24.86089     10.62290    -0.97614
H     0     24.87670     10.63935    0.97425
N     0     34.76020     9.84712     0.00647
N     0     28.53112     9.10758     0.00449
C     0     5.06531      13.98812    0.03033
C     0     6.34036      14.90175    0.03068
C     0     7.58172      13.97885    0.03656
C     0     2.64846      13.98527    0.00119
C     0     1.40339      14.91050    -0.00159
C     0     0.16652      13.96623    0.00121
C     0     -1.07952     14.89031    -0.00147
C     0     -3.49704     14.88469    0.00015
C     0     -4.77198     13.96968    0.00308
C     0     -6.01582     14.88866    0.00573
O     0     5.08799      12.62405    0.05416
O     0     -3.51745     16.24904    -0.02163
H     0     2.65986      13.26909    -0.97887
H     0     6.31546      15.59334    -0.95824
H     0     1.40417      15.59696    -0.99028
H     0     1.41083      15.60214    0.98385
H     0     6.30527      15.60356    1.01247
H     0     0.16195      13.28004    0.99011
H     0     0.16888      13.27231    -0.98223
H     0     7.55267      13.28869    1.02196
H     0     -1.08316     15.60198    -0.98464
H     0     -1.07522     15.60742    0.97800
H     0     -2.33891     12.89154    0.01662
H     0     7.55086      13.26422    -0.92858
H     0     2.64685      13.27600    0.98578
H     0     -4.76090     13.27406    0.98890
H     0     -4.73446     13.26814    -0.97922
H     0     3.91300      15.98423    -0.00695
```

H	0	-5.99993	15.58297	-0.97614
H	0	-5.98412	15.59942	0.97425
N	0	3.89938	14.80719	0.00647
N	0	-2.32970	14.06764	0.00449
C	0	19.91400	13.98812	0.03033
C	0	21.18905	14.90175	0.03068
C	0	22.43040	13.97885	0.03656
C	0	17.49715	13.98527	0.00119
C	0	16.25207	14.91050	-0.00159
C	0	15.01520	13.96623	0.00121
C	0	13.76917	14.89031	-0.00147
C	0	11.35164	14.88469	0.00015
C	0	10.07671	13.96968	0.00308
C	0	8.83286	14.88866	0.00573
O	0	19.93668	12.62405	0.05416
O	0	11.33124	16.24904	-0.02163
H	0	17.50854	13.26909	-0.97887
H	0	21.16414	15.59334	-0.95824
H	0	16.25286	15.59696	-0.99028
H	0	16.25952	15.60214	0.98385
H	0	21.15396	15.60356	1.01247
H	0	15.01064	13.28004	0.99011
H	0	15.01757	13.27231	-0.98223
H	0	22.40136	13.28869	1.02196
H	0	13.76553	15.60198	-0.98464
H	0	13.77347	15.60742	0.97800
H	0	12.50977	12.89154	0.01662
H	0	22.39954	13.26422	-0.92858
H	0	17.49553	13.27600	0.98578
H	0	10.08779	13.27406	0.98890
H	0	10.11423	13.26814	-0.97922
H	0	18.76168	15.98423	-0.00695
H	0	8.84876	15.58297	-0.97614
H	0	8.86456	15.59942	0.97425
N	0	18.74806	14.80719	0.00647
N	0	12.51898	14.06764	0.00449
C	0	34.76268	13.98812	0.03033
C	0	36.03773	14.90175	0.03068
C	0	37.27909	13.97885	0.03656
C	0	32.34583	13.98527	0.00119
C	0	31.10076	14.91050	-0.00159
C	0	29.86389	13.96623	0.00121
C	0	28.61785	14.89031	-0.00147
C	0	26.20033	14.88469	0.00015
C	0	24.92539	13.96968	0.00308
C	0	23.68155	14.88866	0.00573
O	0	34.78536	12.62405	0.05416
O	0	26.17992	16.24904	-0.02163
H	0	32.35723	13.26909	-0.97887
H	0	36.01282	15.59334	-0.95824
H	0	31.10154	15.59696	-0.99028
H	0	31.10820	15.60214	0.98385
H	0	36.00264	15.60356	1.01247
H	0	29.85932	13.28004	0.99011
H	0	29.86625	13.27231	-0.98223
H	0	37.25004	13.28869	1.02196
H	0	28.61422	15.60198	-0.98464
H	0	28.62215	15.60742	0.97800
H	0	27.35846	12.89154	0.01662
H	0	37.24823	13.26422	-0.92858
H	0	32.34422	13.27600	0.98578
H	0	24.93647	13.27406	0.98890
H	0	24.96291	13.26814	-0.97922
H	0	33.61037	15.98423	-0.00695
H	0	23.69744	15.58297	-0.97614
H	0	23.71325	15.59942	0.97425
N	0	33.59675	14.80719	0.00647

```
N      0      27.36767      14.06764      0.00449
C      0      3.90186       18.94818      0.03033
C      0      5.17691       19.86182      0.03068
C      0      6.41827       18.93892      0.03656
C      0      1.48501       18.94533      0.00119
C      0      0.23994       19.87056      -0.00159
C      0      -0.99694      18.92630      0.00121
C      0      -2.24297      19.85038      -0.00147
C      0      -4.66049      19.84475      0.00015
C      0      -5.93543      18.92975      0.00308
C      0      -7.17927      19.84873      0.00573
O      0      3.92454       17.58412      0.05416
O      0      -4.68090      21.20910      -0.02163
H      0      1.49641       18.22915      -0.97887
H      0      5.15200       20.55340      -0.95824
H      0      0.24072       20.55703      -0.99028
H      0      0.24738       20.56221      0.98385
H      0      5.14182       20.56362      1.01247
H      0      -1.00150      18.24011      0.99011
H      0      -0.99457      18.23238      -0.98223
H      0      6.38922       18.24875      1.02196
H      0      -2.24661      20.56205      -0.98464
H      0      -2.23867      20.56748      0.97800
H      0      -3.50236      17.85161      0.01662
H      0      6.38741       18.22429      -0.92858
H      0      1.48340       18.23607      0.98578
H      0      -5.92435      18.23413      0.98890
H      0      -5.89791      18.22820      -0.97922
H      0      2.74955       20.94430      -0.00695
H      0      -7.16338      20.54303      -0.97614
H      0      -7.14758      20.55948      0.97425
N      0      2.73593       19.76725      0.00647
N      0      -3.49316      19.02771      0.00449
C      0      18.75055      18.94818      0.03033
C      0      20.02559      19.86182      0.03068
C      0      21.26695      18.93892      0.03656
C      0      16.33370      18.94533      0.00119
C      0      15.08862      19.87056      -0.00159
C      0      13.85175      18.92630      0.00121
C      0      12.60572      19.85038      -0.00147
C      0      10.18819      19.84475      0.00015
C      0      8.91325       18.92975      0.00308
C      0      7.66941       19.84873      0.00573
O      0      18.77323      17.58412      0.05416
O      0      10.16779      21.20910      -0.02163
H      0      16.34509      18.22915      -0.97887
H      0      20.00069      20.55340      -0.95824
H      0      15.08940      20.55703      -0.99028
H      0      15.09607      20.56221      0.98385
H      0      19.99050      20.56362      1.01247
H      0      13.84719      18.24011      0.99011
H      0      13.85411      18.23238      -0.98223
H      0      21.23791      18.24875      1.02196
H      0      12.60208      20.56205      -0.98464
H      0      12.61002      20.56748      0.97800
H      0      11.34632      17.85161      0.01662
H      0      21.23609      18.22429      -0.92858
H      0      16.33208      18.23607      0.98578
H      0      8.92434       18.23413      0.98890
H      0      8.95077       18.22820      -0.97922
H      0      17.59823      20.94430      -0.00695
H      0      7.68530       20.54303      -0.97614
H      0      7.70111       20.55948      0.97425
N      0      17.58461      19.76725      0.00647
N      0      11.35553      19.02771      0.00449
C      0      33.59923      18.94818      0.03033
C      0      34.87428      19.86182      0.03068
```

```
C       0       36.11564        18.93892        0.03656
C       0       31.18238        18.94533        0.00119
C       0       29.93731        19.87056        -0.00159
C       0       28.70043        18.92630        0.00121
C       0       27.45440        19.85038        -0.00147
C       0       25.03688        19.84475        0.00015
C       0       23.76194        18.92975        0.00308
C       0       22.51810        19.84873        0.00573
O       0       33.62191        17.58412        0.05416
O       0       25.01647        21.20910        -0.02163
H       0       31.19378        18.22915        -0.97887
H       0       34.84937        20.55340        -0.95824
H       0       29.93809        20.55703        -0.99028
H       0       29.94475        20.56221        0.98385
H       0       34.83919        20.56362        1.01247
H       0       28.69587        18.24011        0.99011
H       0       28.70280        18.23238        -0.98223
H       0       36.08659        18.24875        1.02196
H       0       27.45076        20.56205        -0.98464
H       0       27.45870        20.56748        0.97800
H       0       26.19501        17.85161        0.01662
H       0       36.08478        18.22429        -0.92858
H       0       31.18077        18.23607        0.98578
H       0       23.77302        18.23413        0.98890
H       0       23.79946        18.22820        -0.97922
H       0       32.44692        20.94430        -0.00695
H       0       22.53399        20.54303        -0.97614
H       0       22.54979        20.55948        0.97425
N       0       32.43330        19.76725        0.00647
N       0       26.20421        19.02771        0.00449
H       0       41.65798        -0.30530        0.02442
H       0       40.49453        4.65476         0.02442
H       0       39.33107        9.61483         0.02442
H       0       38.16762        14.57489        0.02442
H       0       37.00417        19.53496        0.02442
H       0       -3.40989        -0.59364        0.01852
H       0       -4.57334        4.36643         0.01852
H       0       -5.73679        9.32649         0.01852
H       0       -6.90024        14.28656        0.01852
H       0       -8.06370        19.24662        0.01852
```

B.4 γ-Polyamid 66 Einzelkette

```
%mem=16GB
%nproc=8
# pbepbe 3-21G symmetry=loose nopop opt freq=noraman DenFit

PA66 gamma 1 Kette

0       1
C       0       0.280250        0.362490        -0.620200
C       0       -0.426170       -0.072780       -1.922850
C       0       0.039390        0.771530        -3.116870
O       0       0.154880        2.034130        -3.050030
C       0       -0.280250       -0.362490       0.620200
C       0       0.426170        0.072780        1.922850
C       0       -0.039390       -0.771530       3.116870
O       0       -0.154880       -2.034130       3.050030
C       0       0.293390        -0.573690       16.624710
C       0       -0.411120       -1.030710       15.326720
C       0       0.081140        -0.243140       14.107950
O       0       0.210700        1.021320        14.119070
N       0       0.365640        -1.006830       13.024740
C       0       0.814980        -0.408140       11.754190
```

```
C      0      -0.060080      -0.884880      10.573940
C      0      0.429060       -0.290600      9.233970
C      0      -0.259520      -1.320090      17.855520
C      0      -0.371470      -0.809940      8.017830
C      0      0.493480       -0.992070      19.164860
C      0      0.112100       -0.201290      6.682250
C      0      0.166450       -2.030700      20.244090
C      0      -0.730660      -0.705890      5.490540
O      0      0.079280       -3.264680      19.959100
N      0      0.002490       -1.521520      21.490930
N      0      -0.311360      -0.055280      4.234990
C      0      -0.280290      -2.395220      22.639420
C      0      0.060080       0.884880       -10.573940
C      0      -0.429060      0.290600       -9.233970
C      0      0.371470       0.809940       -8.017830
C      0      -0.112100      0.201290       -6.682250
C      0      0.730660       0.705890       -5.490540
N      0      0.311360       0.055280       -4.234990
C      0      0.259520       1.320090       -17.855520
C      0      -0.493480      0.992070       -19.164860
C      0      -0.166450      2.030700       -20.244090
O      0      -0.079280      3.264680       -19.959100
C      0      0.280290       2.395220       -22.639420
C      0      -0.293390      0.573690       -16.624710
C      0      0.411120       1.030710       -15.326720
C      0      -0.081140      0.243140       -14.107950
O      0      -0.210700      -1.021320      -14.119070
N      0      -0.365640      1.006830       -13.024740
C      0      -0.814980      0.408140       -11.754190
N      0      -0.002490      1.521520       -21.490930
H      0      1.366470       0.167470       -0.706620
H      0      0.150830       1.453780       -0.515110
H      0      -0.249180      -1.143080      -2.120930
H      0      -1.518070      0.075780       -1.802410
H      0      -1.366470      -0.167470      0.706620
H      0      -0.150830      -1.453780      0.515110
H      0      1.518070       -0.075780      1.802410
H      0      0.249180       1.143080       2.120930
H      0      1.381470       -0.760050      16.536750
H      0      0.152170       0.515750       16.729810
H      0      -0.254560      -2.111530      15.169010
H      0      -1.500710      -0.857060      15.432900
H      0      0.261500       -2.047320      13.028530
H      0      0.754000       0.684600       11.880230
H      0      1.871470       -0.683370      11.564030
H      0      -0.024750      -1.989960      10.552270
H      0      -1.109660      -0.586820      10.759550
H      0      0.340640       0.813760       9.276680
H      0      1.502860       -0.528060      9.091860
H      0      -1.337350      -1.094390      17.978280
H      0      -0.169940      -2.409820      17.693400
H      0      -0.272920      -1.913050      7.969010
H      0      -1.447080      -0.582880      8.162550
H      0      1.583530       -1.058360      18.968510
H      0      0.277120       0.020060       19.542780
H      0      0.040910       0.902190       6.704750
H      0      1.173410       -0.463710      6.509540
H      0      -0.605370      -1.790350      5.344220
H      0      -1.802600      -0.499600      5.682270
H      0      0.036350       -0.489100      21.637700
H      0      -0.222800      0.986200       4.263670
H      0      0.420280       -2.184850      23.466190
H      0      -1.314990      -2.257340      23.003570
H      0      -0.154630      -3.435110      22.301090
H      0      0.024750       1.989960       -10.552270
H      0      1.109660       0.586820       -10.759550
H      0      -1.502860      0.528060       -9.091860
```

```
H       0       -0.340640       -0.813760       -9.276680
H       0       1.447080        0.582880        -8.162550
H       0       0.272920        1.913050        -7.969010
H       0       -1.173410       0.463710        -6.509540
H       0       -0.040910       -0.902190       -6.704750
H       0       1.802600        0.499600        -5.682270
H       0       0.605370        1.790350        -5.344220
H       0       0.222800        -0.986200       -4.263670
H       0       1.337350        1.094390        -17.978280
H       0       0.169940        2.409820        -17.693400
H       0       -0.277120       -0.020060       -19.542780
H       0       -1.583530       1.058360        -18.968510
H       0       -0.420280       2.184850        -23.466190
H       0       0.154630        3.435110        -22.301090
H       0       1.314990        2.257340        -23.003570
H       0       -1.381470       0.760050        -16.536750
H       0       -0.152170       -0.515750       -16.729810
H       0       1.500710        0.857060        -15.432900
H       0       0.254560        2.111530        -15.169010
H       0       -0.261500       2.047320        -13.028530
H       0       -1.871470       0.683370        -11.564030
H       0       -0.754000       -0.684600       -11.880230
H       0       -0.036350       0.489100        -21.637700
```

B.5 α-Polyamid 66 Einheitszelle

```
%mem=6GB
%nproc=4
#p Opt freq=numer pbepbe/3-21g

PA66 alpha 2D2

0       1
H       0       -4.90054773     0.61863861      0.90224177
H       0       -4.90390775     0.64673772      -0.88729349
H       0       11.14898878     -1.52624031     0.87280960
H       0       11.15679945     -1.49613306     -0.91668291
H       0       9.89690667      0.65109677      -0.87873088
H       0       9.90559787      0.62299904      0.91078832
H       0       8.64797116      -1.52806163     0.87163870
H       0       8.65761525      -1.49795132     -0.91785192
H       0       7.39487177      0.97839205      0.00591379
H       0       4.98035625      0.64743399      -0.88091177
H       0       5.01730395      0.61937486      0.90836574
H       0       3.74934071      -1.53159765     0.86934878
H       0       3.75182345      -1.50149701     -0.92014947
H       0       2.49562527      0.64673898      -0.88482366
H       0       2.50464034      0.61864232      0.90469750
H       0       1.24832528      -1.53149344     0.86681980
H       0       1.25179177      -1.50139697     -0.92268230
H       0       -1.25423198     -1.85972520     -0.01936254
H       0       -2.42237712     0.64662822      -0.88589315
H       0       -2.38245421     0.61855547      0.90334286
H       0       -3.65061481     -1.53149090     0.86436583
H       0       -3.65368114     -1.50138944     -0.92513146
C       0       2.50011571      0.00000000      0.00000000
C       0       11.15241185     -0.87850270     -0.01128944
C       0       6.25022084      -0.88205394     -0.01358676
C       0       1.25005764      -0.88375947     -0.01728710
C       0       4.99952848      0.00078960      0.00379711
C       0       0.00000000      0.00000000      0.00000000
C       0       8.65233626      -0.88032460     -0.01245731
C       0       -2.40210864     -0.00000032     -0.00121391
C       0       9.90172630      0.00434665      0.00608921
```

```
C      0     3.75012424     -0.88386885     -0.01475491
C      0     -3.65214545    -0.88375211     -0.01974126
C      0     -4.90221319    -0.00002082     -0.00245806
N      0     -1.20104177    -0.84912151     -0.01780965
N      0     7.45066017     -0.03207521     0.00423749
O      0     6.18650642     -2.11040629     -0.01504696
O      0     -0.06465900    1.22829989      0.00003316
Tv     0     17.30402749    0.00000         0.00000
Tv     0     0.810501       4.749273601     0.00000
```

B.6 γ-Polyamid 66 Cluster

```
%mem=16GB
%nproc=8
# pbepbe 3-21G symmetry=loose nopop opt freq=noraman DenFit

PA66 gamma

0 1
 C              0.28025000    0.36249200   -0.62019700
 C             -0.42617200   -0.07277700   -1.92284600
 C              0.03938800    0.77152600   -3.11686600
 O              0.15487800    2.03413100   -3.05003000
 C             -0.28025000   -0.36249200    0.62019700
 C              0.42617200    0.07277700    1.92284600
 C             -0.03938800   -0.77152600    3.11686600
 O             -0.15487800   -2.03413100    3.05003000
 C              0.32727200    4.92382000    1.07866600
 C             -0.32375600    4.48141600   -0.24961800
 C              0.12060700    5.37784000   -1.41420400
 O              0.28391700    6.62726500   -1.25643800
 C             -0.26565200    4.19676500    2.30374400
 C              0.37854500    4.67862600    3.62334000
 C             -0.12393500    3.87247500    4.82592200
 O             -0.21142800    2.60554500    4.82797800
 C              0.24247800   -5.24805300   15.00676700
 C             -0.39538900   -5.73441300   13.68268400
 C              0.10827100   -4.93833000   12.47103000
 O              0.23058100   -3.67431300   12.47013600
 C             -0.34562100   -5.98710100   16.23082700
 C              0.33849200   -5.59949700   17.56244300
 C             -0.05855200   -6.55886000   18.69627100
 O             -0.23911000   -7.79796000   18.48321700
 N             -0.16730300   -5.97819200   19.91792800
 C             -0.48245600   -6.77027200   21.11572400
 C              0.32663800    3.88424200   18.27740100
 C             -0.36455300    3.48763200   16.95691300
 C              0.11475500    4.36494000   15.80021600
 O              0.26675800    5.61760100   15.94239700
 N              0.35243700    3.69287000   14.64994800
 C              0.74221000    4.38397800   13.40886600
 C             -0.07744300    3.83458000   12.22249400
 C              0.37770400    4.43769100   10.87796300
 C             -0.19638800    3.05347800   19.46329200
 C             -0.42356100    3.87651400    9.68221700
 C              0.53748800    3.40697900   20.77462400
 C              0.00236600    4.50907300    8.34025300
 C              0.11795400    2.46990300   21.90689100
 C             -0.89087500    4.03568200    7.17288900
 O              0.04749500    1.21274600   21.75785700
 N             -0.16920700    3.10672300   23.07688700
 N             -0.46305000    4.63654000    5.89894900
 C             -0.56654300    2.34777700   24.27097500
 C              0.29339300   -0.57369100   16.62470900
```

```
C    -0.41112200   -1.03071200   15.32672400
C     0.08114300   -0.24313900   14.10795000
O     0.21069600    1.02132300   14.11906800
N     0.36563900   -1.00682900   13.02473700
C     0.81498400   -0.40813500   11.75418500
C    -0.06007700   -0.88487600   10.57393600
C     0.42905700   -0.29059800    9.23397100
C    -0.25952100   -1.32008900   17.85552100
C    -0.37147100   -0.80994000    8.01782600
C     0.49348100   -0.99206900   19.16486000
C     0.11210100   -0.20128700    6.68224700
C     0.16644800   -2.03069700   20.24409300
C    -0.73065600   -0.70588800    5.49054200
O     0.07928300   -3.26468300   19.95909600
N     0.00248800   -1.52152200   21.49093000
N    -0.31135700   -0.05528300    4.23499300
C    -0.28029300   -2.39521600   22.63941800
C     0.13170900   -4.88675900    5.03184800
C    -0.32735500   -5.51652500    6.36703700
C     0.44567500   -4.96150500    7.58733200
C    -0.00809900   -5.59979500    8.92138400
C     0.84908900   -5.11158800   10.11231600
N     0.40393300   -5.70655900   11.38571700
C     0.26565200   -4.19676500   -2.30374400
C    -0.37854500   -4.67862600   -3.62334000
C     0.12393500   -3.87247500   -4.82592200
O     0.21142800   -2.60554500   -4.82797800
C    -0.32727200   -4.92382000   -1.07866600
C     0.32375600   -4.48141600    0.24961800
C    -0.12060700   -5.37784000    1.41420400
O    -0.28391700   -6.62726500    1.25643800
N    -0.29851600   -4.72858300    2.59069000
C    -0.66444500   -5.44227300    3.82940800
C    -0.12038500   -9.73565400   -1.88453500
C     0.47315800   -9.18106200   -0.57191200
C     0.06216800  -10.08290200    0.60606300
O     0.07255600  -11.34105800    0.53066400
C     0.40561200   -8.98512200   -3.12486900
C    -0.20598200   -9.52364100   -4.43884900
C     0.16693900   -8.64419300   -5.63607800
O     0.21395200   -7.38463100   -5.55400300
C     0.41494900  -10.05981000   14.14674300
C    -0.20349100  -10.60836200   12.84103400
C     0.15130700   -9.72314100   11.64486900
O     0.13755100   -8.46152900   11.71373700
N     0.47475800  -10.40565200   10.50415900
C     0.81197000   -9.74462600    9.22833700
C     0.04172700  -10.36223500    8.03997200
C     0.46140400   -9.71260400    6.70109300
C    -0.03943600  -10.85115900   15.38815200
C    -0.28617600  -10.30222300    5.48155400
C     0.56826800  -10.27759600   16.68304300
C     0.14021000   -9.62087400    4.16084400
C     0.26168400  -11.20942800   17.86707000
C    -0.69508300  -10.09805500    2.95034600
O     0.30055900  -12.46567700   17.76780800
N    -0.04382400  -10.53602200   19.02268700
N    -0.31558100   -9.38229800    1.72429600
C    -0.32360700  -11.29318700   20.24748200
C     0.12038500    9.73565400    1.88453500
C    -0.47315800    9.18106200    0.57191200
C    -0.06216800   10.08290200   -0.60606300
O    -0.07255600   11.34105800   -0.53066400
N     0.31558100    9.38229800   -1.72429600
C     0.69508300   10.09805500   -2.95034600
C    -0.14021000    9.62087400   -4.16084400
C     0.28617600   10.30222300   -5.48155400
```

```
C             -0.40561200    8.98512200    3.12486900
C             -0.46140400    9.71260400   -6.70109300
C              0.20598200    9.52364100    4.43884900
C             -0.04172700   10.36223500   -8.03997200
C             -0.16693900    8.64419300    5.63607800
O             -0.21395200    7.38463100    5.55400300
C              0.05320600    8.55647700   19.21319500
C             -0.52771400    8.06108100   17.87082900
C             -0.13133400    9.02185200   16.73326800
O             -0.16833000   10.27502300   16.85753300
N              0.26168700    8.37036000   15.59091200
C              0.62176800    9.12455900   14.38202300
C             -0.15041100    8.59293100   13.15088300
C              0.27935600    9.27319400   11.83008000
C             -0.40165800    7.67897700   20.40008300
C             -0.42814600    8.64629400   10.60357900
C              0.20351800    8.15219200   21.74076100
C             -0.00707800    9.29334300    9.26249400
C             -0.04378100    7.15892700   22.88021400
C             -0.76355600    8.66292800    8.07094800
O             -0.09281900    5.90884900   22.69872300
N             -0.16958700    7.72966000   24.11753500
N             -0.42580500    9.32502400    6.79356200
C             -0.34597400    6.93030200   25.34026100
C              0.00809900    5.59979500   -8.92138400
C             -0.44567500    4.96150500   -7.58733200
C              0.32735500    5.51652500   -6.36703700
C             -0.13170900    4.88675900   -5.03184800
C              0.66444500    5.44227300   -3.82940800
N              0.29851600    4.72858300   -2.59069000
C              0.03943600   10.85115900  -15.38815200
C             -0.56826800   10.27759600  -16.68304300
C             -0.26168400   11.20942800  -17.86707000
O             -0.30055900   12.46567700  -17.76780800
C              0.32360700   11.29318700  -20.24748200
C             -0.41494900   10.05981000  -14.14674300
C              0.20349100   10.60836200  -12.84103400
C             -0.15130700    9.72314100  -11.64486900
O             -0.13755100    8.46152900  -11.71373700
N             -0.47475800   10.40565200  -10.50415900
C             -0.81197000    9.74462600   -9.22833700
C              0.06007700    0.88487600  -10.57393600
C             -0.42905700    0.29059800   -9.23397100
C              0.37147100    0.80994000   -8.01782600
C             -0.11210100    0.20128700   -6.68224700
C              0.73065600    0.70588800   -5.49054200
N              0.31135700    0.05528300   -4.23499300
C              0.07744300   -3.83458000  -12.22249400
C             -0.37770400   -4.43769100  -10.87796300
C              0.42356100   -3.87651400   -9.68221700
C             -0.00236600   -4.50907300   -8.34025300
C              0.89087500   -4.03568200   -7.17288900
N              0.46305000   -4.63654000   -5.89894900
C              0.15041100   -8.59293100  -13.15088300
C             -0.27935600   -9.27319400  -11.83008000
C              0.42814600   -8.64629400  -10.60357900
C              0.00707800   -9.29334300   -9.26249400
C              0.76355600   -8.66292800   -8.07094800
N              0.42580500   -9.32502400   -6.79356200
C              0.34562100    5.98710100  -16.23082700
C             -0.33849200    5.59949700  -17.56244300
C              0.05855200    6.55886000  -18.69627100
O              0.23911000    7.79796000  -18.48321700
C              0.48245600    6.77027200  -21.11572400
C             -0.24247800    5.24805300  -15.00676700
C              0.39538900    5.73441300  -13.68268400
C             -0.10827100    4.93833000  -12.47103000
```

O	-0.23058100	3.67431300	-12.47013600
N	-0.40393300	5.70655900	-11.38571700
C	-0.84908900	5.11158800	-10.11231600
N	0.04382400	10.53602200	-19.02268700
C	0.25952100	1.32008900	-17.85552100
C	-0.49348100	0.99206900	-19.16486000
C	-0.16644800	2.03069700	-20.24409300
O	-0.07928300	3.26468300	-19.95909600
C	0.28029300	2.39521600	-22.63941800
C	-0.29339300	0.57369100	-16.62470900
C	0.41112200	1.03071200	-15.32672400
C	-0.08114300	0.24313900	-14.10795000
O	-0.21069600	-1.02132300	-14.11906800
N	-0.36563900	1.00682900	-13.02473700
C	-0.81498400	0.40813500	-11.75418500
N	0.16730300	5.97819200	-19.91792800
C	0.19638800	-3.05347800	-19.46329200
C	-0.53748800	-3.40697900	-20.77462400
C	-0.11795400	-2.46990300	-21.90689100
O	-0.04749500	-1.21274600	-21.75785700
C	0.56654300	-2.34777700	-24.27097500
C	-0.32663800	-3.88424200	-18.27740100
C	0.36455300	-3.48763200	-16.95691300
C	-0.11475500	-4.36494000	-15.80021600
O	-0.26675800	-5.61760100	-15.94239700
N	-0.35243700	-3.69287000	-14.64994800
C	-0.74221000	-4.38397800	-13.40886600
N	-0.00248800	1.52152200	-21.49093000
C	0.40165800	-7.67897700	-20.40008300
C	-0.20351800	-8.15219200	-21.74076100
C	0.04378100	-7.15892700	-22.88021400
O	0.09281900	-5.90884900	-22.69872300
N	0.16958700	-7.72966000	-24.11753500
C	0.34597400	-6.93030200	-25.34026100
C	-0.05320600	-8.55647700	-19.21319500
C	0.52771400	-8.06108100	-17.87082900
C	0.13133400	-9.02185200	-16.73326800
O	0.16833000	-10.27502300	-16.85753300
N	-0.26168700	-8.37036000	-15.59091200
C	-0.62176800	-9.12455900	-14.38202300
N	0.16920700	-3.10672300	-23.07688700
H	1.36647200	0.16747200	-0.70662500
H	0.15082700	1.45378000	-0.51510800
H	-0.24917500	-1.14307500	-2.12092700
H	-1.51807000	0.07577900	-1.80241100
H	-1.36647200	-0.16747200	0.70662500
H	-0.15082700	-1.45378000	0.51510800
H	1.51807000	-0.07577900	1.80241100
H	0.24917500	1.14307500	2.12092700
H	1.41891700	4.74520500	1.03273400
H	0.17946200	6.01365700	1.18215900
H	-0.09934000	3.42604700	-0.47778800
H	-1.42488100	4.57745600	-0.15488400
H	-1.35933900	4.36651700	2.34157300
H	-0.10393400	3.10672300	2.22149100
H	1.47501900	4.52646300	3.55292200
H	0.19671900	5.75292200	3.79538800
H	1.33729400	-5.41088000	14.97035600
H	0.07468700	-4.15880300	15.09245100
H	-0.21462000	-6.81039300	13.51790200
H	-1.49262300	-5.58413900	13.74780600
H	-1.43306700	-5.78820400	16.29869400
H	-0.22236000	-7.07765900	16.09799000
H	1.43723700	-5.69284900	17.43104500
H	0.12921300	-4.55998600	17.86593400
H	-0.06403800	-4.94278800	20.01287000
H	0.18699200	-6.48390300	21.94653400

```
H                       -1.53214300   -6.62395900   21.43505400
H                       -0.33409300   -7.83374900   20.87121300
H                        1.42099100    3.73909600   18.17710100
H                        0.15366300    4.96093400   18.45730600
H                       -0.18176700    2.42439700   16.72689200
H                       -1.45937900    3.62827400   17.06662500
H                        0.25566800    2.65227900   14.59519600
H                        0.55650300    5.46036700   13.56184600
H                        1.82380600    4.24159300   13.21283400
H                        0.03519100    2.73424800   12.21443100
H                       -1.14808700    4.05622100   12.39356400
H                        0.25028700    5.53911700   10.90766600
H                        1.45726600    4.23722200   10.72497200
H                       -1.28520200    3.22292200   19.58756100
H                       -0.05072900    1.97685500   19.26142800
H                       -0.27727000    2.77965400    9.62857100
H                       -1.50438100    4.05702700    9.85126500
H                        1.62736900    3.27124800   20.61372100
H                        0.35901100    4.45526000   21.06659600
H                       -0.06443500    5.61242800    8.41830100
H                        1.05544500    4.25546000    8.11558700
H                       -0.81828700    2.94391800    7.04142700
H                       -1.94743300    4.29581400    7.38308100
H                       -0.15042900    4.14469500   23.09675500
H                       -0.39464400    5.67322400    5.84021100
H                        0.11119900    2.55697400   25.11835800
H                       -1.60452500    2.58256500   24.57092100
H                       -0.49993300    1.28219300   23.99797600
H                        1.38147000   -0.76004700   16.53674500
H                        0.15216800    0.51575300   16.72980800
H                       -0.25456100   -2.11153500   15.16900600
H                       -1.50070600   -0.85706100   15.43290200
H                        0.26149800   -2.04732400   13.02852600
H                        0.75400000    0.68459700   11.88023300
H                        1.87146700   -0.68337400   11.56402700
H                       -0.02475400   -1.98995600   10.55227400
H                       -1.10966100   -0.58682000   10.75954900
H                        0.34063800    0.81375600    9.27668100
H                        1.50285900   -0.52805500    9.09185500
H                       -1.33734500   -1.09439000   17.97828000
H                       -0.16994100   -2.40981700   17.69340200
H                       -0.27291600   -1.91305500    7.96901500
H                       -1.44708400   -0.58288300    8.16255100
H                        1.58352900   -1.05835900   18.96851400
H                        0.27712100    0.02006300   19.54278100
H                        0.04091300    0.90218700    6.70474600
H                        1.17341400   -0.46370900    6.50953700
H                       -0.60537300   -1.79035500    5.34421600
H                       -1.80260300   -0.49960200    5.68227400
H                        0.03635200   -0.48910400   21.63769700
H                       -0.22280100    0.98620200    4.26367100
H                        0.42028400   -2.18484600   23.46618600
H                       -1.31499100   -2.25734000   23.00357200
H                       -0.15462500   -3.43511400   22.30108900
H                        1.20929400   -5.07976600    4.87154100
H                       -0.00825500   -3.78988000    5.05547900
H                       -1.41214500   -5.33636700    6.50741200
H                       -0.18173300   -6.61486100    6.32282200
H                        1.53060600   -5.13766400    7.44259300
H                        0.29505500   -3.86554100    7.64401100
H                       -1.06963400   -5.35859600    9.11726000
H                        0.07458400   -6.70208900    8.84705300
H                        1.91362400   -5.35899600    9.92720200
H                        0.76304000   -4.01993200   10.23446100
H                        0.32017100   -6.74222900   11.44397500
H                        1.35933900   -4.36651700   -2.34157300
H                        0.10393400   -3.10672300   -2.22149100
```

```
H     -0.19671900   -5.75292200   -3.79538800
H     -1.47501900   -4.52646300   -3.55292200
H     -1.41891700   -4.74520500   -1.03273400
H     -0.17946200   -6.01365700   -1.18215900
H      1.42488100   -4.57745600    0.15488400
H      0.09934000   -3.42604700    0.47778800
H     -0.20576400   -3.68922100    2.65426600
H      0.12647600  -10.81318100   -1.92619400
H     -1.22498900   -9.65303900   -1.84855000
H      1.57985400   -9.21084800   -0.64596700
H      0.17118100   -8.13912300   -0.37724000
H      0.15750900   -7.91105500   -3.04658800
H      1.50904600   -9.06506100   -3.17070800
H      0.10043300  -10.57205800   -4.60617400
H     -1.31081400   -9.50839100   -4.34284000
H      1.51959700  -10.08800000   14.07182700
H      0.12040300   -8.99920800   14.24779700
H      0.11928000  -11.65198600   12.67337300
H     -1.30721400  -10.60990200   12.94764800
H      0.49214200  -11.42941700   10.52943800
H      0.54455800   -8.68313900    9.35859700
H      1.90223600   -9.80871400    9.04185600
H      0.24549000  -11.45119700    7.99218800
H     -1.04422900  -10.23096200    8.20293700
H      0.26098000   -8.62352500    6.74564900
H      1.55319500   -9.83874200    6.55720800
H     -1.14502400  -10.82304400   15.45829000
H      0.25836700  -11.91461700   15.32538700
H     -0.09148300  -11.39093000    5.41624300
H     -1.37749300  -10.17040900    5.62614500
H      1.67178800  -10.23856600   16.56763500
H      0.21359300   -9.25699600   16.89920000
H      0.01583900   -8.52405800    4.26571200
H      1.21019400   -9.81438900    3.95809300
H     -0.51793000  -11.16636000    2.72927200
H     -1.77325900   -9.95485000    3.17004200
H     -0.13043600   -9.50144400   18.99785500
H     -0.34723800   -8.34336700    1.69630500
H      0.39399300  -11.04742000   21.05250200
H     -1.35057500  -11.11114200   20.61519200
H     -0.21616900  -12.35541400   19.96802900
H      1.22498900    9.65303900    1.84855000
H     -0.12647600   10.81318100    1.92619400
H     -0.17118100    8.13912300    0.37724000
H     -1.57985400    9.21084800    0.64596700
H      0.34723800    8.34336700   -1.69630500
H      0.51793000   11.16636000   -2.72927200
H      1.77325900    9.95485000   -3.17004200
H     -0.01583900    8.52405800   -4.26571200
H     -1.21019400    9.81438900   -3.95809300
H      0.09148300   11.39093000   -5.41624300
H      1.37749300   10.17040900   -5.62614500
H     -1.50904600    9.06506100    3.17070800
H     -0.15750900    7.91105500    3.04658800
H     -0.26098000    8.62352500   -6.74564900
H     -1.55319500    9.83874200   -6.55720800
H      1.31081400    9.50839100    4.34284000
H     -0.10043300   10.57205800    4.60617400
H     -0.24549000   11.45119700   -7.99218800
H      1.04422900   10.23096200   -8.20293700
H      1.16044700    8.54500600   19.15684800
H     -0.25616800    9.61096000   19.34240500
H     -0.20673500    7.03492900   17.62677500
H     -1.63522400    8.06590000   17.94279400
H      0.31046500    7.33182500   15.58198700
H      0.37128800   10.17772000   14.60326600
H      1.71222500    9.05618700   14.18625400
```

```
H        0.03252300     7.50247800    13.06793200
H       -1.23469500     8.73302700    13.31866800
H        0.04865100    10.35567700    11.87782700
H        1.37675600     9.17452200    11.70788300
H       -1.50678900     7.68344400    20.46976000
H       -0.08884600     6.63296300    20.22813400
H       -0.19560600     7.56313000    10.57555100
H       -1.52541100     8.74194300    10.72837500
H        1.30295100     8.24612500    21.61652600
H       -0.18489000     9.15296900    22.00772100
H       -0.22471100    10.37996500     9.30419800
H        1.08144300     9.17440200     9.10779300
H       -0.48815300     7.60252400     7.94846200
H       -1.85548900     8.71742000     8.25191100
H       -0.14717100     8.74978900    24.19553800
H       -0.40348700    10.34894600     6.78067200
H        0.40159800     7.21279200    26.10248900
H       -1.36120700     7.05265700    25.76080000
H       -0.19980200     5.87755800    25.05223400
H       -0.07458400     6.70208900    -8.84705300
H        1.06963400     5.35859600    -9.11726000
H       -1.53060600     5.13766400    -7.44259300
H       -0.29505500     3.86554100    -7.64401100
H        1.41214500     5.33636700    -6.50741200
H        0.18173300     6.61486100    -6.32282200
H       -1.20929400     5.07976600    -4.87154100
H        0.00825500     3.78988000    -5.05547900
H        1.75069100     5.33663900    -4.02569500
H        0.44831000     6.51182800    -3.66897500
H        0.20576400     3.68922100    -2.65426600
H        1.14502400    10.82304400   -15.45829000
H       -0.25836700    11.91461700   -15.32538700
H       -0.21359300     9.25699600   -16.89920000
H       -1.67178800    10.23856600   -16.56763500
H       -0.39399300    11.04742000   -21.05250200
H        0.21616900    12.35541400   -19.96802900
H        1.35057500    11.11114200   -20.61519200
H       -1.51959700    10.08800000   -14.07182700
H       -0.12040300     8.99920800   -14.24779700
H        1.30721400    10.60990200   -12.94764800
H       -0.11928000    11.65198600   -12.67337300
H       -0.49214200    11.42941700   -10.52943800
H       -1.90223600     9.80871400    -9.04185600
H       -0.54455800     8.68313900    -9.35859700
H        0.02475400     1.98995600   -10.55227400
H        1.10966100     0.58682000   -10.75954900
H       -1.50285900     0.52805500    -9.09185500
H       -0.34063800    -0.81375600    -9.27668100
H        1.44708400     0.58288300    -8.16255100
H        0.27291600     1.91305500    -7.96901500
H       -1.17341400     0.46370900    -6.50953700
H       -0.04091300    -0.90218700    -6.70474600
H        1.80260300     0.49960200    -5.68227400
H        0.60537300     1.79035500    -5.34421600
H        0.22280100    -0.98620200    -4.26367100
H       -0.03519100    -2.73424800   -12.21443100
H        1.14808700    -4.05622100   -12.39356400
H       -1.45726600    -4.23722200   -10.72497200
H       -0.25028700    -5.53911700   -10.90766600
H        1.50438100    -4.05702700    -9.85126500
H        0.27727000    -2.77965400    -9.62857100
H       -1.05544500    -4.25546000    -8.11558700
H        0.06443500    -5.61242800    -8.41830100
H        1.94743300    -4.29581400    -7.38308100
H        0.81828700    -2.94391800    -7.04142700
H        0.39464400    -5.67322400    -5.84021100
H       -0.03252300    -7.50247800   -13.06793200
```

H	1.23469500	-8.73302700	-13.31866800
H	-1.37675600	-9.17452200	-11.70788300
H	-0.04865100	-10.35567700	-11.87782700
H	1.52541100	-8.74194300	-10.72837500
H	0.19560600	-7.56313000	-10.57555100
H	-1.08144300	-9.17440200	-9.10779300
H	0.22471100	-10.37996500	-9.30419800
H	1.85548900	-8.71742000	-8.25191100
H	0.48815300	-7.60252400	-7.94846200
H	0.40348700	-10.34894600	-6.78067200
H	1.43306700	5.78820400	-16.29869400
H	0.22236000	7.07765900	-16.09799000
H	-0.12921300	4.55998600	-17.86593400
H	-1.43723700	5.69284900	-17.43104500
H	-0.18699200	6.48390300	-21.94653400
H	0.33409300	7.83374900	-20.87121300
H	1.53214300	6.62395900	-21.43505400
H	-1.33729400	5.41088000	-14.97035600
H	-0.07468700	4.15880300	-15.09245100
H	1.49262300	5.58413900	-13.74780600
H	0.21462000	6.81039300	-13.51790200
H	-0.32017100	6.74222900	-11.44397500
H	-1.91362400	5.35899600	-9.92720200
H	-0.76304000	4.01993200	-10.23446100
H	0.13043600	9.50144400	-18.99785500
H	1.33734500	1.09439000	-17.97828000
H	0.16994100	2.40981700	-17.69340200
H	-0.27712100	-0.02006300	-19.54278100
H	-1.58352900	1.05835900	-18.96851400
H	-0.42028400	2.18484600	-23.46618600
H	0.15462500	3.43511400	-22.30108900
H	1.31499100	2.25734000	-23.00357200
H	-1.38147000	0.76004700	-16.53674500
H	-0.15216800	-0.51575300	-16.72980800
H	1.50070600	0.85706100	-15.43290200
H	0.25456100	2.11153500	-15.16900600
H	-0.26149800	2.04732400	-13.02852600
H	-1.87146700	0.68337400	-11.56402700
H	-0.75400000	-0.68459700	-11.88023300
H	0.06403800	4.94278800	-20.01287000
H	1.28520200	-3.22292200	-19.58756100
H	0.05072900	-1.97685500	-19.26142800
H	-0.35901100	-4.45526000	-21.06659600
H	-1.62736900	-3.27124800	-20.61372100
H	-0.11119900	-2.55697400	-25.11835800
H	0.49993300	-1.28219300	-23.99797600
H	1.60452500	-2.58256500	-24.57092100
H	-1.42099100	-3.73909600	-18.17710100
H	-0.15366300	-4.96093400	-18.45730600
H	1.45937900	-3.62827400	-17.06662500
H	0.18176700	-2.42439700	-16.72689200
H	-0.25566800	-2.65227900	-14.59519600
H	-1.82380600	-4.24159300	-13.21283400
H	-0.55650300	-5.46036700	-13.56184600
H	-0.03635200	0.48910400	-21.63769700
H	1.50678900	-7.68344400	-20.46976000
H	0.08884600	-6.63296300	-20.22813400
H	0.18489000	-9.15296900	-22.00772100
H	-1.30295100	-8.24612500	-21.61652600
H	0.14717100	-8.74978900	-24.19553800
H	-0.40159800	-7.21279200	-26.10248900
H	0.19980200	-5.87755800	-25.05223400
H	1.36120700	-7.05265700	-25.76080000
H	-1.16044700	-8.54500600	-19.15684800
H	0.25616800	-9.61096000	-19.34240500
H	1.63522400	-8.06590000	-17.94279400
H	0.20673500	-7.03492900	-17.62677500

```
H                  -0.31046500   -7.33182500   -15.58198700
H                  -1.71222500   -9.05618700   -14.18625400
H                  -0.37128800  -10.17772000   -14.60326600
H                   0.15042900   -4.14469500   -23.09675500
H                  -1.75069100   -5.33663900     4.02569500
H                  -0.44831000   -6.51182800     3.66897500
```

B.7 γ-Polyamid 66 Einheitszelle

```
%mem=6GB
%nproc=4

#p Opt freq=numer pbepbe/3-21g

PA66 gamma 2D

 0     1
 C                     0.63223   0.43153    0.09461
 C                     1.86004  -0.40588    0.50428
 C                     3.14425   0.43289    0.39401
 O                     3.24376   1.43405   -0.35775
 C                    -0.63048  -0.43016   -0.09416
 C                    -1.85829   0.40725   -0.50384
 C                    -3.1425   -0.43152   -0.39356
 O                    -3.24201  -1.43267    0.35822
 C                    -7.94016  -0.43511   -0.34778
 C                    -6.56354   0.26499   -0.41609
 C                    -5.50721  -0.62694   -1.1076
 N                    -4.18465   0.01862   -1.17704
 H                     4.06309  -0.84417    1.76787
 H                    -4.06135   0.84552   -1.76743
 C                     7.94192   0.43645    0.34824
 C                     6.56529  -0.26366    0.41655
 C                     5.50896   0.62829    1.10806
 N                     4.1864   -0.01727    1.17748
 H                     8.28275   0.68021    1.37453
 H                     7.83731   1.39397   -0.19973
 H                     6.21152  -0.49917   -0.60471
 H                     6.66701  -1.22022    0.96714
 H                     5.84925   0.90813    2.1232
 H                     0.44541   1.20365    0.86634
 H                     0.89709   0.9683    -0.83485
 H                     1.7433   -0.81031    1.52705
 H                     1.9563   -1.26945   -0.18632
 H                    -0.44366  -1.20229   -0.86589
 H                    -0.89534  -0.96692    0.8353
 H                    -1.95455   1.27082    0.18675
 H                    -1.74154   0.81167   -1.52661
 H                    -7.83554  -1.39263    0.20019
 H                    -8.28099  -0.67887   -1.37407
 H                    -6.66525   1.22157   -0.96667
 H                     5.33615   1.54319    0.51416
 H                    -5.33438  -1.54185   -0.5137
 H                    -5.8475   -0.90678   -2.12274
 H                    -6.20977   0.50053    0.60517
 Tv                   16.95314   0.00       0.00
 Tv                    1.21426   4.633      0.00
```

Anhang C

Ausgabewerte für *Gaussian*-Berechnungen

Nachfolgend sind die einzelnen Frequenzen und Intensitäten für der Frequenzrechnungen in *Gaussian* aus Kapitel 7 abgedruckt. Hierbei sind nur Frequenzen bis 600 cm^{-1} mit Intensitäten über Null berücksichtigt. Negative Frequenzen sind gleichbedeutend mit imaginären Werten (vgl. Abschnitt 7.4.1).

C.1 α-Polyamid 46 Einzelkette

Frequenz (cm^{-1})	Intensität (km/mol)
63,4599	0,000111085
63,5068	0,00113104
68,7186	0,0981078
71,7709	3,0296E-05
108,155	0,00119163
117,032	0,484036
125,499	2,0197E-05
126,008	0,0297707
127,646	0,00372638
138,348	0,000414042
143,623	0,0125526
152,014	0,128141
162,175	1,0099E-05
170,974	9,0887E-05
180,247	1,89467
187,965	5,0493E-05
199,908	0,0337899
203,81	0,0528863
205,632	6,0592E-05
217,905	3,0296E-05
237,079	0,0310027
255,017	0,929495
262,225	8,0789E-05
262,752	0,00147439
266,985	0,000595817
267,004	2,0197E-05
268,067	2,0197E-05
303,177	0,000121183
312,813	0,0064833
317,923	1,21831
325,033	0,163587
337,557	1,0099E-05
339,954	0,00969465
345,62	1,62409
347,939	0,333334
350,202	0,00327194
364,734	0,172423
367,933	5,0493E-05
370,095	13,0741
370,478	0,0249334
390,44	0,000959366
392,832	0,8798
393,127	0,0830912
394,023	0,0885647
397,238	1,70347
398,76	0,00533206
406,357	1,48872
409,276	1,0099E-05
436,403	0,000100986
439,346	0,00333254
440,407	1,0099E-05
441,583	1,0099E-05
441,68	8,0789E-05
443,792	5,0493E-05
503,421	0,0093614
506,138	0,147823
527,285	0,971061
530,939	0,00167637
536,16	0,000343352
538,651	0,021813
543,518	0,00261554
546,117	1,0099E-05
596,204	0,140189
597,195	0,0821925

C.2 γ-Polyamid 46 Einzelkette

Frequenz (cm^{-1})	Intensität (km/mol)
3,7854	0,0220776
7,0163	0,0237567
13,6552	0,0378429
20,9929	0,772187
24,0258	0,0553495
25,3414	1,84292
30,8187	0,230167
32,9315	1,06604
38,1752	3,63002
42,849	0,790782
49,6506	0,643422
58,2617	0,125469
70,5487	3,69489
83,9614	0,15162
99,9661	0,330107
103,176	0,00547276
111,785	0,202119
116,703	0,330853
123,332	0,81314
133,678	0,0798525
136,732	1,1999
151,56	0,0645536
161,785	0,00836461
174,494	0,534869
181,961	1,26166
189,173	0,742522
205,81	0,473673
222,007	0,675295
238,003	0,504147
275,644	1,79537
277,267	0,901419
288,623	0,798898
336,463	0,315896
337,481	0,102179
363,859	0,903129
371,56	31,1326
378,38	13,2658
395,32	0,252182
411,28	0,51391
460,818	1,02145
483,24	0,12208
505,592	0,0143038
520,135	83,5415
523,73	4,87414
528,531	15,214
529,674	2,68237
552,529	13,9478
593,88	14,647
597,05	2,40537

C.3 α-Polyamid 46 Cluster

Frequenz (cm^{-1})	Intensität (km/mol)	Frequenz (cm^{-1})	Intensität (km/mol)
-57,9862	1,4617E-05	95,3941	0,00293373
-50,8689	2,5202E-07	97,8427	0,000174648
-37,5861	0,000146674	98,0994	0,00524901
-19,2875	2,7722E-06	99,4045	0,0001749
16,741	0,000464971	101,788	0,000125756
23,3742	1,3861E-05	103,106	0,00347834
23,5511	8,3165E-06	103,907	1,7641E-06
25,2669	0,000362904	107,514	7,8629E-05
31,0572	0,000107611	107,991	0,0721726
34,183	1,7137E-05	111,025	0,000125756
35,0489	9,8287E-06	111,583	0,000260837
37,287	9,4254E-05	111,641	5,2924E-06
37,3309	0,000511342	114,355	0,0998861
41,0792	7,5605E-07	114,635	0,0159738
41,4689	4,2843E-06	115,172	0,000153478
43,1337	0,00952472	116,409	0,00500001
44,6541	2,7722E-05	117,655	0,0574918
46,3735	1,2601E-06	118,724	4,5363E-05
46,85	2,5454E-05	121,291	0,000552673
49,0456	5,0403E-06	121,499	0,000920113
49,7815	5,0403E-06	121,787	0,0119529
52,8042	0,00578782	122,377	0,0439119
53,4537	0,000127016	122,963	8,8710E-05
54,9329	2,5202E-07	125,172	0,0185716
57,7225	7,5605E-07	126,055	0,00162349
59,7912	0,00678656	126,212	3,3770E-05
62,4222	0,000365928	130,364	4,7883E-06
62,7242	2,5202E-07	131,267	0,141395
63,0472	6,3508E-05	134,003	0,00232813
63,0717	0,00198262	134,158	1,0333E-05
64,8685	0,00852018	134,41	0,00610435
66,2396	5,0403E-07	135,603	5,5444E-06
68,1397	3,0242E-06	137,384	2,1169E-05
68,9803	0,000173136	138,375	2,3690E-05
74,0195	0,00185232	138,999	2,5202E-07
74,0574	0,00132082	140,574	7,3085E-06
78,7027	0,00133367	140,841	0,000130797
79,2077	3,3770E-05	145,059	1,0081E-06
80,1033	4,0323E-06	145,752	0,00187526
81,1066	0,0094224	146,243	0,000548389
81,133	0,015525	146,713	4,6875E-05
86,0411	0,00169885	146,862	0,00113962
86,0914	0,0184091	147,696	3,1502E-05
90,4227	0,0097465	149,764	0,00578026
90,5077	0,0278983	149,797	0,0131681
95,3156	3,5534E-05	150,149	0,0495836

Frequenz (cm^{-1})	Intensität (km/mol)	Frequenz (cm^{-1})	Intensität (km/mol)
150,554	0,024898	230,209	0,00123564
158,481	0,0159791	233,299	2,7722E-06
159,791	1,2601E-06	234,18	0,0154035
163,946	5,0403E-07	234,814	1,5121E-06
164,09	0,000110887	236,035	0,00323363
164,101	3,0242E-06	243,651	7,5605E-07
166,242	2,5202E-06	250,837	0,00605647
166,575	6,8044E-06	253,21	0,000759327
166,697	0,000107863	254,496	0,0404326
167,51	0,00329462	254,678	0,0340578
167,699	7,5605E-07	257,385	0,0989607
169,193	4,0323E-06	260,755	0,0107084
173,687	0,0106248	261,26	0,000479084
178,737	0,00130772	261,519	2,0161E-05
179,192	2,5202E-07	261,574	7,2581E-05
180,21	0,0220568	261,695	1,3609E-05
181,113	3,0242E-06	261,824	0,000158519
182,063	0,141868	262,08	0,00499649
188,209	1,5121E-06	262,587	4,2843E-06
189,482	0,00568172	263,764	2,6210E-05
190,895	4,2843E-06	263,959	0,000215726
192,49	0,0131351	263,991	4,6371E-05
195,047	7,6361E-05	264,053	2,2429E-05
195,145	2,1421E-05	269,154	0,000483116
197,199	2,5202E-07	269,183	0,000471019
198,175	3,3014E-05	269,844	0,00095464
198,745	0,000201865	269,905	2,0665E-05
199,773	0,0162828	270,132	8,8458E-05
199,871	0,00149093	270,142	0,000501513
201,898	0,00462022	270,361	3,5534E-05
203,59	0,000156754	270,621	0,00179915
205,138	0,000418852	272,714	0,00325303
205,206	0,000814266	273,107	5,0403E-07
206,653	0,000405999	273,351	4,0323E-06
206,918	8,3165E-06	273,661	1,8649E-05
207,383	2,5202E-07	274,199	4,5867E-05
208,725	0,00148312	274,587	7,5605E-07
209,888	1,7641E-06	275,056	5,0403E-06
210,087	2,5202E-06	275,211	2,5202E-07
210,206	1,2349E-05	275,997	1,5121E-06
211,034	1,0081E-06	279,274	2,5202E-06
211,803	2,3942E-05	286,381	0,00280041
212,854	1,7641E-06	311,134	0,093564
213,094	6,8044E-06	311,364	0,000112904
216,121	0,00124572	313,282	0,0813808
223,851	4,0323E-06	315,55	0,000512602
224,061	0,000241936	316,36	0,00866509
225,158	0,00154285	317,276	0,0281309
225,647	6,3004E-06	318,376	0,121478
228,16	2,2682E-06	318,839	0,000110131

Frequenz (cm^{-1})	Intensität (km/mol)
319,344	0,00469356
319,59	0,000518399
319,754	0,00227445
319,911	0,00474044
320,098	0,00320817
320,216	0,00653404
320,46	0,00923843
320,933	0,0776824
321,791	0,00619306
321,878	0,00442743
322,16	0,0380971
322,305	0,0041177
322,435	0,0810138
322,743	0,00901212
323,746	0,0770305
325,205	0,00387098
327,746	0,00820416
328,062	0,00027495
330,156	0,0118518
330,723	0,00892467
338,848	0,063599
339,565	0,000475304
339,858	0,063787
339,912	0,0231377
340,304	0,000543348
341,014	0,000968753
341,07	0,000433469
343,416	0,868004
347,69	0,0031865
347,73	7,8125E-06
348,605	0,0351954
348,925	0,00311367
348,976	0,0278211
349,461	5,7964E-06
354,972	0,198162
355,543	5,0403E-07
357,911	0,000710687
357,999	0,00119683
359,659	0,0290704
359,747	0,000260837
360,321	0,205831
363,709	9,5766E-06
364,332	4,7127E-05
364,896	0,000365928
365,919	0,0136686
365,983	0,00993223
366,705	0,000931706
366,784	0,00374673
366,852	0,000141381
371,941	0,000735385

Frequenz (cm^{-1})	Intensität (km/mol)
371,957	0,000298388
372,483	0,000115172
372,96	0,000110383
373,036	9,2994E-05
377,762	5,0403E-07
377,823	4,5363E-06
378,258	7,5605E-07
390,938	3,2762E-06
391,67	0,000604336
392,816	0,000173892
393,757	0,0122878
394,025	0,00111719
394,708	0,00609024
395,115	0,00641408
395,357	0,0074103
395,992	0,00107813
396,115	0,000514366
396,858	0,0645627
397,922	8,8206E-06
398,619	7,7369E-05
399,096	0,000700859
399,134	1,2349E-05
399,895	0,00951237
400,802	0,000219759
401,531	0,00127092
401,604	0,000640627
402,652	1,1341E-05
403,207	0,0169204
403,327	0,0407841
403,644	0,0141447
403,698	0,0353668
405,091	0,0112735
405,227	0,00142415
405,995	0,000141885
406,406	5,0151E-05
407,356	0,000520163
408,829	1,1845E-05
409,394	7,4093E-05
410,529	2,4698E-05
410,868	0,0092034
412,844	0,058892
435,894	1,2601E-06
436,276	0,000133317
437,426	5,0403E-07
437,591	8,5686E-06
437,625	2,5202E-07
437,798	2,7470E-05
439,17	2,0161E-06
439,523	0,00137752
440,351	0,0053168

Frequenz (cm^{-1})	Intensität (km/mol)
440,484	7,5605E-07
441,163	0,00026613
442,33	8,8206E-06
442,35	6,5524E-06
442,585	5,2924E-06
442,875	1,3609E-05
443,048	3,1250E-05
443,655	0,000278227
443,677	0,00062475
444,712	0,00646121
444,922	7,0565E-06
445,991	0,000164567
446,415	0,00511014
446,581	0,00905471
447,093	1,7641E-06
447,182	2,0161E-06
447,481	4,0071E-05
448,146	1,9657E-05
448,237	0,000542088
448,513	2,4698E-05
448,597	5,1159E-05
449,247	1,3861E-05
450,529	0,00462955
501,222	0,00162551
502,181	0,00165197
510,89	0,00366558
511,426	0,000151714
511,893	0,000267894
512,098	0,00400959
512,658	0,0001187
513,119	0,000370213
514,135	0,00137022
515,364	0,00134023
517,777	0,000414568
521,522	0,00269104
524,843	8,5686E-06
526,239	0,00607537
527,17	0,0272957
528,227	1,5373E-05
530,687	0,0220487
531,558	2,0917E-05
533,948	0,0257229
534,283	0,000168095
539,152	1,5121E-05
539,287	4,0575E-05
540,298	1,7137E-05
540,641	7,2581E-05
542,133	0,00123564
542,712	0,0117329
542,761	0,000276966
542,942	0,179284
545,452	0,00205898
546,311	2,71098
546,801	0,00690677
547,51	0,0240651
548,973	0,00057485
549,596	1,5121E-06
550,098	0,00213836
552,351	0,000338207
552,727	0,000176916
555,299	0,0011938
557,241	0,00156276
557,334	8,0645E-06
584,842	0,0162259
586,377	0,000583671
587,081	0,00219406
588,196	0,0237932
590,59	0,00151487
591,29	0,000857613
594,634	0,00497758
595,34	0,00395087
598,836	0,00530168
599,71	0,00516861

C.4 γ-Polyamid 66 Einzelkette

Frequenz (cm^{-1})	Intensität (km/mol)
-2,6056	0,142751
3,3762	0,053074
5,017	0,161565
10,3342	0,0142568
18,6324	0,162809
24,7247	2,53352
31,1025	0,628561
34,8177	2,46811
36,6511	0,230707
48,8092	0,351277
56,8216	3,30845
76,9481	1,66385
86,0833	0,076756
89,2095	0,0213577
105,554	0,0237918
127,042	1,28494
135,083	0,225583
136,31	0,596863
139,405	0,245257
154,213	0,496919
158,211	0,77446
163,989	0,00210466
175,974	1,13152
208,233	0,702371
240,701	0,0530374
244,272	0,0122253
276,037	2,35929
278,327	1,44239
331,86	1,44521
357,524	1,87673
367,973	22,5075
376,606	2,57797
404,587	13,6719
449,764	0,221593
461,976	1,17729
519,209	2,34053
523,129	98,5955
530,114	4,85666
537,558	0,306018
543,416	1,18727
595,089	1,13765
597,143	14,2296

C.5 α-Polyamid 66 Einheitszelle

Frequenz (cm^{-1})	Intensität (km/mol)
21,4755	0,00329995
30,6326	0,520343
62,2883	0,00104999
67,0751	0,239997
74,1096	0,00869988
82,6316	0,00314996
86,6575	0,00104999
111,173	2,27322
120,134	0,000449994
133,635	0,0137998
135,439	0,00869988
154,418	1,58848
163,666	0,000599992
187,595	0,000149998
212,47	0,309596
233,773	2,31222
240,102	0,00659991
274,053	0,000149998
316,906	1,22563
352,39	0,320396
352,62	2,68241
399,353	0,00839988
512,446	0,000299996
525,383	2,17617

C.6 γ-Polyamid 66 Cluster

Frequenz (cm^{-1})	Intensität (km/mol)	Frequenz (cm^{-1})	Intensität (km/mol)
2,0721	0,00593983	76,8619	0,0141604
3,3407	0,000546954	78,4595	0,0260415
4,0271	0,000661947	79,3014	0,0435602
6,3604	0,00202712	80,1834	0,163305
7,5228	0,0171649	82,8905	0,0708475
9,6686	0,000641307	84,3186	0,0504406
11,5528	0,00549018	86,7373	0,0465898
13,8546	0,0385846	86,9008	0,108975
14,6087	0,00354709	89,6961	0,0837827
16,5032	0,00505822	90,6429	0,0528172
17,5361	0,00632609	91,6878	0,0431843
19,4162	0,0055978	93,0666	0,0159029
21,0589	0,0366179	93,6827	0,0034203
21,3197	0,00961518	94,2357	0,0983971
22,0981	0,0025269	95,989	0,00629071
24,567	0,0247972	97,2809	0,102698
26,5076	0,0100855	98,9645	0,00453633
30,0524	0,011915	99,7371	0,0719679
32,6199	0,0669289	102,562	0,0205985
35,0364	0,0921683	103,07	0,0980861
35,8149	0,0432167	104,187	0,00175438
37,3831	0,0427907	104,712	0,0149918
39,0012	0,0165266	106,288	0,0444964
40,8373	0,0266577	109,072	0,0372961
41,665	0,0404702	109,434	0,0730707
42,0752	0,0266282	111,126	0,208562
43,3915	0,00956801	113,234	0,0778163
44,9107	0,0133289	114,643	0,0429499
46,9848	0,0290166	117,943	0,116777
47,6936	0,0156449	118,675	0,388039
48,5266	0,0775967	119,663	0,151522
49,355	0,000446703	121,388	0,0177207
51,8991	0,0383074	121,957	0,0151127
53,7539	0,0224797	122,792	0,0272887
55,201	0,0299866	123,379	0,0572075
56,6823	0,0195635	126,03	0,0103273
57,4843	0,0209877	128,088	0,150775
58,5433	0,00108359	128,35	0,0415862
60,3304	0,104937	130,138	0,00673151
66,3368	0,0575776	130,331	0,00365766
67,7735	0,0303154	133,04	0,0446364
70,4632	0,0597153	134,332	0,0212693
72,7356	0,0110349	134,682	0,0510805
73,6404	0,0183797	135,743	0,00708829
74,6422	0,0190328	138,288	0,00206545
75,6385	0,0661033	138,789	0,0477575

Frequenz (cm^{-1})	Intensität (km/mol)	Frequenz (cm^{-1})	Intensität (km/mol)
140,208	0,0475127	282,916	0,346676
140,971	0,0195208	287,491	0,444081
141,591	0,0189886	289,99	0,5985
142,504	0,0118856	297,125	0,211723
143,771	0,203602	301,653	1,15217
146,666	0,0290917	303,355	0,00779004
147,418	0,0106501	308,908	0,117955
149,081	0,116374	314,532	0,120339
150,145	0,0471412	324,18	0,00791682
153,253	0,0467225	325,541	0,109002
153,735	0,0119666	327,668	0,0647307
155,181	0,017218	333,457	0,19817
156,461	0,161183	335,984	0,444881
158,946	0,0412559	339,89	0,120669
159,48	0,0559058	341,659	0,250191
160,3	0,0192908	342,077	0,215258
163,833	0,0734083	344,364	0,0245304
164,642	0,0297213	347,886	0,127123
165,861	0,119019	353,656	0,270898
167,375	0,205385	354,014	0,0234055
168,249	0,0706868	355,174	0,0203891
173,012	0,0884031	357,22	0,115493
173,477	0,0459176	359,008	0,175008
174,825	0,0355903	365,296	2,4009
175,378	0,0394898	367,556	1,26831
180,169	0,00510687	369,604	1,61796
183,764	0,043976	374,693	0,208274
184,757	0,0747071	382,356	0,0524884
188,967	0,0449903	403,993	0,615294
192,385	0,0290166	409,764	1,85444
197,393	0,152258	413,256	0,0519473
200,871	0,0512515	415,162	0,0319164
206,282	0,0167506	418,813	0,0340364
212,405	0,0429425	434,297	0,301653
215,809	0,113446	442,443	0,000445229
219,987	0,0134483	448,028	0,0994409
221,246	0,0626771	449,873	0,253169
224,007	0,0229971	450,707	0,0524221
241,731	0,00195193	451,548	0,143421
250,868	0,00926725	451,793	0,0971352
253,498	0,0199144	453,767	0,0152572
254,156	0,00250773	458,724	0,260211
262,756	0,198647	460,853	0,118568
263,798	0,0435617	514,858	0,105454
271,603	0,11724	519,361	0,081617
272,273	0,12794	521,58	0,00303994
275,289	0,170971	527,064	0,0498155
280,085	0,0109022	527,475	0,400848
280,239	0,289198	528,649	0,17284
282,265	0,26976	529,643	0,0401532

Frequenz (cm^{-1})	Intensität (km/mol)
535,157	0,270493
539,399	0,162684
540,28	0,313665
576,731	1,74487
578,88	2,48195
588,474	2,7453
591,283	0,0116364
596,338	0,148177

C.7 γ-Polyamid 66 Einheitszelle

Frequenz (cm^{-1})	Intensität (km/mol)
38,4148	0,00116189
40,7062	0,559515
72,2144	0,234314
81,8469	0,000774593
107,028	1,2205
113,543	0,00981152
119,467	0,00180738
127,975	2,24877
128,925	0,0438936
140,758	0,263749
149,269	0,0216886
174,279	0,388975
187,82	0,033953
189,501	0,000258198
200,854	0,000516396
255,86	0,00284018
285,683	0,000387297
295,925	0,230958
335,763	0,106119
344,548	0,00258198
378,629	4,06636
396,13	4,31862
464,499	0,000129099
502,988	0,00787503
504,705	0,578105

Literaturverzeichnis

[1] HOCHREIN, T.: Markets, Availability, Notice, and Technical Performance of Terahertz Systems: Historic Development, Present, and Trends. In: *Journal of Infrared, Millimeter, and Terahertz Waves* 36 (2015), Nr. 3, S. 235–254

[2] ROBINSON, L. C.: *Methods in Experimental Physics – Physical Principles of Far-Infrared Radiation, Volume 10*. Academic Press, London, 1973. – ISBN 9780124759107

[3] *Kapitel* Introduction. In: GRISCHKOWSKY, D. R. ; MITTLEMAN, D.: *Sensing with Terahertz Radiation*. Springer, Berlin, 2003. – ISBN 9783540456018, S. 1–38

[4] MITSUISHI, A.: Progress in far-infrared spectroscopy: Approximately 1890 to 1970. In: *Journal of Infrared, Millimeter, and Terahertz Waves* 35 (2014), Nr. 3, S. 243–281

[5] SAEEDKIA, D. (Hrsg.): *Handbook of Terahertz Technology for Imaging, Sensing and Communications*. Woodhead Publishing, Oxford, 2013. – ISBN 9780857092359

[6] JANSEN, C. ; WIETZKE, S. ; PETERS, O. ; SCHELLER, M. ; VIEWEG, N. ; SALHI, M. ; KRUMBHOLZ, N. ; JÖRDENS, C. ; HOCHREIN, T. ; KOCH, M.: Terahertz imaging: applications and perspectives. In: *Applied Optics* 49 (2010), Nr. 19, S. E48–E57

[7] TONOUCHI, M.: Cutting-edge terahertz technology. In: *Nature Photonics* 1 (2007), Nr. 2, S. 97–105

[8] PEIPONEN, K.-E. (Hrsg.) ; ZEITLER, A. (Hrsg.) ; KUWATA-GONOKAMI, M. (Hrsg.): *Terahertz Spectroscopy and Imaging*. Springer, Berlin, 2013. – ISBN 9783642295645

[9] JEPSEN, P. U. ; COOKE, D. G. ; KOCH, M.: Terahertz spectroscopy and imaging – Modern techniques and applications. In: *Laser & Photonics Reviews* 5 (2011), Nr. 1, S. 124–166

[10] AMENABAR, I. ; LOPEZ, F. ; MENDIKUTE, A.: In Introductory Review to THz Non-Destructive Testing of Composite Mater. In: *Journal of Infrared, Millimeter, and Terahertz Waves* 34 (2013), Nr. 2, S. 152–169

[11] ZOUAGHI, W. ; THOMSON, M. D. ; RABIA, K. ; HAHN, R. ; BLANK, V. ; ROSKOS, H. G.: Broadband terahertz spectroscopy: principles, fundamental research and potential for industrial applications. In: *European Journal of Physics* 34 (2013), Nr. 6, S. S179

[12] KRUMBHOLZ, N. ; HOCHREIN, T. ; VIEWEG, N. ; RADOVANOVIC, I. ; SCHUBERT, M. ; PUPEZA, I. ; KRETSCHMER, K. ; KOCH, M.: Degree of dispersion of polymeric compounds determined with terahertz time-domain spectroscopy. In: *Polymer Engineering & Science* 51 (2011), Nr. 1, S. 109–116

[13] SHUR, M.: Terahertz technology: devices and applications. In: *Proceedings of 35th European Solid-State Device Research Conference, 2005. ESSDERC 2005.*, 2005, S. 13–21

[14] HOCHREIN, T. ; SCHOBER, G. ; KRAUS, E. ; HEIDEMEYER, P. ; BASTIAN, M.: Nondestructive testing methods. In: *Kunststoffe international* 103 (2013), S. 50–54

[15] HAUCK, J. ; STICH, D. ; HEIDEMEYER, P. ; BASTIAN, M. ; HOCHREIN, T.: Terahertz inline wall thickness monitoring system for plastic pipe extrusion. In: *AIP Conference Proceedings* 1593 (2014), Nr. 1, S. 86–89

[16] GUILLET, J. P. ; RECUR, B. ; FREDERIQUE, L. ; BOUSQUET, B. ; CANIONI, L. ; MANEK-HÖNNINGER, I. ; DESBARATS, P. ; MOUNAIX, P.: Review of Terahertz Tomography Techniques. In: *Journal of Infrared, Millimeter, and Terahertz Waves* 35 (2014), Nr. 4, S. 382–411

[17] BEARD, M. C. ; TURNER, G. M. ; SCHMUTTENMAER, C. A.: Terahertz Spectroscopy. In: *The Journal of Physical Chemistry B* 106 (2002), Nr. 29, S. 7146–7159

[18] GRISCHKOWSKY, D. ; KEIDING, S. ; EXTER, M. van ; FATTINGER, C.: Far-infrared time-domain spectroscopy with terahertz beams of dielectrics and semiconductors. In: *Journal of the Optical Society of America B* 7 (1990), Oct, Nr. 10, S. 2006–2015

[19] DOBROIU, A. ; OTANI, C. ; KAWASE, K.: Terahertz-wave sources and imaging applications. In: *Measurement Science and Technology* 17 (2006), Nr. 11, S. R161

[20] MITTLEMAN, D. M. ; GUPTA, M. ; NEELAMANI, R. ; BARANIUK, R. G. ; RUDD, J. V. ; KOCH, M.: Recent advances in terahertz imaging. In: *Applied Physics B* 68 (1999), Nr. 6, S. 1085–1094

[21] *Kapitel* The electromagnetic spectrum. In: NORGARD, J.: *National Association of Broadcasters Engineering Handbook*. Taylor & Francis, Abingdon, 2007, S. 3–10

[22] CHANTRY, G. W.: *Submillimetre Spectroscopy*. Academic Press, London, 1971

[23] GALLOT, G. ; GRISCHKOWSKY, D.: Electro-optic detection of terahertz radiation. In: *Journal of the Optical Society of America B* 16 (1999), Nr. 8, S. 1204–1212

[24] *VDI/VDE-Richtlinie Nr. 5590 – Blatt 1: Terahertzsysteme – Begriffe*. Verein Deutscher Ingenieure (VDI), Düsseldorf, 2016

[25] ROBIN, T. ; BOUYE, C.: *Terahertz Components & Systems: Technology and Market Trends*. Tematys, Paris, 2013

[26] N., N.: *Emerging Trends in Terahertz Imaging (D12B)*. Frost & Sullivan, San Antonio, 2008

[27] MCWILLIAMS, A.: *Terahertz Radiation Systems: Technologies and Global Markets (IAS029A)*. BBC Research, Wellesley, 2008

[28] ROBIN, T. ; BOUYE, C. ; COCHARD, J.: Terahertz applications: trends and challenges. In: *Proceedings of SPIE* Bd. 8985, 2014, S. 898512–898512–6

[29] AMENABAR, I. ; MENDIKUTE, A. ; LOPEZ-ARRAIZA, A. ; LIZARANZU, M. ; AURREKOETXEA, J.: Comparison and analysis of non-destructive testing techniques suitable for delamination inspection in wind turbine blades. In: *Composites Part B: Engineering* 42 (2011), Nr. 5, S. 1298–1305

[30] ADAMS, R. D. ; CAWLEY, P.: A review of defect types and nondestructive testing techniques for composites and bonded joints. In: *NDT International* 21 (1988), Nr. 4, S. 208–222

[31] OSTER, R.: Non-destructive testing methodologies on helicopter fiber composite components challenges today and in the future. In: *Proceedings of the 18th World Conference on Nondestructive Testing, Durban*, 2012, S. 1

[32] VAARA, P. ; LEINONEN, J.: *Technology Survey on NDT of Carbon-fiber Composites*. Kemi-Tornio University of Applied Sciences, Kemi, 2012

[33] *About Google Trends*. Google Inc. `https://support.google.com/trends/#topic=4365599`. Version: 2014

[34] REDO-SANCHEZ, A. ; ZHANG, X. C.: Terahertz Science and Technology Trends. In: *IEEE Journal of Selected Topics in Quantum Electronics* 14 (2008), Nr. 2, S. 260–269

[35] KOCH, M.: Terahertz-Technology: Quo Vadis? In: *Photonik International* 1 (2006), S. 14

[36] *An eye on global research*. Elsevier. `http://www.elsevier.com/online-tools/scopus`. Version: 2014

[37] FATTINGER, C. ; GRISCHKOWSKY, D.: Point source terahertz optics. In: *Applied Physics Letters* 53 (1988), Nr. 16, S. 1480–1482

[38] FATTINGER, C. ; GRISCHKOWSKY, D.: Terahertz beams. In: *Applied Physics Letters* 54 (1989), Nr. 6, S. 490–492

[39] EXTER, M. van ; FATTINGER, C. ; GRISCHKOWSKY, D.: Terahertz time-domain spectroscopy of water vapor. In: *Optics Letters* 14 (1989), Nr. 20, S. 1128–1130

[40] WILK, R. ; HOCHREIN, T. ; KOCH, M. ; MEI, M. ; HOLZWARTH, R.: Terahertz spectrometer operation by laser repetition frequency tuning. In: *Journal of the Optical Society of America B* 28 (2011), Nr. 4, S. 592–595

[41] BREGONJE, M.: Patents: A unique source for scientific technical information in chemistry related industry? In: *World Patent Information* 27 (2005), Nr. 4, S. 309–315

[42] ASHTON, W. B. (Hrsg.) ; KLAVANS, R. A. (Hrsg.): *Keeping Abreast of Science and Technology: Technical Intelligence for Business*. Battelle Press, Michigan, 1997. – ISBN 9781574770186

[43] MILLETT, S. M. ; HONTON, E. J.: *A Manager's Guide to Technology Forecasting and Strategy Analysis Methods*. Battelle Press, Michigan, 1991. – ISBN 9780935470635

[44] KRUMBHOLZ, N. ; HOCHREIN, T. ; VIEWEG, N. ; HASEK, T. ; KRETSCHMER, K. ; BASTIAN, M. ; MIKULICS, M. ; KOCH, M.: Monitoring polymeric compounding processes inline with THz time-domain spectroscopy. In: *Polymer Testing* 28 (2009), Nr. 1, S. 30–35

[45] HOCHREIN, T. ; WILK, R. ; MEI, M. ; HOLZWARTH, R. ; KRUMBHOLZ, N. ; KOCH, M.: Optical sampling by laser cavity tuning. In: *Optics Express* 18 (2010), Nr. 2, S. 1613–1617

[46] ELLRICH, F. ; WEINLAND, T. ; MOLTER, D. ; JONUSCHEIT, J. ; BEIGANG, R.: Compact fiber-coupled terahertz spectroscopy system pumped at 800 nm wavelength. In: *Review of Scientific Instruments* 82 (2011), Nr. 5, S. 053102

[47] SARTORIUS, B. ; ROEHLE, H. ; KÜNZEL, H. ; BÖTTCHER, J. ; SCHLAK, M. ; STANZE, D. ; VENGHAUS, H. ; SCHELL, M.: All-fiber terahertz time-domain spectrometer operating at 1.5 μm telecom wavelengths. In: *Optics Express* 16 (2008), Nr. 13, S. 9565–9570

[48] *Kapitel* Body Scanner. In: MAY, T. ; MEYER, H.-G.: *Handbook of Biophotonics*. Wiley-VCH, Weinheim, 2013. – ISBN 9783527643981

[49] AHMED, S. S. ; OSTWALD, O. ; SCHMIDT, L. P.: Automatic detection of concealed dielectric objects for personnel imaging. In: *2009 IEEE MTT-S International Microwave Workshop on Wireless Sensing, Local Positioning, and RFID*, 2009, S. 1–4

[50] DRINKWATER, B. W. ; WILCOX, P. D.: Ultrasonic arrays for non-destructive evaluation: A review. In: *NDT & E International* 39 (2006), Nr. 7, S. 525–541

[51] AHMED, S. S.: Personnel screening with advanced multistatic imaging technology. In: *Proceedings of SPIE 8715, Passive and Active Millimeter-Wave Imaging XVI, Baltimore*, 2013, S. 1

[52] KUGLER, C. ; KREMLING, S. ; DIETL, K. ; SCHOBER, G. ; BOTOS, J. ; HOCHREIN, T. ; HEIDEMEYER, P. ; BASTIAN, M.: Prozessintegrierte Qualitätssicherung für die Kunststoffverarbeitung – Teil 2. In: *Werkstoffe in der Fertigung* 4 (2015), S. 22–23

[53] WICHMANN, M. ; MONDOL, A. S. ; KOCIC, N. ; LIPPERT, S. ; PROBST, T. ; SCHWERDTFEGER, M. ; SCHUMANN, S. ; HOCHREIN, T. ; HEIDEMEYER, P. ; BASTIAN, M. ; BASTIAN, G. ; KOCH, M.: Terahertz plastic compound lenses. In: *Applied Optics* 52 (2013), Nr. 18, S. 4186–4191

[54] SCHERGER, B. ; WIETZKE, S. ; SCHELLER, M. ; VIEWEG, N. ; WICHMANN, M. ; KOCH, M. ; WIESAUER, K.: Characterization of Micro-Powders for the Fabrication of Compression Molded THz Lenses. In: *Journal of Infrared, Millimeter, and Terahertz Waves* 32 (2011), Nr. 7, S. 943–951

[55] MORIKAWA, O. ; TONOUCHI, M. ; HANGYO, M.: Sub-THz spectroscopic system using a multimode laser diode and photoconductive antenna. In: *Applied Physics Letters* 75 (1999), Nr. 24, S. 3772–3774

[56] SCHELLER, M. ; KOCH, M.: Terahertz quasi time domain spectroscopy. In: *Optics Express* 17 (2009), Nr. 20, S. 17723–17733

[57] MOLTER, D. ; WAGNER, A. ; WEBER, S. ; JONUSCHEIT, J. ; BEIGANG, R.: Combless broadband terahertz generation with conventional laser diodes. In: *Optics Express* 19 (2011), Nr. 6, S. 5290–5296

[58] GÜNZLER, H. ; GREMLICH, H.-U.: *IR-Spektroskopie: Eine Einführung*. 4. Wiley-VCH, Weinheim, 2012

[59] COLTHUP, N. B. ; DALY, L. H. ; WIBERLEY, S. E.: *Introduction to Infrared and Raman Spectroscopy*. 3. Academic Press, London, 1990. – ISBN 9780121825546

[60] KNÖZINGER, E.: Ferninfrarot-Fourier-Spektroskopie als Methode zur Strukturaufklärung in der Chemie. In: *Angewandte Chemie* 88 (1976), Nr. 1, S. 1–16

[61] GRIFFITHS, P. R. ; HASETH, J. A. D.: *Fourier Transform Infrared Spectrometry*. 2. Wiley-Interscience, Hoboken, 2007. – ISBN 9780471194040

[62] HAN, P. Y. ; TANI, M. ; USAMI, M. ; KONO, S. ; KERSTING, R. ; ZHANG, X.-C.: A direct comparison between terahertz time-domain spectroscopy and far-infrared Fourier transform spectroscopy. In: *Journal of Applied Physics* 89 (2001), Nr. 4, S. 2357–2359

[63] WIETZKE, S. ; JANSEN, C. ; REUTER, M. ; JUNG, T. ; KRAFT, D. ; CHATTERJEE, S. ; FISCHER, B.M. ; KOCH, M.: Terahertz spectroscopy on polymers: A review of morphological studies. In: *Journal of Molecular Structure* 1006 (2011), Nr. 1–3, S. 41–51

[64] *Kapitel* Terahertz Spectroscopy of Polymers. In: JANSEN, C. ; WIETZKE, S. ; KOCH, M.: *Terahertz Spectroscopy and Imaging*. Springer, Berlin, 2013. – ISBN 9783642295645, S. 327–353

[65] WU, Q. ; ZHANG, X.-C.: 7 terahertz broadband GaP electro-optic sensor. In: *Applied Physics Letters* 70 (1997), Nr. 14, S. 1784–1786

[66] MITTLEMAN, D. (Hrsg.): *Sensing with Terahertz Radiation*. Springer, Berlin, 2002. – ISBN 9783540431107

[67] KARPOWICZ, N. ; ZHONG, H. ; XU, J. ; LIN, K.-I. ; HWANG, J.-S. ; ZHANG, X.-C.: Comparison between pulsed terahertz time-domain imaging and continuous wave terahertz imaging. In: *Semiconductor Science and Technology* 20 (2005), Nr. 7, S293. `http://stacks.iop.org/0268-1242/20/i=7/a=021`

[68] BERGMANN, L. ; SCHAEFER, C. ; NIEDRIG, H.: *Lehrbuch der Experimentalphysik, Bd. 3, Optik*. Gruyter, Berlin, 1993. – ISBN 9783110129731

[69] HECHT, E.: *Optics*. Addison-Wesley, Boston, 2002. – ISBN 9780805385663

[70] FOX, M.: *Optische Eigenschaften von Festkörpern*. Oldenbourg Wissenschaftsverlag, München, 2012. – ISBN 9783486712407

[71] SHEIK-BAHAE, M.: Nonlinear optics basics: Kramers-Kronig relations in nonlinear optics. In: STEEL, D. G. (Hrsg.) ; GUENTHER, B. D. (Hrsg.): *Encyclopedia of Modern Optics*. Academic Press, London, 2004. – ISBN 9780122276002, S. 234–240

[72] PEIPONEN, K.-E. ; SAARINEN, J. J.: Generalized Kramers-Kronig relations in nonlinear optical- and THz-spectroscopy. In: *Reports on Progress in Physics* 72 (2009), Nr. 5, S. 1–19

[73] LUCARINI, V. ; SAARINEN, J. J. ; PEIPONEN, K.-E. ; VARTIAINEN, E. M.: *Kramers-Kronig Relations in Optical Materials Research*. Springer, Berlin, 2010. – ISBN 9783642062582

[74] GROSSE, P. ; OFFERMANN, V.: Analysis of reflectance data using the Kramers-Kronig Relations. In: *Applied Physics A* 52 (1991), Nr. 2, S. 138–144

[75] PEIPONEN, K.-E. (Hrsg.) ; ZEITLER, A. (Hrsg.) ; KUWATA-GONOKAMI, M. (Hrsg.): *Terahertz Spectroscopy and Imaging*. Springer, Berlin, 2012. – ISBN 9783642295638

[76] ATKINS, P. W.: *Physikalische Chemie*. 2. Wiley-VCH, Weinheim, 1996. – ISBN 9783527292752

[77] HARRICK, N. J.: Study of Physics and Chemistry of Surfaces from Frustrated Total Internal Reflections. In: *Physical Review Letters* 4 (1960), S. 224–226

[78] HARRICK, N. J.: *Internal Reflection Spectroscopy*. Wiley, Hoboken, 1967. – ISBN 9780470352502

[79] HARRICK, N. J. ; BECKMANN, K. H.: Internal Reflection Spectroscopy. In: KANE, Philip F. (Hrsg.) ; LARRABEE, Graydon B. (Hrsg.): *Characterization of Solid Surfaces*. Springer, New York, 1974. – ISBN 9781461344902, S. 215–245

[80] MESSICA, A. ; GREENSTEIN, A. ; KATZIR, A.: Theory of fiber-optic, evanescent-wave spectroscopy and sensors. In: *Applied Optics* 35 (1996), Nr. 13, S. 2274–2284

[81] EKGASIT, S.: ATR Spectral Intensity: What is the Upper Limit of Weak Absorption? In: *Applied Spectroscopy* 54 (2000), Nr. 5, S. 756–758

[82] HANSEN, W. N.: Expanded formulas for attenuated total reflection and the derivation of absorption rules for single and multiple ATR spectrometer cells. In: *Spectrochimica Acta* 21 (1965), Nr. 4, S. 815–833

[83] MÜLLER, G. ; ABRAHAM, K. ; SCHALDACH, M.: Quantitative ATR spectroscopy: some basic considerations. In: *Applied Optics* 20 (1981), Nr. 7, S. 1182–1190

[84] HOSONO, H.: Fourier transform infrared attenuated total reflection spectra of ion-implanted silica glasses. In: *Journal of Applied Physics* 69 (1991), Nr. 12, S. 8079–8082

[85] PETER, F.: Über Brechungsindizes und Absorptionskonstanten des Diamanten zwischen 644 und 226 mμ. In: *Zeitschrift für Physik* 15 (1923), Nr. 1, S. 358–368

[86] MIRABELLA JR., F. M.: Internal Reflection Spectroscopy. In: *Applied Spectroscopy Reviews* 21 (1985), Nr. 1–2, S. 45–178

[87] MILOSEVIC, M.: *Internal Reflection and ATR Spectroscopy*. Wiley-VCH, Weinheim, 2012. – ISBN 9780470278321

[88] HARRICK, N. J. ; PRÉ, F. K.: Effective Thickness of Bulk Materials and of Thin Films for Internal Reflection Spectroscopy. In: *Applied Optics* 5 (1966), Nov, Nr. 11, S. 1739–1743

[89] AVERETT, L. A. ; GRIFFITHS, P. R. ; NISHIKIDA, K.: Effective Path Length in Attenuated Total Reflection Spectroscopy. In: *Analytical Chemistry* 80 (2008), Nr. 8, S. 3045–3049

[90] OBERBACH, K. (Hrsg.) ; SAECHTLING, H. (Hrsg.): *Kunststoff-Taschenbuch*. 28. Carl Hanser Verlag, München, 2001. – ISBN 9783446216051

[91] VIEWEG, R. (Hrsg.) ; MÜLLER, A. (Hrsg.): *Kunststoff-Handbuch: Band IV – Polyamide*. Carl Hanser Verlag, München, 1966

[92] SCHROEDER, L. R. ; COOPER, S. L.: Hydrogen bonding in polyamides. In: *Journal of Applied Physics* 47 (1976), Nr. 10, S. 4310–4317

[93] GARCIA, D. ; STARKWEATHER, H. W.: Hydrogen bonding in nylon 66 and model compounds. In: *Journal of Polymer Science: Polymer Physics Edition* 23 (1985), Nr. 3, S. 537–555

[94] *Norm DIN EN ISO 1043-1: Kunststoffe – Kennbuchstaben und Kurzzeichen – Teil 1: Basis-Polymere und ihre besonderen Eigenschaften*. 2016

[95] MURTHY, N. S.: Hydrogen bonding, mobility, and structural transitions in aliphatic polyamides. In: *Journal of Polymer Science Part B: Polymer Physics* 44 (2006), Nr. 13, S. 1763–1782

[96] VINKEN, E.: *Polyamides: hydrogen bonding, the Brill transition, and superheated water*, Technische Universiteit Eindhoven, Habilitationsschrift, 2008

[97] SKROVANEK, D. J. ; HOWE, S. E. ; PAINTER, P. C. ; COLEMAN, M. M.: Hydrogen bonding in polymers: infrared temperature studies of an amorphous polyamide. In: *Macromolecules* 18 (1985), Nr. 9, S. 1676–1683

[98] ORTMANN, P. ; LEMKE, T. A. ; MECKING, S.: Long-Spaced Polyamides: Elucidating the Gap between Polyethylene Crystallinity and Hydrogen Bonding. In: *Macromolecules* 48 (2015), Nr. 5, S. 1463–1472

[99] BUNN, C. W. ; GARNER, E. V.: The Crystal Structures of Two Polyamides ('Nylons'). In: *Proceedings of the Royal Society of London A: Mathematical, Physical and Engineering Sciences* 189 (1947), Nr. 1016, S. 39–68

[100] HOLMES, D. R. ; BUNN, C. W. ; SMITH, D. J.: The crystal structure of polycaproamide: Nylon 6. In: *Journal of Polymer Science* 17 (1955), Nr. 84, S. 159–177

[101] ARIMOTO, H. ; ISHIBASHI, M. ; HIRAI, M. ; CHATANI, Y.: Crystal structure of the γ-form of nylon 6. In: *Journal of Polymer Science Part A: General Papers* 3 (1965), Nr. 1, S. 317–326

[102] QUARTI, C. ; MILANI, A. ; CIVALLERI, B. ; ORLANDO, R. ; CASTIGLIONI, C.: Ab Initio Calculation of the Crystalline Structure and IR Spectrum of Polymers: Nylon 6 Polymorphs. In: *The Journal of Physical Chemistry B* 116 (2012), Nr. 28, S. 8299–8311

[103] ABU-ISA, I.: α-γ transition in nylon 6. In: *Journal of Polymer Science Part A-1: Polymer Chemistry* 9 (1971), Nr. 1, S. 199–216

[104] KYOTANI, M. ; MITSUHASHI, S.: Studies on crystalline forms of nylon 6. II. Crystallization from the melt. In: *Journal of Polymer Science Part A-2: Polymer Physics* 10 (1972), Nr. 8, S. 1497–1508

[105] DASGUPTA, S. ; HAMMOND, W. B. ; GODDARD, W. A.: Crystal Structures and Properties of Nylon Polymers from Theory. In: *Journal of the American Chemical Society* 118 (1996), Nr. 49, S. 12291–12301

[106] ARABNEJAD, S. ; MANZHOS, S.: Defects in alpha and gamma crystalline nylon6: A computational study. In: *AIP Advances* 5 (2015), Nr. 10, S. 107123

[107] ALEMÁN, C. ; CASANOVAS, J.: Computer experiments on crystalline nylons: structural analysis of nylons with large aliphatic segments. In: *Colloid and Polymer Science* 282 (2004), Nr. 6, S. 535–543

[108] TRIFAN, D. S. ; TERENZI, J. F.: Extents of hydrogen bonding in polyamides and polyurethanes. In: *Journal of Polymer Science* 28 (1958), Nr. 117, S. 443–445

[109] VILLASENOR, P. ; FRANCO, L. ; SUBIRANA, J. A. ; PUIGGALI, J.: On the crystal structure of odd-even nylons: Polymorphism of nylon 5,10. In: *Journal of Polymer Science Part B: Polymer Physics* 37 (1999), Nr. 17, S. 2383–2395

[110] MALTA, V. ; COJAZZI, G. ; FICHERA, A. ; AJO, D. ; ZANNETTI, R.: A reexamination of the crystal structure and molecular packing of α-nylon 6. In: *European Polymer Journal* 15 (1979), Nr. 8, S. 765–770

[111] KINOSHITA, Y.: An investigation of the structures of polyamide series. In: *Die Makromolekulare Chemie* 33 (1959), Nr. 1, S. 1–20

[112] BESSLER, V. E. ; BIER, G.: Über Wasserstofffbrücken in Polyamiden. In: *Die Makromolekulare Chemie* 122 (1969), Nr. 1, S. 30–37

[113] WILK, R. ; HOCHREIN, T. ; KOCH, M. ; MEI, M. ; HOLZWARTH, R.: OSCAT: Novel Technique for Time-Resolved Experiments Without Moveable Optical Delay Lines. In: *Journal of Infrared, Millimeter, and Terahertz Waves* 32 (2011), Nr. 5, S. 596–602

[114] YAMAOKA, Y. ; MINOSHIMA, K. ; MATSUMOTO, H.: Direct measurement of the group refractive index of air with interferometry between adjacent femtosecond pulses. In: *Applied Optics* 41 (2002), Nr. 21, S. 4318–4324

[115] YE, J.: Absolute measurement of a long, arbitrary distance to less than an optical fringe. In: *Optics Letters* 29 (2004), Nr. 10, S. 1153–1155

[116] HOCHREIN, T. E. ; KOCH, M. ; KRUMBHOLZ, N.: *THz Pump-Probe Spektroskopie mit einer über die Repetitionsrate einstellbaren Verzögerung*. 2008. – EP Patent 2,281,185

[117] HOCHREIN, T. E. ; KOCH, M. ; KRUMBHOLZ, N.: *Method for generating two optical pulses with a variable time pulse interval*. 2009. – US Patent 8,446,656

[118] HOCHREIN, T. E. ; KOCH, M. ; KRUMBHOLZ, N.: *Thz pump-probe spectroscopy with a delay which can be set by the repetition rate*. 2009. – WO Patent App. PCT/DE2009/000,662

[119] ZEWAIL, A. H.: Femotchemisty: Atomic-Scale Dynamics of the Cehmical Bond. In: *The Journal of Physical Chemistry A* 104 (2000), Nr. 24, S. 5660–5694

[120] SUNDSTRÖM, V.: Femtobiology. In: *Annual Review of Physical Chemistry* 59 (2008), Nr. 1, S. 53–77

[121] SHAH, J.: *Ultrafast Spectroscopy of Semiconductors and Semiconductor Nanostructures*. Springer, Berlin, 1999 (Springer Series in Solid-State Sciences). – ISBN 9783540642268

[122] CUNDIFF, S. T.: Coherent spectroscopy of semiconductors. In: *Optics Express* 16 (2008), Nr. 7, S. 4639–4664

[123] HEE, M. R. ; SWANSON, E. A. ; IZATT, J. A. ; JACOBSON, J. M. ; FUJIMOTO, J. G.: Femtosecond transillumination optical coherence tomography. In: *Optics Letters* 18 (1993), Nr. 12, S. 950–952

[124] STEVENS, M. J. ; SMIRL, A. L. ; BHAT, R. D. R. ; SIPE, J. E. ; DRIEL, H. M.: Coherent control of an optically injected ballistic spin-polarized current in bulk GaAs. In: *Journal of Applied Physics* 91 (2002), Nr. 7, S. 4382–4386

[125] HUNSCHE, S. ; MITTLEMAN, D. M. ; KOCH, M. ; NUSS, M. C.: New Dimensions in T-Ray Imaging. In: *IEICE Transactions on Electronics* E81-C (1998), Nr. 2, S. 269–276

[126] VALK, N. C. J. d. ; MAREL, W. A. M. d. ; PLANKEN, P. C. M.: Terahertz polarization imaging. In: *Optics Letters* 30 (2005), Nr. 20, S. 2802–2804

[127] FORK, R. L. ; BEISSER, F. A.: Real-time intensity autocorrelation interferometer. In: *Applied Optics* 17 (1978), Nr. 22, S. 3534–3535

[128] KWONG, K. F. ; YANKELEVICH, D. ; CHU, K. C. ; HERITAGE, J. P. ; DIENES, A.: 400-Hz mechanical scanning optical delay line. In: *Optics Letters* 18 (1993), Nr. 7, S. 558–560

[129] LIU, X. ; COBB, M. J. ; LI, X.: Rapid scanning all-reflective optical delay line for real-time optical coherence tomography. In: *Optics Letters* 29 (2004), Nr. 1, S. 80–82

[130] HSIUNG, P.-L. ; LI, X. ; CHUDOBA, C. ; HARTL, I. ; KO, T. H. ; FUJIMOTO, J. G.: High-speed path-length scanning with a multiple-pass cavity delay line. In: *Applied Optics* 42 (2003), Nr. 4, S. 640–648

[131] XU, J. ; LU, Z. ; ZHANG, X. C.: Compact involute optical delay line. In: *Electronics Letters* 40 (2004), Nr. 19, S. 1218–1219

[132] SALHI, M. ; RUTZ, F. ; KLEINE-OSTMANN, T. ; PETUKHOV, V. ; METZ, C. ; KOCH, M.: Spiral Optical Delay Line. In: *Optical Terahertz Science and Technology*, Optical Society of America, 2005, TuD5

[133] PROBST, T. ; REHN, A. ; BUSCH, S. F. ; CHATTERJEE, S. ; KOCH, M. ; SCHELLER, M.: Cost-efficient delay generator for fast terahertz imaging. In: *Optics Letters* 39 (2014), Nr. 16, S. 4863–4866

[134] ELZINGA, P. A. ; KNEISLER, R. J. ; LYTLE, F. E. ; JIANG, Y. ; KING, G. B. ; LAURENDEAU, N. M.: Pump/probe method for fast analysis of visible spectral signatures utilizing asynchronous optical sampling. In: *Applied Optics* 26 (1987), Nr. 19, S. 4303–4309

[135] BARTELS, A. ; HUDERT, F. ; JANKE, C. ; DEKORSY, T. ; KÖHLER, K.: Femtosecond time-resolved optical pump-probe spectroscopy at kilohertz-scan-rates over nanosecond-time-delays without mechanical delay line. In: *Applied Physics Letters* 88 (2006), Nr. 4, S. 041117

[136] ELZINGA, P. A. ; KNEISLER, R. J. ; LYTLE, F. E. ; JIANG, Y. ; KING, G. B. ; LAURENDEAU, N. M.: Pump/probe method for fast analysis of visible spectral signatures utilizing asynchronous optical sampling. In: *Applied Optics* 26 (1987), Nr. 19, S. 4303–4309

[137] HELLERER, T.: Optical Coherence Tomography with fs Fiber Lasers and ECOPS. In: *Laser Magazin* (2009), Nr. 2–3, S. 62–64

[138] KRAY, S. ; SPÖLER, F. ; HELLERER, T. ; KURZ, H.: Electronically controlled coherent linear optical sampling for optical coherence tomography. In: *Optics Express* 18 (2010), Nr. 10, S. 9976–9990

[139] POSTHUMUS, J.: Terahertz with Electronic Delay. In: *Optik & Photonik* 2 (2007), Nr. 4, S. 62–64

[140] NAKAJIMA, Y. ; MINOSHIMA, K.: Highly stabilized optical frequency comb interferometer with a long fiber-based reference path towards arbitrary distance measurement. In: *Optics Express* 23 (2015), Nr. 20, S. 25979–25987

[141] YANG, L. ; NIE, J. ; DUAN, L.: Dynamic optical sampling by cavity tuning and its application in lidar. In: *Optics Express* 21 (2013), Nr. 3, S. 3850–3860

[142] MENLO SYSTEMS GMBH (Hrsg.): *M-Comb Orange-Comb – Femtosecond Fiber Laser 1560 nm, 1040 nm*. München: Menlo Systems GmbH, 2016

[143] HOCHREIN, T. ; WILK, R. ; HOLZWARTH, R. ; KRUMBHOLZ, N. ; KOCH, M.: Time resolved experiments with optical sampling by laser cavity tuning. In: *Conference on Lasers and Electro-Optics 2010*, Optical Society of America, 2010, S. 1

[144] WILK, R. ; HOCHREIN, T. ; MEI, M. ; HOLZWARTH, R.: Rapid Scan Mode with THz OSCAT Spectrometer. In: *Conference on Lasers and Electro-Optics 2012*, Optical Society of America, 2012, S. JW2A.55

[145] YASUI, T. ; SANEYOSHI, E. ; ARAKI, T.: Asynchronous optical sampling terahertz time-domain spectroscopy for ultrahigh spectral resolution and rapid data acquisition. In: *Applied Physics Letters* 87 (2005), Nr. 6, S. 061101

[146] YAHYAPOUR, M. ; VIEWEG, N. ; GÖBEL, T. ; ROEHLE, H. ; DENINGER, A.: Non-Contact Thickness Measurements with Terahertz Pulses. In: *19th World Conference on Non-Destructive Testing (WCNDT 2016)*, 2016, S. 1–8

[147] WILK, R. ; HOCHREIN, T. ; MEI, M. ; HOLZWARTH, R.: THz time domain spectroscopy based on OSCAT scheme. In: *35th International Conference on Infrared, Millimeter, and Terahertz Waves*, 2010, S. 1–2

[148] ROEHLE, H. ; DIETZ, R. J. B. ; HENSEL, H. J. ; BÖTTCHER, J. ; KÜNZEL, H. ; STANZE, D. ; SCHELL, M. ; SARTORIUS, B.: Next generation 1.5 μm terahertz antennas: mesa-structuring of InGaAs/InAlAs photoconductive layers. In: *Optics Express* 18 (2010), Nr. 3, S. 2296–2301

[149] GRISCHKOWSKY, D. ; KEIDING, S. ; EXTER, M. van ; FATTINGER, Ch.: Far-infrared time-domain spectroscopy with terahertz beams of dielectrics and semiconductors. In: *Journal of the Optical Society of America B* 7 (1990), Nr. 10, S. 2006–2015

[150] WILK, R. ; HOCHREIN, T. ; BLÜMEL, L. ; MEI, M. ; HOLZWARTH, R.: All fiber THz spectrometer for polymer industry applications. In: *2011 International Conference on Infrared, Millimeter, and Terahertz Waves*, 2011, S. 1–2

[151] WILK, R. ; KOCUR, S. ; HOCHREIN, T. ; MEI, M. ; HOLZWARTH, R.: Imaging with THz OSCAT spectrometer. In: *2011 International Conference on Infrared, Millimeter, and Terahertz Waves*, 2011, S. 1–2

[152] KESKIN, H. ; ALTAN, H. ; YAVAS, S. ; ILDAY, F. O. ; EKEN, K. ; SAHIN, A. B.: Development of a rapid-scan fiber-integrated terahertz spectrometer. In: *Optical and Quantum Electronics* 46 (2014), Nr. 4, S. 495–503

[153] FURUYA, T. ; ESTACIO, E. S. ; HORITA, K. ; QUE, C. T. ; YAMAMOTO, K. ; MIYAMARU, F. ; NISHIZAWA, S. ; TANI, M.: Fast-Scan Terahertz Time Domain Spectrometer Based on Laser Repetition Frequency Modulation. In: *Japanese Journal of Applied Physics* 52 (2013), Nr. 2R, S. 022401

[154] URBANEK, B. ; MÖLLER, M. ; EISELE, M. ; BAIERL, S. ; KAPLAN, D. ; LANGE, C. ; HUBER, R.: Femtosecond terahertz time-domain spectroscopy at 36 kHz scan rate using an aousto-optic delay. In: *Applied Physics Letters* 108 (2016), Nr. 12, S. 121101

[155] WU, H. ; ZHANG, F. ; LIU, T. ; MENG, F. ; LI, J. ; QU, X.: Absolute Distance Measurement Using Optical Sampling by Cavity Tuning. In: *IEEE Photonics Technology Letters* 28 (2016), Nr. 12, S. 1275–1278

[156] WU, H. ; ZHANG, F. ; LIU, T. ; BALLING, P. ; LI, J. ; QU, X.: Long distance measurement using optical sampling by cavity tuning. In: *Optics Letters* 41 (2016), Nr. 10, S. 2366–2369

[157] JOO, W.-D. ; KIM, S. ; PARK, J. ; LEE, K. ; LEE, J. ; KIM, S. ; KIM, Y.-J. ; KIM, S.-W.: Femtosecond laser pulses for fast 3-D surface profilometry of microelectronic step-structures. In: *Optics Express* 21 (2013), Nr. 13, S. 15323–15334

[158] YANG, L. ; DUAN, L.: Depth-Resolved Imaging Based on Optical Sampling by Cavity Tuning. In: *IEEE Photonics Technology Letters* 27 (2015), Nr. 16, S. 1761–1764

[159] WU, H. ; ZHANG, F. ; LIU, T. ; QU, X.: Glass thickness and index measurement using optical sampling by cavity tuning. In: *Applied Optics* 55 (2016), Nr. 34, S. 9756–9763

[160] BOUDREAU, S. ; GENEST, J.: Range-resolved vibrometry using a frequency comb in the OSCAT configuration. In: *Optics Express* 22 (2014), Nr. 7, S. 8101–8113

[161] HOCHREIN, T. ; KRUMBHOLZ, N. ; WIETZKE, S. ; KRETSCHMER, K. ; BASTIAN, M. ; KOCH, M.: Terahertz-Spektroskopie zur Schmelzeanalyse in der Compoundierung. In: *GAK Gummi Fasern Kunststoffe* 61 (2008), S. 517–523

[162] HOCHREIN, T. ; KRUMBHOLZ, N. ; KRETSCHMER, K. ; BASTIAN, M. ; KOCH, M.: Terahertz Spectroscopy – A New Tool for Monitoring Compounding Processes. In: *Proceedings of the 24th Annual Meeting of the Polymer Processing Society*, 2008, S. S13–452

[163] HOCHREIN, T. ; ALIG, I.: *Prozessmesstechnik in der Kunststoffaufbereitung*. Vogel Business Media, Würzburg, 2011. – ISBN 9783834331175

[164] KRUMBHOLZ, N.: *Fasergekoppelte Terahertz-Zeitbereichspektrometer: Entwicklung und Anwendung*, Technische Universität Braunschweig, Dissertation, 2010

[165] TREACY, E.: Optical pulse compression with diffraction gratings. In: *IEEE Journal of Quantum Electronics* 5 (1969), Nr. 9, S. 454–458

[166] N., N.: *ZIM-Erfolgsbeispiel: Submillimeterwellen eröffnen neue Einblicke*. Projektvorstellung ZIM-KOOP 020, 2009. – Deutsches Bundesministeriums für Wirtschaft und Technologie

[167] PUPEZA, I. ; WILK, R. ; KOCH, M.: Highly accurate optical material parameter determination with THz time-domain spectroscopy. In: *Optics Express* 15 (2007), Nr. 7, S. 4335–4350

[168] SCHELLER, M. ; KOCH, M.: Fast and Accurate Thickness Determination of Unknown Materials using Terahertz Time Domain Spectroscopy. In: *Journal of Infrared, Millimeter, and Terahertz Waves* 30 (2009), Nr. 7, S. 762–769

[169] HOCHREIN, T. ; KRUMBHOLZ, N. ; WIETZKE, S. ; SCHELLER, M. ; KRETSCHMER, K. ; KOCH, M. ; BASTIAN, M.: *Verbesserung der Praxistauglichkeit der Terahertz-Technologie zur Prozessüberwachung bei der Compoundierung von Funktionspolymeren*. FSKZ e. V., Würzburg, 2008. – Forschungsbericht

[170] WIETZKE, S. ; JANSEN, C. ; RUTZ, F. ; MITTLEMAN, D.M. ; KOCH, M.: Determination of additive content in polymeric compounds with terahertz time-domain spectroscopy. In: *Polymer Testing* 26 (2007), Nr. 5, S. 614–618

[171] KRUMBHOLZ, N. ; HOCHREIN, T. ; MITTLEMAN, D. M. ; GRUNENBERG, J. ; SCHADE, U. ; KOCH, M.: Temperature sensitive absorption characteristics of polyamides. In: *34th International Conference on Infrared, Millimeter, and Terahertz Waves*, 2009, S. 1–2

[172] ZOLLER, P.: The pressure-volume-temperature properties of three well-characterized low-density polyethylenes. In: *Journal of Applied Polymer Science* 23 (1979), Nr. 4, S. 1051–1056

[173] WIETZKE, S. ; JANSEN, C. ; JUNG, T. ; REUTER, M. ; BAUDRIT, B. ; BASTIAN, M. ; CHATTERJEE, S. ; KOCH, M.: Terahertz time-domain spectroscopy as a tool to monitor the glass transition in polymers. In: *Optics Express* 17 (2009), Nr. 21, S. 19006–19014

[174] WIETZKE, S.: *Terahertz-Zeitbereichspektroskopie: zerstörungsfreies Messverfahren zur Polymeranalytik und Kunststoffbauteilprüfung*, Technische Universität Braunschweig, Dissertation, 2011

[175] SCHELLER, M. ; WIETZKE, S. ; JANSEN, C. ; KOCH, M.: Modelling heterogeneous dielectric mixtures in the terahertz regime: a quasi-static effective medium theory. In: *Journal of Physics D: Applied Physics* 42 (2009), Nr. 6, S. 065415

[176] KREMLING, S. ; HAUCK, J. ; SCHOBER, G. ; HOCHREIN, T.: Terahertz time domain spectroscopy for non-destructive testing of plastic parts. In: *Proceedings of the 19th World Conference on Non-Destructive Testing*, 2016, S. 1–8

[177] HAUCK, J. ; KREMLING, S. ; LITTAU, B. ; HOCHREIN, T. ; HEIDEMEYER, P. ; BASTIAN, M.: Non-destructive inspection of plastic components with terahertz time domain spectroscopy. In: *Proceedings of ANTEC, Orlando (USA)*, 2015, S. 1–6

[178] PETERS, O. ; SCHWERDTFEGER, M. ; WIETZKE, S. ; SOSTMANN, S. ; SCHEUNEMANN, R. ; WILK, R. ; HOLZWARTH, R. ; KOCH, M. ; FISCHER, B. M.: Terahertz spectroscopy for rubber production testing. In: *Polymer Testing* 32 (2013), Nr. 5, S. 932 – 936

[179] BOWER, D. I. ; MADDAMS, W. F.: *The Vibrational Spectroscopy of Polymers*. Cambridge University Press, Cambridge, 1989. – ISBN 9780521246330

[180] SUZUKI, H. ; ISHII, S. ; OTANI, C. ; HOSHINA, H.: Low-frequency vibrations of polyamide-6 as a function of temperature and thermal history investigated by terahertz absorption spectroscopy. In: *European Polymer Journal* 67 (2015), S. 284–291

[181] *Kapitel* Far Infrared Spectroscopy of Polymers. In: BERSHTEIN, V. A. ; RYZHOV, V. A.: *Polymer Analysis and Characterization*. Springer, Berlin, 1994. – ISBN 9783540479956, S. 43–121

[182] KLÖPFFER, W.: *Introduction to Polymer Spectroscopy*. Springer, Berlin, 2011 (Polymers – Properties and Applications). – ISBN 9783642693748

[183] FRANK, W. F. X. ; FIEDLER, H.: On the problem of direct observation of H-bridge interactions in polymers by FIR spectroscopy. In: *Infrared Physics* 19 (1979), Nr. 3, S. 481–489

[184] MAKLAKOV, L. I. ; AKSAKOVA, S. V.: Low-frequency vibrational spectroscopy of amides and urethanes. In: *Russian Chemical Reviews* 66 (1997), Nr. 5, S. 375–388

[185] NAGAI, N. ; FUKASAWA, R.: Abnormal dispersion of polymer films in the THz frequency region. In: *Chemical Physics Letters* 388 (2004), Nr. 4–6, S. 479–482

[186] JIN, Y.-S. ; KIM, G.-J. ; JEON, S.-G.: Terahertz Dielectric Properties of Polymers. In: *Journal of the Korean Physical Society* 49 (2006), Nr. 2, S. 513–517

[187] NAGAI, N. ; IMAI, T. ; FUKASAWA, R. ; KATO, K. ; YAMAUCHI, K.: Analysis of the intermolecular interaction of nanocomposites by THz spectroscopy. In: *Applied Physics Letters* 85 (2004), Nr. 18, S. 4010–4012

[188] D'ANGELO, F. ; MICS, Z. ; BONN, M. ; TURCHINOVICH, D.: Ultra-broadband THz time-domain spectroscopy of common polymers using THz air photonics. In: *Optics Express* 22 (2014), Nr. 10, S. 12475–12485

[189] D'ANGELO, F. ; BONN, M. ; GENTE, R. ; KOCH, M. ; TURCHINOVICH, D.: Ultra-broadband THz time-domain spectroscopy of common polymers with THz air-photonics. In: *CLEO: 2014*, Optical Society of America, 2014, S. SF1F.2

[190] SUZUKI, H. ; ISHII, S. ; SATO, H. ; YAMAMOTO, S. ; MORISAWA, Y. ; OZAKI, Y. ; UCHIYAMA, T. ; OTANI, C. ; HOSHINA, H.: Brill transition of nylon-6 characterized by low-frequency vibration through terahertz absorption spectroscopy. In: *Chemical Physics Letters* 575 (2013), S. 3–39

[191] HOSHINA, H. ; ISHII, S. ; SUZUKI, H. ; OTANI, C. ; MORISAWA, Y. ; SATO, H. ; YAMAMOTO, S. ; OZAKI, Y. ; NODA, I.: Terahertz vibrational spectroscopy of

poly(3-hydroxybutyrate) and nylon: Potential of terahertz spectroscopy for polymer science. In: *2013 IEEE International Conference on Solid Dielectrics (ICSD)*, 2013, S. 497–500

[192] SHEN, D. Y. ; POLLACK, S. K. ; HSU, Shaw L.: Far-infrared study of hydrogen bonding in a semicrystalline polyurethane. In: *Macromolecules* 22 (1989), Nr. 6, S. 2564–2569

[193] LI, L. ; YANG, G.: Variable-temperature FTIR studies on thermal stability of hydrogen bonding in nylon 6/mesoporous silica nanocomposite. In: *Polymer International* 58 (2009), Nr. 5, S. 503–510

[194] SCHELLER, M. ; JANSEN, C. ; KOCH, M.: Analyzing sub-100-μm samples with transmission terahertz time domain spectroscopy. In: *Optics Communications* 282 (2009), Nr. 7, S. 1304–1306

[195] JEPSEN, P. U. ; FISCHER, B. M.: Dynamic range in terahertz time-domain transmission and reflection spectroscopy. In: *Optics Letters* 30 (2005), Jan, Nr. 1, S. 29–31

[196] BELLINGER, M. A. ; WADDON, A. J. ; ATKINS, E. D. T. ; MACKNIGHT, W. J.: Structure and Morphology of Nylon 4 Chain-Folded Lamellar Crystals. In: *Macromolecules* 27 (1994), Nr. 8, S. 2130–2135

[197] JÖRDENS, C. ; WIETZKE, S. ; SCHELLER, M. ; KOCH, M.: Investigation of the water absorption in polyamide and wood plastic composite by terahertz time-domain spectroscopy. In: *Polymer Testing* 29 (2010), Nr. 2, S. 209–215

[198] KREMLING, S. ; HAUCK, J. ; SCHOBER, G. ; HOCHREIN, T.: Terahertz time domain spectroscopy for non-destructive testing of plastic parts. In: *Proceedings of the 19th World Conference on Non-Destructive Testing (München)*, 2016, S. 1–8

[199] HAUCK, J. ; KREMLING, S. ; HEIDEMEYER, P. ; BASTIAN, M. ; HOCHREIN, T.: *Inspektion an Kunststoffbauteilen mit Terahertz-Zeitbereichsspektroskopie*. lulu.com, 2015. – ISBN 9781326113230

[200] KREMLING, S. ; WERNER, M. ; SCHOBER, G. ; KOLB, C. ; HOCHREIN, T.: *THz-Feuchtemessungen an Polyamiden*. 3. DGZfP-Fachseminar Mikrowellen- und Terahertz-Prüftechnik in der Praxis (Würzburg), Apr. 2017

[201] NIE, C. S. ; KREMER, F. ; POGLITSCH, A. ; BECHTOLD, G. ; GENZEL, L.: Picosecond relaxations in hydrated polyamide-6 observed by millimeter-wave spectroscopy. In: *Journal of Polymer Science: Polymer Physics Edition* 23 (1985), Nr. 6, S. 1247–1254

[202] TADOKORO, H. ; KOBAYASHI, M. ; YOSHIDOME, H. ; TAI, K. ; MAKINO, D.: Structural Studies of Polyesters II: Far-Infrared Spectra of Aliphatic Polyesters – Comparison with α-Polyamides. In: *The Journal of Chemical Physics* 49 (1968), Nr. 8, S. 3359–3373

[203] MATSUBARA, I. ; MAGILL, J. H.: Lower-frequency infrared spectra and structures of some typical aliphatic polyamides. In: *Journal of Polymer Science: Polymer Physics Edition* 11 (1973), Nr. 6, S. 1173–1187

[204] IWAI, K. ; OKADA, M. ; FUSE, N. ; OHKI, Y. ; FUKUNAGA, K. ; MIZUNO, M.: Terahertz dielectric relaxation spectroscopy in polyamide nanocomposite. In: *2008 International Symposium on Electrical Insulating Materials (ISEIM 2008)*, 2008, S. 593–596

[205] OHKI, Y. ; OKADA, M. ; FUSE, N. ; IWAI, K. ; MIZUNO, M. ; FUKUNAGA, K.: Terahertz Time-Domain Spectroscopic Analysis of Molecular Behavior in Polyamide Nanocomposites. In: *Applied Physics Express* 1 (2008), Nr. 12, S. 122401

[206] PAPANEK, P. ; FISCHER, J. E. ; MURTHY, N. S.: Low-Frequency Amide Modes in Different Hydrogen-Bonded Forms of Nylon-6 Studied by Inelastic Neutron Scattering and Density-Functional Calculations. In: *Macromolecules* 35 (2002), Nr. 10, S. 4175–4182

[207] GARTON, A. ; CARLSSON, D. J. ; WILES, D. M. ; WONG, P. T. T.: Far-infrared spectroscopy of polyamide fibers and fabrics. In: *Journal of Polymer Science: Polymer Letters Edition* 18 (1980), Nr. 2, S. 85–88

[208] MURAIL, N.: *Aufklärung der Struktureigenschaften von Polymeren im FIR-/THz-Frequenzbereich*, Julius-Maximilians-Universität Würzburg, Diplomarbeit, 2011. – Betreuer: A. Krueger, T. Hochrein

[209] RUF, T. ; CARDONA, M. ; PICKLES, C. S. J. ; SUSSMANN, R.: Temperature dependence of the refractive index of diamond up to 925K. In: *Physical Review B* 62 (2000), S. 16578–16581

[210] *CAMPUS 5.2-Materialdatenbank – Gemeinschaftsentwicklung von Firmen der Kunststoffindustrie*. Software M-Base Engineering + Software GmbH, Aachen, 2009

[211] GENZEL, L. ; KREMER, F. ; POGLITSCH, A. ; BECHTOLD, G.: Relaxation processes on a picosecond time scale in hemoglobin and poly(L-alanine) observed by millimeter-wave spectroscopy. In: *Biopolymers* 22 (1983), Nr. 7, S. 1715–1729

[212] *Persönliche Korrespondenz mit H. Suzuki*. RIKEN, Saitama (Japan), 2017

[213] BRILL, R.: Beziehungen zwischen Wasserstoffbindung und einigen Eigenschaften von Polyamiden. In: *Die Makromolekulare Chemie* 18 (1956), Nr. 1, S. 294–309

[214] BRILL, R.: Über das Verhalten von Polyamiden beim Erhitzen. In: *Journal für Praktische Chemie* 161 (1942), Nr. 1-3, S. 49–64

[215] BIANGARDI, H.-J.: Brill transition of polyamide 6.12. In: *Journal of Macromolecular Science, Part B* 29 (1990), Nr. 2-3, S. 139–153

[216] YOUNG, D.: *Computational Chemistry: A Practical Guide for Applying Techniques to Real World Problems*. Wiley-Interscience, Hoboken, 2001. – ISBN 9780471333685

[217] MEIER, R. J.: Calculating the vibrational spectra of molecules: An introduction for experimentalists with contemporary examples. In: *Vibrational Spectroscopy* 43 (2007), Nr. 1, S. 26–37

[218] HEHRE, W. J. ; YU, J. ; KLUNZINGER, P. E. ; LOU, L.: *Brief Guide to Molecular Mechanics and Quantum Chemical Calculations*. Wavefunction, Irvine, 1998. – ISBN 9781890661052

[219] COOK, D. B.: *Handbook of Computational Quantum Chemistry (Dover Books on Chemistry)*. Dover Publications, Mineola, 2005. – ISBN 9780486443072

[220] FORESMAN, J. B. ; FRISCH, A.: *Exploring Chemistry With Electronic Structure Methods: A Guide to Using Gaussian*. 2. Gaussian, Pittsburgh, 1996. – ISBN 9780963676931

[221] SZABO, A. ; OSTLUND, N. S.: *Modern Quantum Chemistry: Introduction to Advanced Electronic Structure Theory (Dover Books on Chemistry)*. Dover Publications, Mineola, 1996. – ISBN 9780486691862

[222] TOMERINI, D. ; DAY, G. M.: Computational Methods for the Assignment of Vibrational Modes in Crystalline Materials. In: *Terahertz Spectroscopy and Imaging*. Springer, Berlin, 2013, S. 151–190

[223] JEPSEN, P. U. ; CLARK, S. J.: Precise ab-initio prediction of terahertz vibrational modes in crystalline systems. In: *Chemical Physics Letters* 442 (2007), Nr. 4–6, S. 275–280

[224] HOHENBERG, P. ; KOHN, W.: Inhomogeneous Electron Gas. In: *Physical Review* 136 (1964), S. B864–B871

[225] KOHN, W. ; SHAM, L. J.: Self-Consistent Equations Including Exchange and Correlation Effects. In: *Physical Review* 140 (1965), S. A1133–A1138

[226] HUNT, P.: *The Wavefunction: Orbital Basis Functions*. http://www.huntresearchgroup.org.uk/teaching/teaching_comp_chem_year4/L2_wavefunction.pdf, 2009. – abgerufen am 9.11.2011

[227] GALIMBERTI, D. ; QUARTI, C. ; MILANI, A. ; BRAMBILLA, L. ; CIVALLERI, B. ; CASTIGLIONI, C.: IR spectroscopy of crystalline polymers from ab initio calculations: Nylon 6,6. In: *Vibrational Spectroscopy* 66 (2013), S. 83–92

[228] TAKAHASHI, M.: Terahertz Vibrations and Hydrogen-Bonded Networks in Crystals. In: *Crystals* 4 (2014), Nr. 2, S. 74–103

[229] SHUKLA, S. K. ; KUMAR, N. ; MISHRA, A. K. ; TANDON, P. ; GUPTA, V. D.: Normal Modes and Their Dispersion in α Form of Nylon-6. In: *Polymer Journal* 39 (2007), Nr. 4, S. 359–368

[230] SHUKLA, S. K. ; KUMAR, N. ; TANDON, P. ; GUPTA, V. D.: Vibrational dynamics of gamma form of nylon 6 (γNY6). In: *Journal of Applied Polymer Science* 116 (2010), Nr. 6, S. 3202–3211

[231] JAKES, J. ; KRIMM, S.: Normal coordinate analyses of molecules with the amide group. In: *Spectrochimica Acta Part A: Molecular Spectroscopy* 27 (1971), Nr. 1, S. 35–63

[232] TRIFAN, D. S. ; TERENZI, J. F.: Extents of hydrogen bonding in polyamides and polyurethanes. In: *Journal of Polymer Science* 28 (1958), Nr. 117, S. 443–445

[233] HANWELL, M. D. ; CURTIS, D. E. ; LONIE, D. C. ; VANDERMEERSCH, T. ; ZUREK, E. ; HUTCHISON, G. R.: Avogadro: an advanced semantic chemical editor, visualization, and analysis platform. In: *Journal of Cheminformatics* 4 (2012), Nr. 1, S. 17

[234] FRISCH, M. J. ; TRUCKS, G. W. ; SCHLEGEL, H. B. ; SCUSERIA, G. E. ; ROBB, M. A. ; CHEESEMAN, J. R. ; SCALMANI, G. ; BARONE, V. ; MENNUCCI, B. ; PETERSSON, G. A. ; NAKATSUJI, H. ; CARICATO, M. ; LI, X. ; HRATCHIAN, H. P. ; IZMAYLOV, A. F. ; BLOINO, J. ; ZHENG, G. ; SONNENBERG, J. L. ; HADA, M. ; EHARA, M. ; TOYOTA, K. ; FUKUDA, R. ; HASEGAWA, J. ; ISHIDA, M. ; NAKAJIMA, T. ; HONDA, Y. ; KITAO, O. ; NAKAI, H. ; VREVEN, T. ; MONTGOMERY, J. A. ; PERALTA, J. E. ; OGLIARO, F. ; BEARPARK, M. ; HEYD, J. J. ; BROTHERS, E. ; KUDIN, K. N. ; STAROVEROV, V. N. ; KOBAYASHI, R. ; NORMAND, J. ; RAGHAVACHARI, K. ; RENDELL, A. ; BURANT, J. C. ; IYENGAR, S. S. ; TOMASI, J. ; COSSI, M. ; REGA, N. ; MILLAM, J. M. ; KLENE, M. ; KNOX, J. E. ; CROSS, J. B. ; BAKKEN, V. ; ADAMO, C. ; JARAMILLO, J. ; GOMPERTS, R. ; STRATMANN, R. E. ; YAZYEV, O. ; AUSTIN, A. J. ; CAMMI, R. ; POMELLI, C. ; OCHTERSKI, J. W. ; MARTIN, R. L. ; MOROKUMA, K. ; ZAKRZEWSKI, V. G. ; VOTH, G. A. ; SALVADOR, P. ; DANNENBERG, J. J. ; DAPPRICH, S. ; DANIELS, A. D. ; FARKAS, Ö. ; FORESMAN, J. B. ; ORTIZ, J. V. ; CIOSLOWSKI, J. ; FOX, D. J.: *Gaussian 09 Revision A.1*. 2009. – Gaussian, Wallingford

[235] GAUSSIAN, INC.: *Expanding the limits of computational chemistry*. `http://gaussian.com`, 2017. – abgerufen am 16.01.2017

[236] VELDE, G. te ; BICKELHAUPT, F. M. ; BAERENDS, E. J. ; GUERRA, C. F. ; GISBERGEN, S. J. A. ; SNIJDERS, J. G. ; ZIEGLER, T.: Chemistry with ADF. In: *Journal of Computational Chemistry* 22 (2001), Nr. 9, S. 931–967

[237] SCIENTIFIC COMPUTING & MODELLING NV: *SMC: Software for Chemistry & Materials*. `https://www.scm.com`, 2017. – abgerufen am 16.01.2017

[238] GHYSELS, A. ; SPEYBROECK, V. V. ; PAUWELS, E. ; CATAK, S. ; BROOKS, B. R. ; NECK, D. V. ; WAROQUIER, M.: Comparative study of various normal mode analysis techniques based on partial Hessians. In: *Journal of Computational Chemistry* 31 (2009), Nr. 5, S. 994–1007

[239] DOVESI, R. ; SAUNDERS, V. R. ; ROETTI, C. ; ORLANDO, R. ; ZICOVICH-WILSON, C. M. ; PASCALE, F. ; CIVALLERI, B. ; DOLL, K. ; HARRISON, N. M. ; BUSH, I. J. ; D'ARCO, P. ; LLUNELL, M.: *CRYSTAL09 User Manual*. University of Torino, 2009

[240] DOVESI, R. ; ORLANDO, R. ; CIVALLERI, B. ; ROETTI, C. ; SAUNDERS, V. R. ; ZICOVICH-WILSON, C. M.: CRYSTAL: a computational tool for the ab initio study of the electronic properties of crystals. In: *Zeitschrift für Kristallographie-Crystalline Materials* 220 (2005), Nr. 5/6, S. 571–573

[241] PERDEW, J. P. ; BURKE, K. ; ERNZERHOF, M.: Generalized Gradient Approximation Made Simple. In: *Physical Review Letters* 77 (1996), S. 3865–3868

[242] PERDEW, J. P. ; BURKE, K. ; ERNZERHOF, M.: Generalized Gradient Approximation Made Simple. In: *Physical Review Letters* 78 (1997), S. 1396–1396

[243] III, R. D. J.: *NIST Standard Reference Database Number 101 - Release 18.10.2016*. http://cccbdb.nist.gov/, 2017. – NIST Computational Chemistry Comparison and Benchmark Database

[244] ZHU, X. ; ZENG, X. C.: Structures and stabilities of small silicon clusters: Ab initio molecular-orbital calculations of Si7–Si11. In: *The Journal of Chemical Physics* 118 (2003), Nr. 8, S. 3558–3570

[245] ALLOUCHE, A.-R.: Gabedit – A graphical user interface for computational chemistry softwares. In: *Journal of Computational Chemistry* 32 (2011), Nr. 1, S. 174–182

[246] LORENZ, I.: *Molekülsymmetrie und Spektroskopie*. Gruyter, Berlin, 2015. – ISBN 9783110364927

[247] IVIN, K. J.: *Structural Studies of Macromolecules by Spectroscopic Methods*. Wiley, Hoboken, 1976. – ISBN 9780471431206

[248] LYKO, H. ; DEERBERG, G. ; WEIDNER, E.: Coupled production in biorefineries – Combined use of biomass as a source of energy, fuels and materials. In: *Journal of Biotechnology* 142 (2009), Nr. 1, S. 78–86

[249] BECHTHOLD, I. ; BRETZ, K. ; KABASCI, S. ; KOPITZKY, R. ; SPRINGER, A.: Succinic Acid: A New Platform Chemical for Biobased Polymers from Renewable Resources. In: *Chemical Engineering & Technology* 31 (2008), Nr. 5, S. 647–654

[250] FREDERICKS, R. J. ; DOYNE, T. H. ; SPRAGUE, R. S.: Crystallographic studies of nylon 4. I. Determination of the crystal structure of the α polymorph of nylon 4. In: *Journal of Polymer Science Part A-2: Polymer Physics* 4 (1966), Nr. 6, S. 899–911

Danksagung

Mein Dank gebührt allen, die zum Gelingen dieser Dissertation beigetragen haben, insbesondere...

- meinem Doktorvater Prof. Dr. Martin Bastian für die sehr angenehme Arbeitsatmosphäre und seine Bereitschaft, mein Promotionsvorhaben zu fördern und zu betreuen. Außerdem möchte ich mich für die Unterstützung durch das SKZ in seiner Funktion als Institutsleiter herzlich bedanken.
- Prof. Dr. Maik Finze, Prof. Dr. Ulrike Holzgrabe, Prof. Dr. Robert Luxenhofer, Prof. Dr. Jürgen Groll und Prof. Dr. Martin Bastian für die angenehme Prüfungsatmosphäre und Betreuung des Promotionskolloquiums. Dies schließt natürlich Dr. Benjamin Baudrit als Protokollführer ein.
- Prof. Dr. Martin Koch von der Universität Marburg für die Einführung in das weite Feld der Terahertz-Technologie und die Kooperation in verschiedenen Forschungsprojekten.
- Dr. Peter Heidemeyer als Vorgesetzter für die Betreuung der Arbeit am SKZ und die Durchsicht des Manuskripts sowie meinem ehemaligen Vorgesetzten Dr. Karsten Kretschmer für die Möglichkeit, am SKZ die Terahertz-Forschung weiter voran zu treiben.
- Dr. Norman Krumbholz und Dr. Steffen Wietzke für die konstruktive Zusammenarbeit auf dem ähnlichen Themengebiet und dem intensiven Austausch.
- Dr. Rafal Wilk und Dr. Ronald Holzwarth von der Menlo Systems GmbH für die Unterstützung bei der Umsetzung und ersten Erprobung des OSCAT-Verfahrens, die sehr kollegiale Zusammenarbeit und hervorragende Atmosphäre.
- Prof. Dr. Martin Koch und Prof. Dr. Daniel Mittleman für den Forschungsaufenthalt an der Rice Universität in Houston, TX (USA) und dem SKZ für die Ermöglichung dieses während meiner Tätigkeit am SKZ.
- Prof. Dr. Jörg Grunenberg für die ersten Schritte bei ab-initio Rechnungen sowie die stete Bereitschaft dahingehende Fragen zu beantworten.
- Natacha Murail und Franziska Eichhorn als sehr engagierte Diplomandinnen, die im Rahmen ihrer Arbeiten wertvolle Erkenntnisse beigesteuert haben.
- Prof. Dr. Anke Krüger und Dr. Thorsten Bruhn von der Universität Würzburg für die Bereitstellung von Rechenkapazitäten der umfangreichen *Gaussian*-Berechnungen und hilfreichen Tipps im Zuge der Diplomarbeit von Natacha Murail.

- Dr. Gernot Höhne von der Bruker Optik GmbH für die Hilfestellung bei der Anwendung der FTIR-Spektroskopie.
- Dr. Anton Zahn und Jürgen Federolf am SKZ für die Nutzung des FTIR-Spektrometers sowie das offene Ohr bei Fragen und Anliegen rund um die Analytik.
- den Firmen EMS, BASF, Evonik, DSM und Arkema für die Überlassung der zahlreichen Polyamid-Proben.
- dem Fraunhofer Institut UMSICHT und hier besonders Dr. Inna Bretz für die Zurverfügungstellung von Mustermengen an Polyamid 4 und Polyamid 44.
- der Firma Scientific Computing & Modelling NV für die Testrechnungen in *BAND/ADF*.
- meinen aktuellen und ehemaligen Kollegen und Mitarbeitern am SKZ für unzählige fachliche und persönliche Diskussionen, Zuarbeiten und die offene Arbeitsatmosphäre, wobei ich hier besonders Martina Schubert, Kersten Kurda, Dr. Nikola Kocic, Dr. Bernhard Ulmer, Bernd Götzelmann, Detlef Kronberg, Johannes Hauck, Dr. Kurt Engelsing, Martin Beyer, Norbert Halmen, Dr. Dorothea Marquardt und Dr. Dominik Stich hervorheben möchte. Zusätzlich möchte ich Dr. Benjamin Baudrit für das beständige Nachhaken zum Stand der Dissertation und Dr. Stefan Kremling für die fachkundige Durchsicht des Manuskripts danken.
- der IT-Abteilung für die Unterstützung beim Aufbau und Betrieb eines eigenen Rechenclusters und für die Einbindung der Terahertz-Spektrometer in das Netzwerk.
- allen Kollegen und Mitarbeitern des SKZ, Kooperationspartnern und Unternehmen für die oft hilfreichen Tipps und Unterlagen. Ich möchte mich auch für das Verständnis meiner Mitarbeiter bedanken, wenn ich die Priorität der Promotion v. a. in der Endphase etwas angehoben habe.
- meinem besten Freund Martin Walter und seiner Familie für die jahrelange Freundschaft, kurzweiligen Ablenkungsmaßnahmen und mentale Unterstützung während der Doktorarbeit und darüber hinaus.
- meiner Frau Isabella Hochrein für die stete Unterstützung, Motivation, Geduld, das Verständnis v. a. im Zuge der Dissertationsfertigstellung sowie die Enddurchsicht des Manuskripts – und nicht zuletzt für vieles, vieles mehr...

Ganz besonders bedanke ich mich bei meiner Mutter Rita und meinem kürzlich verstorbenen Vater Otto Hochrein, meiner Familie und meinen Freunden für die bis dato gewährte Unterstützung entlang meines bisherigen Lebenswegs von der Schule über das Studium bis zur Berufstätigkeit und Promotion.